应用多元统计分析

——基于R的实验

韩　明　编著

内容提要

本书基于《应用多元统计分析》(第2版)(韩明,同济大学出版社)的内容,编写了基于R的实验.在每一章(从第2章开始)的前面,首先按照原教材简要介绍有关概念、理论和相关背景,然后是与本章内容对应的实验.全书由12章组成,通过40个实验,着重培养学生的动手能力、应用R软件分析和解决多元统计问题的能力.实验的内容与原教材的例题、应用案例不重复.本书既可以与原教材配套使用,也可以单独使用.

本书注重可读性,图文并茂,可供高等院校有关专业本科生和研究生作为"多元统计分析""多元统计实验"等课程的教材(或参考书),也可作为全国大学生(研究生)"数学建模竞赛"、全国大学生"统计建模大赛"的培训教材(或参考书),还可供相关专业的教师和科技人员、广大自学者参考.

图书在版编目(CIP)数据

应用多元统计分析:基于R的实验/韩明编著.—上海:同济大学出版社,2019.8

ISBN 978-7-5608-8563-6

Ⅰ.①应… Ⅱ.①韩… Ⅲ.①多元分析-统计分析-高等学校-教材 Ⅳ.①O212.4

中国版本图书馆CIP数据核字(2019)第115682号

应用多元统计分析——基于R的实验

韩 明 **编著**

责任编辑 张 莉 **助理编辑** 任学敏 **责任校对** 徐春莲 **封面设计** 潘向蓁

出版发行 同济大学出版社 www.tongjipress.com.cn
(地址:上海市四平路1239号 邮编:200092 电话:021-65985622)
经　　销 全国各地新华书店
印　　刷 大丰科星印刷有限责任公司
排　　版 南京月叶图文制作有限公司
开　　本 710 mm×960 mm 1/16
印　　张 16.5
字　　数 330 000
版　　次 2019年8月第1版 2019年8月第1次印刷
书　　号 ISBN 978-7-5608-8563-6

定　　价 42.00元

前　言

随着大数据、人工智能在日常生活中的渗透，学习多元统计分析的人越来越多."多元统计分析"课程已经被越来越多高校列为相关专业的必修课或选修课.特别是随着相关软件的普及，人们不再只满足于学习一些理论知识，而是将多元统计分析作为工具，借助计算机和相关软件进行数据处理和分析.

多元统计分析是统计学中应用性很强的一个分支，它的应用范围十分广泛.在"多元统计分析""多元统计实验"课程的教与学过程中，主要难点是涉及的理论比较抽象、计算比较复杂(需要借助有关软件在计算机上实现).

作者根据多年来的教学实践，深感内容简练但又实用的"多元统计分析""多元统计实验"教材的重要性.作者认为，对于侧重于"应用"多元统计方法进行数据处理和分析的读者，重点不在于理解多元统计方法的理论证明和公式推导，而是要应用有关软件对数据进行分析，特别是要理解多元统计方法的目的、应用条件和结果的解释.本书注重可读性，图文并茂(配图 76 幅)；自第 2 章开始，每一章首先按照原教材简要介绍本章的有关概念、理论和相关背景，然后是与本章内容对应的实验.

考虑到作为一款免费软件，R 软件具有丰富的资源、良好的扩展性和完备的辅助系统，本书的实验采用 R 软件，并给出了相应的代码.通过 40 个实验，突出 R 软件的应用；着重培养学生的动手能力、应用 R 软件分析和解决多元统计问题的能力.书名确定为《应用多元统计分析 —— 基于 R 的实验》，主要是突出 R 软件在多元统计分析中的作用.

感谢王家宝教授在作者写作本书过程中的指导和鼓励.感谢使用《应用多元统计分析》第 1—2 版、《应用多元统计分析 —— 基于 R 的实验》的读者.愿本书的出版能对广大师生在"多元统计分析""多元统计实验"课程的教与学的过程中有所帮助.

本书参考了一些国内外文献，在此向有关作者表示感谢.虽然作者努力使本书写成一本既有特色又便于教学(或自学)的教材(或参考书)，但由于水平所限，书中难免还存在一些疏漏甚至是错误，恳请专家和读者批评指正.

韩　明

2019 年 3 月

目　　录

1 绪　　论

多元统计分析(Multivariate Statistical Analysis)是应用统计方法来研究多变量(多指标)问题的理论和方法,它是统计学的一个重要分支.

在实际问题中,受多个变量共同作用和影响的现象大量存在.当变量较多时,变量之间不可避免地存在相关性.我们常需要处理多个变量的观测数据,那么如何对多个变量的观测数据进行有效的分析和研究呢? 如果把多个变量分开处理不仅会丢失一些信息,往往也不容易取得好的研究结论.多元统计分析,通过对多个变量的观测数据的分析,来研究这些变量之间的相互关系以及揭示这些变量内在的变化规律.

1.1 多元统计分析概述

早在19世纪就出现了处理二维正态总体的一些方法,但系统地处理多维概率分布总体的统计分析问题则开始于20世纪.多元统计分析起源于20世纪初,1928年Wishart发表的论文《多元正态总体样本协方差阵的精确分布》,可以说是多元统计分析的开端.之后Fisher, Hotelling, Roy,许宝禄等人作出了一系列奠基性的工作,使多元统计分析在理论上得到迅速的发展.

20世纪40年代,多元统计分析在心理、教育、生物等方面有不少的应用,但由于计算量大,其发展受到影响.20世纪50年代,随着计算机的出现和发展,多元统计分析在地质、医学、气象、社会学等方面得到了广泛的应用.20世纪60年代,通过应用和实践又完善和发展了理论,由于新理论和新方法的不断出现又促使它的应用范围更加扩大.20世纪70—80年代,在我国才受到各个领域的极大关注,近40年来,我国在多元统计分析的理论和应用上取得了许多显著的成绩.

进入21世纪后,人们获得的数据正以前所未有的速度迅速增加,产生了海量数据、大数据、超大型数据库等,遍及超级市场销售、银行存款、天文学、粒子物理、化学、医学、生物学以及政府统计等领域,多元统计分析与人工智能、数据库技术等相结合,已经在经济、商业、金融、天文、地理、农业、工业等方面取得了成功的应用.

"多元统计分析"也称为"多元分析"(Multivariate Analysis).例如 Mardia et al.(1979)的书,书名为 *Multivariate Analysis*.英国著名的统计学家 Kendall 在《多元分析》一书中,把多元统计分析所研究的内容和方法概括为以下几个方面:

(1) 简化数据结构(降维问题)

简化数据结构就是将某些复杂的数据结构通过变量变换等方法,使相互依赖的变量变成互不相关的,或把高维空间的数据投影到低维空间,使问题得到简化而损失的信息又不太多.例如,主成分分析、因子分析、对应分析等就是这样的一类方法.

(2) 分类与判别(归类问题)

归类问题就是对所考察的观测点(或变量)按照相近程度进行分类(或归类).例如,聚类分析、判别分析等就是解决这类问题的统计方法.

(3) 变量间的相互联系

相互依赖关系:分析一个或几个变量的变化是否依赖于另外一些变量的变化?如果是,建立变量之间的定量关系式,并用于预测或控制——回归分析.

变量之间的相互关系:分析两组变量之间的相互关系——典型相关分析.

(4) 多元数据的统计推断

这是关于参数估计和假设检验的问题.特别是多元正态分布的均值向量和协方差矩阵的估计和假设检验等问题.

(5) 多元统计分析的理论基础

多元统计分析的理论基础包括多维随机向量(特别是多维正态随机向量),以及由此定义的各种多元统计量,推导它们的分布并研究其性质,研究它们的抽样分布理论.

1.2 多元统计分析的应用

多元统计分析是统计学中应用性很强的一个分支,它的应用范围十分广泛.多元统计分析可以应用于几乎所有的领域,主要包括经济学、农业、地质学、医学、工业、气象学、金融、精算、物理学、地理学、军事科学、文学、法律、环境科学、考古学、体育科学、遗传学、教育学、生物学、管理科学、水文学等,还有一些交叉学科或方向等.多元统计分析的应用实在是难以一一罗列,以下简要地介绍一下多元统计分析在文学、数据挖掘(作为交叉学科或方向的代表)领域的应用.

在**文学**方面,自从 20 世纪 30 年代末,英国著名的统计学家 Yule 把统计方法引入到文学词汇的研究以来，这个领域已经取得了不少进展，其中最有名的是 Mosteller 与 Wallace 在 20 世纪 60 年代初对美国立国三大文献之一的《联邦主义者文集》的研究.

在 1985 至 1986 年复旦大学李贤平教授对我国名著《红楼梦》的原著者进行了研究.使用的统计方法主要是多元统计分析.先选定数十个与情节无关的虚词作为变量，把《红楼梦》一书中的 120 回作为 120 个样品，统计每一回(即每个样品)中选定的这些虚词(即变量)出现的频数.由此得到的数据矩阵作为分析的依据.

在《红楼梦》原著者的研究中使用较多的是聚类分析、主成分分析、典型相关分析等方法，由分析结果可以看出：

(1) 前 80 回和后 40 回截然地分为两类，证实了前 80 回和后 40 回不是出于一个人的手笔；

(2) 前 80 回是否为曹雪芹所写？通过曹雪芹的另一著作，做类似的分析，结果证实了用词手法完全相同，断定为曹雪芹一人手笔；

(3) 而后 40 回是否为高鹗写的？分析结果发现，后 40 回依回目的先后可分为几类，得出的结论推翻了后 40 回是高鹗一人所写.后 40 回的成书比较复杂，既有残稿也有外人笔墨，不是高鹗一人所续.

以上这些论证在红学界引起了轰动.他们用多元统计分析方法提出了关于《红楼梦》作者和成书过程的新学说.

李贤平教授等还把这类方法用于其他作家和作品，结果证明统计方法的分辨能力是很强的.

在**数据挖掘**方面，随着科学技术的发展，利用数据库技术来存储、管理数据，利用机器学习的方法来分析数据，从而挖掘出大量的隐藏在数据背后的知识，这种思想的结合形成了深受人们关注的非常热门的研究领域：数据库中的知识发现(knowledge discovery in databases)。数据挖掘(data mining)技术便是其中的一个最为关键的环节.数据挖掘、机器学习(machine learning)等为统计学(包括“多元统计分析”)提供了一个新的应用领域，同时也提出了很多挑战.多元统计分析中的聚类分析(cluster analysis)是按照某种相近程度，将用户数据分成一系列有意义的集合，例如在金融领域中，将贷款对象分为低风险和高风险等.数据挖掘是一个交叉学科，它涉及数据库、人工智能、统计学、并行计算等不同学科和领域，近年来受到各界的广泛关注.应该指出，Johnson & Wichern 在 *Applied Multivariate Statistical Analysis*(6th ed. 2007)中补充了“数据挖掘”部分，以及多元统计分析方法在数据挖掘中的应用.数据挖掘与统计学有着密切的关系，那么统计学如何为数据挖掘服务呢？这是在“数据挖掘”飞速发展的今天统计学必须回答的一个问题.令人高兴的是，现在可以从统计学在数据挖掘领域里的研究与应用情况看到对这个问题的各种回答.数据挖掘对统计学带来的挑战,无疑将推动统计学的发展(韩明,2001).关于统计分析与数据挖掘,感兴趣的读者可参考相关文献(薛薇,2014)等.

1.3 本书的基本框架和内容安排

随着大数据、人工智能在我们日常生活的渗透,学习多元统计分析的人越来越多."多元统计分析"课程已经被越来越多高校列为相关专业的必修课或选修课.《多元统计分析》教材的特点各有不同,有的教材侧重理论的讲述,读者需要具备较深厚的数学基础;有的教材则注重模型的应用,理论和技术细节不是重点.作者认为,对于侧重"应用"多元统计方法进行数据处理和分析的读者,重点不在于理解多元统计方法的理论证明和公式推导,而是要应用有关软件对数据进行分析,特别是要理解多元统计方法的目的、应用条件和结果的解释.

多元统计分析通常涉及较为复杂的理论,计算繁琐.大多数多元统计方法几乎无法手工计算,必须借助计算机和有关软件来实现.相关软件的种类很多,有些功能齐全,有些价格便宜,有些容易操作,有些需要更多的实践才能掌握.这里就不一一罗列了.其实,读者只要学会使用一种软件,使用其他的软件也不会困难,看看帮助和说明即可.学习软件的最好方式是在使用中学.

R软件是完全免费的、由志愿者管理的软件,其编程语言与S-plus所基于的S语言一样,很方便.在网站(http://cran.r-project.org/bin/windows/base)上可免费下载R软件的Windows版(当然也可以免费下载R软件的其他版本,如UNIX、LINUX、MacOS),点击"Download R3.5.1 for Windows"下载(注:作者在写作本书后期时的最新版本为R3.5.1),按照提示安装即可.还有不断加入的从事各个方向研究者编写的软件包和程序.在这个意义上可以说,其函数的数量和更新远远超过其他软件.它的所有计算过程和代码都是公开的,它的函数还可以被用户按需要改写.它的语言结构和C++、Fortran、MATLAB、Pascal、Basic等很相似,容易举一反三.对于一般非统计工作者来说,主要问题是它没有"傻瓜化".

考虑到作为一款免费软件,R软件具有丰富的资源(涵盖了多种行业数据分析中几乎所有的方法),良好的扩展性(方便的编写函数和程序包,可以胜任复杂数据的分析、精美图形的绘制),完备的帮助系统(每个函数都有统一格式的帮助).本书的实验均采用R软件,并给出了相应的代码.

近几年来有关R语言/软件与统计分析相结合的书越来越多,代表性的有:Clark(2007),薛毅(2007),汤银才(2008),Kabacoff(2013),Tsay(2013),James et al.(2013),吴喜之(2013),薛薇(2014),陈景祥(2014),韩明(2017)等.

本书按照《应用多元统计分析》(第 2 版)(韩明,同济大学出版社)的内容(有修改),编写了基于 R 的实验.全书由 12 章组成,在每一章(从第 2 章开始)的前面,首先按照原教材简要介绍本章的有关概念、理论和相关背景,然后是与本章内容对应的实验.本书注重可读性,图文并茂(配图 76 幅);通过 40 个实验,突出 R 软件的应用,着重培养学生的动手能力、应用 R 软件分析和解决多元统计问题的能力.书名为《应用多元统计分析——基于 R 的实验》,主要是突出 R 软件在多元统计分析中的应用.

1.4 用于实验的数据集

本书中用于实验的数据集(按照在本书中首次出现的先后顺序)见表 1-1.

表 1-1 用于实验的数据集

数据集名称	所在的章节(或实验编号)	数据集名称	所在的章节(或实验编号)
mtcars	2.3.1, 2.3.3, 3.3.4	cholesterol	6.4.1
iris	2.3.2, 2.3.4, 7.4.1, 8.4.1	UScereal	6.4.4
women	3.3.1	USJudgeRatings	9.4.2
Boston	3.3.2	ability.cov	10.6.1
state.x77	3.3.3, 4.4.3	Harman74	10.6.2
stackloss	4.4.1, 4.4.2, 4.4.4	caith	11.3.4
USPop	5.3.5	smoke	11.3.5

在表 1-1 中所列数据集中,一部分包含在 R 的基础包(成功启动 R 意味着基础包的默认加载包已经成功加载到 R 的工作空间,用户可以直接调用),用函数“data( )”可以查询基础包中的数据集(Data sets in package ‘datasets’)名称(列表).除基础包外,其他包的数据集需要加载后才能调用.另外,本书用于实验的数据,除表 1-1 所列数据集外,还有一些数据需要导入(详见后面各章中的实验).

2 多元数据的表示及可视化

翻开报纸，打开电视或上网络浏览，就可以看到各种数据.比如高速公路通车里程、物价指数、股票行情、外汇牌价、犯罪率、房价、流行病的有关数据；当然还有国家统计局定期发布的各种国家经济数据、海关发布的进出口贸易数据等.从这些数据中，各有关方面可以提取对自己有用的信息.

某些企业每年都要花数目可观的经费来收集和分析数据.他们调查其产品目前在市场中的状况和地位并确定其竞争对手的态势；他们调查不同地区、不同阶层的民众对其产品的认知程度和购买意愿，以改进产品或推出新品种争取新顾客；他们还收集各地方的经济交通等信息，以决定如何保住现有市场和开发新市场.市场信息数据对企业是至关重要的.面对着一堆数据，我们该如何简洁明了地反映出其中规律性的东西或所谓的信息呢？一般首先对收集来的数据进行描述性分析，以初步发现其内在的规律性，然后再选择进一步分析的方法.

数据作为信息的载体，当然要分析数据中包含的主要信息，也就是分析数据的主要特征——数字特征.对一元数据，即样本数据(或观测值) $x_1, x_2, \cdots, x_n$ 是从一元总体中抽取的.一元数据的数字特征主要有：均值 $\bar{x}=\frac{1}{n}\sum_{i=1}^{n}x_i$，方差 $s^2=\frac{1}{n-1}\sum_{i=1}^{n}(x_i-\bar{x})^2$，标准差 $s=\sqrt{\frac{1}{n-1}\sum_{i=1}^{n}(x_i-\bar{x})^2}$，等等.对于多元数据，除分析各分量的取值特征外，还要分析各分量之间的相关关系.

由于多元统计分析中的符号多而杂，因此需要**说明**：在一元统计学中一般用大写和小写字母分别来区分随机变量及其观测值，在本书后面的章节里，由于其他复杂的符号，我们可能不再遵守此约定(Anderson 在 *An Introduction to Multivariate Statistical Analysis*(3rd ed., 2003)中也采用了类似的作法)，请读者注意一个符号在每一章中的意义.

2.1 多元数据的表示

2.1.1 多元数据的一般格式

当人们要研究一个社会现象或自然现象时，通常要选择一些变量的特征来进行记录，从而形成多元数据.对于每个项目，这些变量的值被记录下来.

我们用 x_{ij} 表示第 j 个变量 $X_j(j=1, 2, \cdots, p)$ 在第 i 项或第 i 次 $(i=1, 2, \cdots, n)$ 试验中的观测值，因此 p 个变量的 n 个观测值可以表示如下：

	变量 X_1	变量 X_2	$\cdots$	变量 X_p
记录 1	x_{11}	x_{12}	$\cdots$	x_{1p}
记录 2	x_{21}	x_{22}	$\cdots$	x_{2p}
$\vdots$	$\vdots$	$\vdots$	$\vdots$	$\vdots$
记录 n	x_{n1}	x_{n2}	$\cdots$	x_{np}

可以用一个有 n 行 p 列的矩阵来表示这些数据，称为**数据矩阵**，记为

$$\begin{pmatrix} x_{11} & x_{12} & \cdots & x_{1p} \\ x_{21} & x_{22} & \cdots & x_{2p} \\ \vdots & \vdots & \ddots & \vdots \\ x_{n1} & x_{n2} & \cdots & x_{np} \end{pmatrix} = (x_{ij})_{n\times p}.$$

于是以上数据矩阵包含了全部变量的所有观测值.

当这些变量处于同等地位时，就是聚类分析、主成分分析、因子分析、对应分析等模型的数据格式；当其中一个变量是因变量，而其他变量为自变量时，就是回归分析等模型的数据格式；若此时因变量还是分类变量，则为方差分析、判别分析等模型的数据格式.

2.1.2 多元数据的数字特征

把 p 个一维随机变量放在一起，就构成一个 p 维随机向量 $(\boldsymbol{X}_1, \boldsymbol{X}_2, \cdots, \boldsymbol{X}_p)^{\mathrm{T}}$，如果同时对 p 个变量作一次观测，得到观测值 $(x_{11}, x_{12}, \cdots, x_{1p})=\boldsymbol{X}_{(1)}^{\mathrm{T}}$，它是一个样品.观测 n 次就得到 n 个样品 $\boldsymbol{X}_{(i)}^{\mathrm{T}}=(x_{i1}, x_{i2}, \cdots, x_{ip})$，$i=1, 2, \cdots, n$，而 n 个样品就构成一个样本.

常把 n 个样品排成一个 $n\times p$ 矩阵(数据矩阵),记为

$$\boldsymbol{X}=\begin{pmatrix} x_{11} & x_{12} & \cdots & x_{1p} \\ x_{21} & x_{22} & \cdots & x_{2p} \\ \vdots & \vdots & \ddots & \vdots \\ x_{n1} & x_{n2} & \cdots & x_{np} \end{pmatrix}=\begin{pmatrix} \boldsymbol{X}_{(1)}^{\mathrm{T}} \\ \boldsymbol{X}_{(2)}^{\mathrm{T}} \\ \vdots \\ \boldsymbol{X}_{(n)}^{\mathrm{T}} \end{pmatrix}=(\boldsymbol{X}_1,\ \boldsymbol{X}_2,\ \cdots,\ \boldsymbol{X}_p).$$

矩阵 $\boldsymbol{X}$ 的第 i 行 $\boldsymbol{X}_{(i)}^{\mathrm{T}}=(x_{i1},\ x_{i2},\ \cdots,\ x_{ip})(i=1,\ 2,\ \cdots,\ n)$ 是一个 p 维向量,矩阵 $\boldsymbol{X}$ 的第 j 列 $\boldsymbol{X}_j=\begin{pmatrix} x_{1j} \\ x_{2j} \\ \vdots \\ x_{nj} \end{pmatrix}$ $(j=1,\ 2,\ \cdots,\ p)$ 表示对第 j 个变量的 n 次观测.

以下是多元数据的一些数字特征.

(1) 样本均值向量

$$\bar{\boldsymbol{X}}=\frac{1}{n}\sum_{i=1}^{n}\boldsymbol{X}_{(i)}=(\bar{x}_1,\ \bar{x}_2,\ \cdots,\ \bar{x}_p)^{\mathrm{T}},$$

其中,$\bar{x}_j=\dfrac{1}{n}\sum\limits_{i=1}^{n}x_{ij}(j=1,\ 2,\ \cdots,\ p)$ 称为**样本均值**.

(2) 样本离差矩阵(又称交叉乘积矩阵)

$$\boldsymbol{A}=\sum_{k=1}^{n}(\boldsymbol{X}_{(k)}-\bar{\boldsymbol{X}})(\boldsymbol{X}_{(k)}-\bar{\boldsymbol{X}})^{\mathrm{T}}=(a_{ij})_{p\times p},$$

其中,$a_{ij}=\sum\limits_{k=1}^{n}(x_{ki}-\bar{x}_i)(x_{kj}-\bar{x}_j)(i,\ j=1,\ 2,\ \cdots,\ p)$.

(3) 样本协方差矩阵

$$\boldsymbol{S}=\frac{1}{n-1}\boldsymbol{A}=\begin{pmatrix} s_{11} & s_{12} & \cdots & s_{1p} \\ s_{21} & s_{22} & \cdots & s_{2p} \\ \vdots & \vdots & \ddots & \vdots \\ s_{p1} & s_{p2} & \cdots & s_{pp} \end{pmatrix}=(s_{ij})_{p\times p}$$

或 $\boldsymbol{S}^*=\dfrac{1}{n}\boldsymbol{A}$,其中,$s_{ij}=\dfrac{1}{n-1}\sum\limits_{k=1}^{n}(x_{ki}-\bar{x}_i)(x_{kj}-\bar{x}_j)$ $(i,\ j=1,\ 2,\ \cdots,\ p)$ 称为**样本协方差**,$s_{ii}=\dfrac{1}{n-1}\sum\limits_{k=1}^{n}(x_{ki}-\bar{x}_i)^2(i=1,\ 2,\ \cdots,\ p)$ 称为**样本方差**,$\sqrt{s_{ii}}$ 称为**样本标准差**.

对于任意的 i，j，有 $s_{ij}=s_{ji}$，因此样本协方差矩阵是对称矩阵.

(4) 样本相关矩阵

$$\boldsymbol{R}=\begin{pmatrix} 1 & r_{12} & \cdots & r_{1p} \\ r_{21} & 1 & \cdots & r_{2p} \\ \vdots & \vdots & \ddots & \vdots \\ r_{p1} & r_{p2} & \cdots & 1 \end{pmatrix}=(r_{ij})_{p\times p},$$

其中，$r_{ij}=\dfrac{s_{ij}}{\sqrt{s_{ii}}\sqrt{s_{jj}}}(i, j=1, 2, \cdots, p)$ 称为**样本相关系数**.

对于任意的 i，j，有 $r_{ij}=r_{ji}$，因此样本相关矩阵是对称矩阵.

2.2 多元数据的可视化

对于多元数据，通常要研究其分量指标的相关性，图形表示——可视化，就显得尤其重要.将多元数据显示在一个平面图上，可以非常直观地了解、认识数据，发现其中的可能分布规律等.用 R 语言可以方便地对多元数据进行可视化，主要包括直方图、散点图(二维和三维)、QQ 散点图、散布图矩阵、条形图、饼图、尾箱图(box 图)、小提琴图、星相图等.结合具体多元数据的可视化，详见本章后面的实验.

2.3 实　　验

实验目的：通过实验学会用 R 语言展示和描述多元数据并对多元数据进行可视化.

2.3.1 实验 2.3.1 mtcars 数据集的展示

mtcars 数据集是汽车数据集(R 自带数据集)，由美国 *Motor Trend* 杂志收集的 32 辆汽车的 11 项指标.以下对 mtcars 数据集进行各种展示.

(1) 展示 mtcars 数据集的所有数据

```
> mtcars
```

结果如下：

	mpg	cyl	disp	hp	drat	wt	qsec	vs	am	gear	carb
Mazda RX4	21.0	6	160.0	110	3.90	2.620	16.46	0	1	4	4
Mazda RX4 Wag	21.0	6	160.0	110	3.90	2.875	17.02	0	1	4	4
Datsun 710	22.8	4	108.0	93	3.85	2.320	18.61	1	1	4	1
Hornet 4 Drive	21.4	6	258.0	110	3.08	3.215	19.44	1	0	3	1
Hornet Sportabout	18.7	8	360.0	175	3.15	3.440	17.02	0	0	3	2
Valiant	18.1	6	225.0	105	2.76	3.460	20.22	1	0	3	1
Duster 360	14.3	8	360.0	245	3.21	3.570	15.84	0	0	3	4
Merc 240D	24.4	4	146.7	62	3.69	3.190	20.00	1	0	4	2
Merc 230	22.8	4	140.8	95	3.92	3.150	22.90	1	0	4	2
Merc 280	19.2	6	167.6	123	3.92	3.440	18.30	1	0	4	4
Merc 280C	17.8	6	167.6	123	3.92	3.440	18.90	1	0	4	4
Merc 450SE	16.4	8	275.8	180	3.07	4.070	17.40	0	0	3	3
Merc 450SL	17.3	8	275.8	180	3.07	3.730	17.60	0	0	3	3
Merc 450SLC	15.2	8	275.8	180	3.07	3.780	18.00	0	0	3	3
Cadillac Fleetwood	10.4	8	472.0	205	2.93	5.250	17.98	0	0	3	4
Lincoln Continental	10.4	8	460.0	215	3.00	5.424	17.82	0	0	3	4
Chrysler Imperial	14.7	8	440.0	230	3.23	5.345	17.42	0	0	3	4
Fiat 128	32.4	4	78.7	66	4.08	2.200	19.47	1	1	4	1
Honda Civic	30.4	4	75.7	52	4.93	1.615	18.52	1	1	4	2
Toyota Corolla	33.9	4	71.1	65	4.22	1.835	19.90	1	1	4	1
Toyota Corona	21.5	4	120.1	97	3.70	2.465	20.01	1	0	3	1
Dodge Challenger	15.5	8	318.0	150	2.76	3.520	16.87	0	0	3	2
AMC Javelin	15.2	8	304.0	150	3.15	3.435	17.30	0	0	3	2
Camaro Z28	13.3	8	350.0	245	3.73	3.840	15.41	0	0	3	4
Pontiac Firebird	19.2	8	400.0	175	3.08	3.845	17.05	0	0	3	2
Fiat X1-9	27.3	4	79.0	66	4.08	1.935	18.90	1	1	4	1
Porsche 914-2	26.0	4	120.3	91	4.43	2.140	16.70	0	1	5	2
Lotus Europa	30.4	4	95.1	113	3.77	1.513	16.90	1	1	5	2
Ford Pantera L	15.8	8	351.0	264	4.22	3.170	14.50	0	1	5	4
Ferrari Dino	19.7	6	145.0	175	3.62	2.770	15.50	0	1	5	6
Maserati Bora	15.0	8	301.0	335	3.54	3.570	14.60	0	1	5	8
Volvo 142E	21.4	4	121.0	109	4.11	2.780	18.60	1	1	4	2

（2）展示 mtcars 数据集的前 6 个观测值

```
> head(mtcars)
```

结果如下：

```
                   mpg  cyl  disp  hp   drat  wt     qsec   vs  am  gear  carb
Mazda RX4          21.0  6   160   110  3.90  2.620  16.46  0   1   4     4
Mazda RX4 Wag      21.0  6   160   110  3.90  2.875  17.02  0   1   4     4
Datsun 710         22.8  4   108   93   3.85  2.320  18.61  1   1   4     1
Hornet 4 Drive     21.4  6   258   110  3.08  3.215  19.44  1   0   3     1
Hornet Sportabout  18.7  8   360   175  3.15  3.440  17.02  0   0   3     2
Valiant            18.1  6   225   105  2.76  3.460  20.22  1   0   3     1
```

（3）展示 mtcars 数据集的后 6 个观测值

```
> tail(mtcars)
```

结果如下：

```
                 mpg   cyl  disp   hp   drat  wt     qsec  vs  am  gear  carb
Porsche 914-2    26.0  4    120.3  91   4.43  2.140  16.7  0   1   5     2
Lotus Europa     30.4  4     95.1  113  3.77  1.513  16.9  1   1   5     2
Ford Pantera L   15.8  8    351.0  264  4.22  3.170  14.5  0   1   5     4
Ferrari Dino     19.7  6    145.0  175  3.62  2.770  15.5  0   1   5     6
Maserati Bora    15.0  8    301.0  335  3.54  3.570  14.6  0   1   5     8
Volvo 142E       21.4  4    121.0  109  4.11  2.780  18.6  1   1   4     2
```

（4）展示指标 mpg 的观测值

```
> mpg
```

结果如下：

```
 [1] 21.0 21.0 22.8 21.4 18.7 18.1 14.3 24.4 22.8 19.2 17.8 16.4 17.3 15.2
[15] 10.4 10.4 14.7 32.4 30.4 33.9 21.5 15.5 15.2 13.3 19.2 27.3 26.0 30.4
[29] 15.8 19.7 15.0 21.4
```

说明：同样可以展示其他指标的观测值.

2.3.2 实验 2.3.2 iris 数据集的描述和展示

iris 数据集是 R 自带的数据集，以下对该数据集进行描述和展示.

（1）展示 iris 数据集的前几行

```
>head(iris)
```

结果如下：

```
  Sepal.Length  Sepal.Width  Petal.Length  Petal.Width  Species
1          5.1          3.5           1.4          0.2   setosa
2          4.9          3.0           1.4          0.2   setosa
3          4.7          3.2           1.3          0.2   setosa
4          4.6          3.1           1.5          0.2   setosa
5          5.0          3.6           1.4          0.2   setosa
6          5.4          3.9           1.7          0.4   setosa
```

其中 Sepal.Length，Sepal.Width，Petal.Length，Petal.Width，Species，分别表示(鸢尾花)花萼(Sepal)的长度，花萼的宽度，花瓣(Petal)的长度，花瓣的宽度以及每个观测值来自哪一种类.

(2) 对鸢尾花数据集的数据进行描述

```
>summary(iris)
```

结果如下：

```
  Sepal.Length       Sepal.Width       Petal.Length       Petal.Width
 Min.   : 4.300    Min.   : 2.000    Min.   : 1.000    Min.   : 0.100
 1st Qu. : 5.100   1st Qu. : 2.800   1st Qu. : 1.600   1st Qu. : 0.300
 Median : 5.800    Median : 3.000    Median : 4.350    Median : 1.300
 Mean   : 5.843    Mean   : 3.057    Mean   : 3.758    Mean   : 1.199
 3rd Qu. : 6.400   3rd Qu. : 3.300   3rd Qu. : 5.100   3rd Qu. : 1.800
 Max.   : 7.900    Max.   : 4.400    Max.   : 6.900    Max.   : 2.500
        Species
 setosa     : 50
 versicolor : 50
 virginica  : 50
```

从以上结果可以看出，summary 给出的信息说明，5 个变量的 150 个观测值分为三类：setosa，versicolor，virginica，并给出了每个变量(前 4 个变量)观测值的最小值、第一 4 分位数、中位数(也是第二 4 分位数)、均值、第三 4 分位数、最大值.

(3) 使用 Hmisc 包中的函数“describe( )”来描述

第一次使用前请先安装 Hmisc 包：

```
>install.packages("Hmisc")
>library(Hmisc)
>describe(iris)
```

结果如下：

```
iris

5  Variables     150  Observations
---------------------------------------------------------------------------
Sepal.Length
    n  missing  unique  Info  Mean    .05    .10    .25    .50
  150        0      35     1  5.843  4.600  4.800  5.100  5.800
  .75      .90     .95
6.400    6.900   7.255
```

```
lowest: 4.3  4.4  4.5  4.6  4.7, highest: 7.3  7.4  7.6  7.7  7.9
--------------------------------------------------------------------------------
Sepal.Width
    n  missing  unique  Info   Mean    .05    .10    .25    .50
  150        0      23  0.99  3.057  2.345  2.500  2.800  3.000
  .75      .90     .95
3.300    3.610   3.800

lowest: 2.0  2.2  2.3  2.4  2.5, highest: 3.9  4.0  4.1  4.2  4.4
--------------------------------------------------------------------------------
Petal.Length
    n  missing  unique  Info   Mean   .05   .10   .25   .50
  150        0      43     1  3.758  1.30  1.40  1.60  4.35
  .75      .90     .95
 5.10     5.80    6.10

lowest: 1.0  1.1  1.2  1.3  1.4, highest: 6.3  6.4  6.6  6.7  6.9
--------------------------------------------------------------------------------
Petal.Width
    n  missing  unique  Info   Mean  .05  .10  .25  .50
  150        0      22  0.99  1.199  0.2  0.2  0.3  1.3
  .75      .90     .95
  1.8      2.2     2.3

lowest: 0.1  0.2  0.3  0.4  0.5, highest: 2.1  2.2  2.3  2.4  2.5
--------------------------------------------------------------------------------
Species
    n  missing  unique
  150        0       3

setosa (50, 33%), versicolor (50, 33%), virginica (50, 33%)
--------------------------------------------------------------------------------
```

从以上结果可以看出，describe 给出的信息说明，这个数据集由 5 个变量，150 个观测值组成，150 个观测值分为三类：setosa，versicolor，virginica，还给出了每个变量（前 4 个变量）观测值的最小 5 个值和最大 5 个值等.

（4）三种鸢尾花的变量之间的相关性描述——数字化展示

以下为求三种鸢尾花变量之间的相关系数.

```
(cor.all <- by(iris[, -5], INDICES= iris$Species, cor))
```

结果如下：

```
iris$Species: setosa
             Sepal.Length Sepal.Width Petal.Length Petal.Width
Sepal.Length    1.0000000   0.7425467    0.2671758   0.2780984
Sepal.Width     0.7425467   1.0000000    0.1777000   0.2327520
Petal.Length    0.2671758   0.1777000    1.0000000   0.3316300
Petal.Width     0.2780984   0.2327520    0.3316300   1.0000000
-----------------------------------------------------------------
iris$Species: versicolor
             Sepal.Length Sepal.Width Petal.Length Petal.Width
Sepal.Length    1.0000000   0.5259107    0.7540490   0.5464611
Sepal.Width     0.5259107   1.0000000    0.5605221   0.6639987
Petal.Length    0.7540490   0.5605221    1.0000000   0.7866681
Petal.Width     0.5464611   0.6639987    0.7866681   1.0000000
-----------------------------------------------------------------
iris$Species: virginica
             Sepal.Length Sepal.Width Petal.Length Petal.Width
Sepal.Length    1.0000000   0.4572278    0.8642247   0.2811077
Sepal.Width     0.4572278   1.0000000    0.4010446   0.5377280
Petal.Length    0.8642247   0.4010446    1.0000000   0.3221082
Petal.Width     0.2811077   0.5377280    0.3221082   1.0000000
```

从以上计算结果可以看出，对于 setosa 种类的鸢尾花来说，花萼的宽度和长度之间的相关系数比较大，而其他两种鸢尾花(versicolor, virginica)则是花瓣的长度和花萼的长度也有较大的相关性.此外，对于 versicolor 种类的鸢尾花来说，花瓣的长度和宽度也有很大的相关性.

2.3.3 实验 2.3.3 mtcars 数据集的可视化

在实验 2.3.1 中，我们对 mtcars 数据集(R 自带数据集)进行了展示和描述，以下对该数据集进行可视化.

(1) 汽车每加仑英里数直方图

```
> hist(mtcars$mpg, breaks=10)
```

结果如图 2-1 所示.

(2) 按汽缸数划分的各车型车重的核密度图

```
> par(lwd=2)
> library(sm)
> cyl.f<-factor(mtcars$cyl,levels=c(4,6,8),labels=c("4 cylinder","6 cylinder",
"8 cylinder"))
```

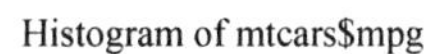

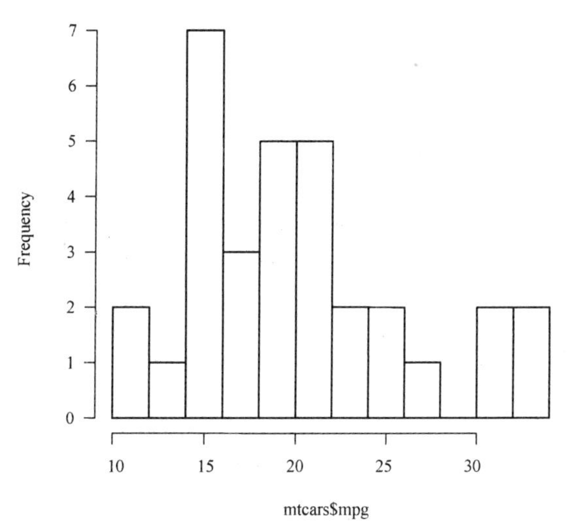

图 2-1　汽车每加仑英里数直方图

```
> sm.density.compare(mtcars $wt,mtcars $cyl,xlab="Car Weight")
> title(main="Car Weight by Car Cylinders")
> colfill<-c(2:(1+length(levels(cyl.f))))
> legend(locator(1),levels(cyl.f),fill=colfill)
```

结果如图 2-2 所示.

Car Weight by Car Cylinders

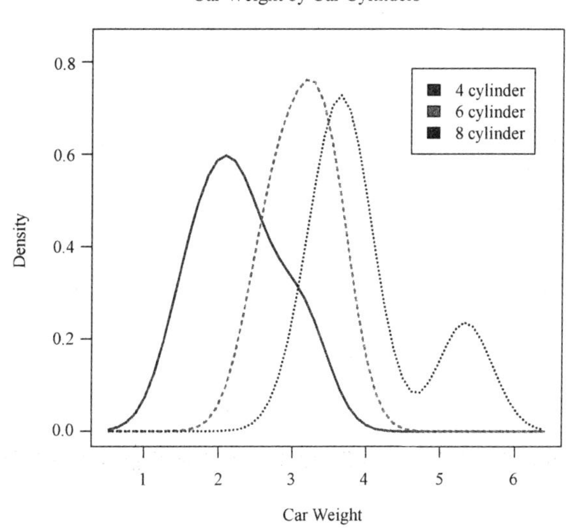

图 2-2　按汽缸数划分的各车型车重的核密度图

(3) 依气缸数量分组的每加仑汽油行驶英里数点图

```
> x<-mtcars[order(mtcars$mpg),]
> x$cyl<-factor(x$cyl)
> x$color[x$cyl==4]<-"red"
> x$color[x$cyl==6]<-"blue"
> x$color[x$cyl==8]<-"green"
> dotchart(x$mpg, labels=row.names(x), cex=.7, groups=x$cyl, gcolor="black",
color=x$color, pch=19, main="Gas Mileage for Car Models\ngrouped by cylinder",
xlab="Miles Per Gallon")
```

结果如图 2-3 所示.

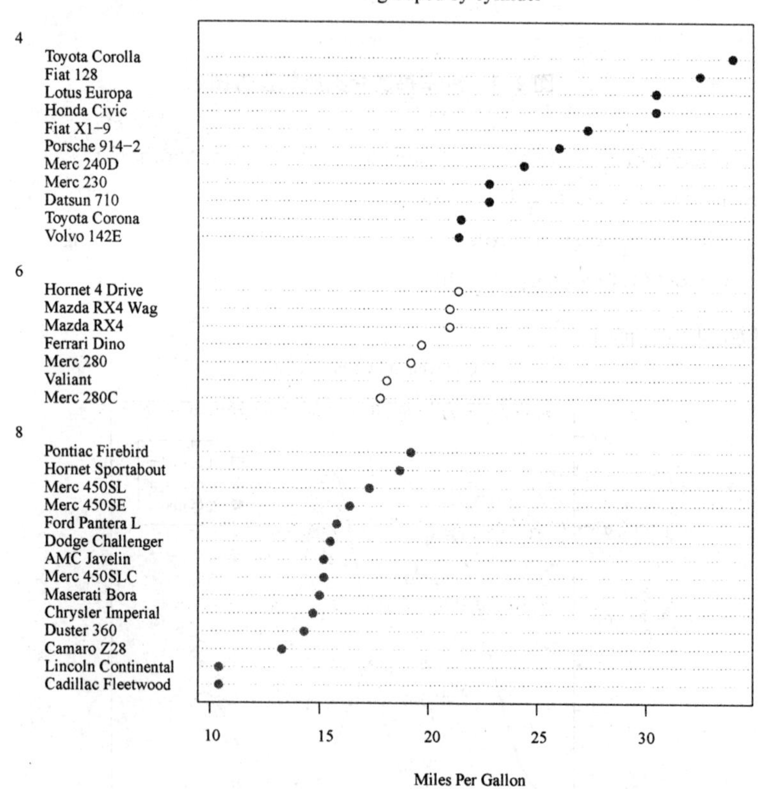

图 2-3 依气缸数量分组的每加仑汽油行驶英里数点图

(4) 各汽车马力与每加仑汽油行驶英里数的散点图

```
plot(mtcars$mpg,mtcars$hp,main="The Histogram of\n Gross horsepower and Miles Per Gallon")
```

结果如图 2-4 所示.

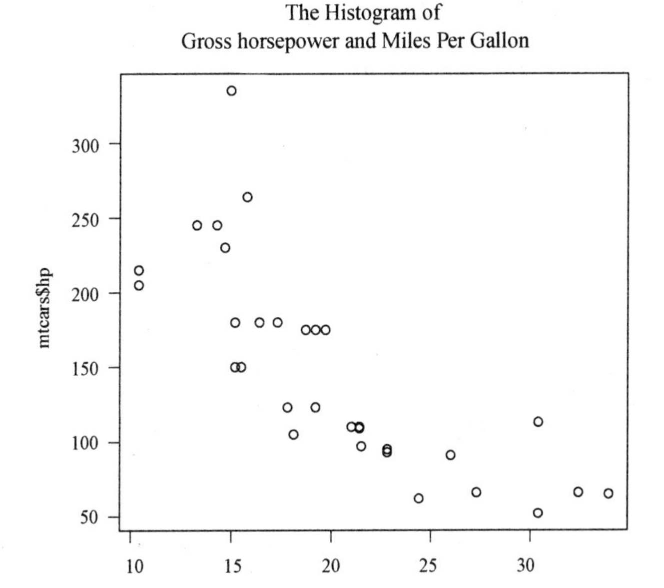

图 2-4 各汽车马力与每加仑汽油行驶英里数的散点图

(5) 不同变速箱类型和气缸数量车型的箱线图

```
> mtcars$cyl.c<-factor(mtcars$cyl,levels=c(4,6,8),labels=c("4","6","8"))
> mtcars$am.c<-factor(mtcars$am, levels = c(0, 1), labels = c("auto","standard"))
> boxplot(mpg~am.c * cyl.c, data = mtcars, varwidth = TRUE, col = c("gold","darkgreen"),
main="MPG Distribution by Auto Type",xlab="Auto Type")
```

结果如图 2-5 所示.

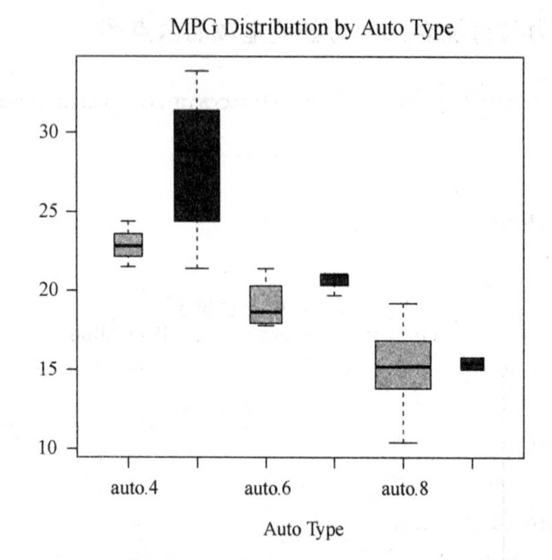

图 2-5 不同变速箱类型和气缸数量车型的箱线图

2.3.4 实验 2.3.4 iris 数据集的可视化

在实验 2.3.2 中对 iris 数据集(R 自带数据集)进行了描述和展示,以下对 iris 数据集进行可视化.

(1) 花萼长度、花萼宽度、花瓣长度、花瓣宽度的小提琴图

小提琴图(violin plot)是箱线图(box plot)的变种,因为形状酷似小提琴而得名.小提琴图是将箱线图与核密度图结合在一起,它在箱线图上以镜像方式叠加上核密度图.

绘制小提琴图,可以使用 vioplot 包中的"vioplot( )"函数,但在第一次使用之前请先安装 vioplot 包."vioplot( )"函数的调用格式为:vioplot(x1, x2, …, names, col),其中:x1, x2, …表示要绘制的一个或多个数值向量(将为每个向量绘制一幅小提琴图),names 是小提琴图中标签的字符向量,col 是一个为每幅小提琴图指定颜色的向量.

```
> install.packages("vioplot")
> library(vioplot)
> count<-table(iris$Species)
> par(mfrow=c(2,2))
> x1<-iris$Sepal.Length[iris$Species=="setosa"]
> x2<-iris$Sepal.Length[iris$Species=="versicolor"]
> x3<-iris$Sepal.Length[iris$Species=="virginica"]
```

```
> vioplot(x1,x2,x3,col="gold",names=c("setosa","versicolor","virginica"))
> title("Sepal.Length",xlab="Species",ylab="Length")
> vioplot(x1,x2,x3,col="gold",names=c("setosa","versicolor","virginica"))
> title("Sepal.Width",xlab="Species",ylab="Width")
> vioplot(x1,x2,x3,col="gold",names=c("setosa","versicolor","virginica"))
> title("Petal.Length",xlab="Species",ylab="Length")
> vioplot(x1,x2,x3,col="gold",names=c("setosa","versicolor","virginica"))
> title("Petal.Width",xlab="Species",ylab="Width")
```

结果如图 2-6 所示.

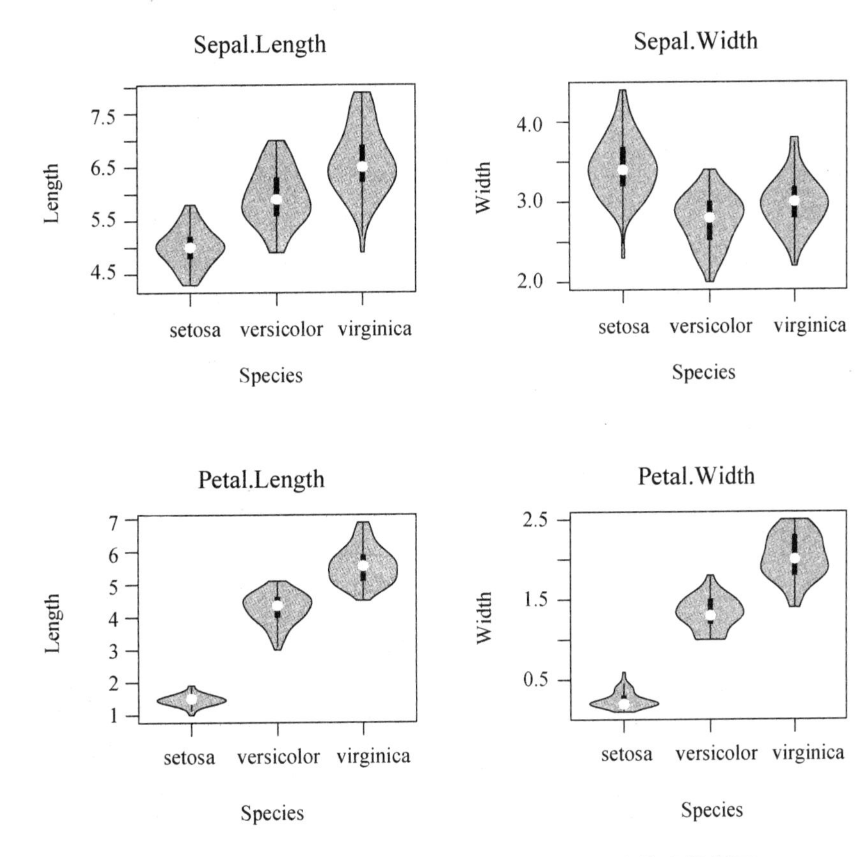

图 2-6　花萼长度、花萼宽度、花瓣长度、花瓣宽度的小提琴图

在图 2-6 中,白点是中位数,黑色盒子的范围是下 4 分位数(25%分位数)到上 4 分位数(75%分位数),细黑线表示虚线,外部形状为核密度估计.Sepal.Length,Sepal.Width, Petal.Length, Petal.Width,分别表示花萼的长度,花萼的宽度,花瓣的长度,花瓣的宽度.

(2) 四个变量的频数直方图

```
> oldpar <- par (mfcol = c(2, 2))
> titles <- names (iris) [1:4]
> for (i in 1:4){
+ hist (x= iris [, i], main= paste ("Histogram of", titles[i]), xlab= titles [i])}
> par (oldpar)
```

结果如图 2-7 所示.

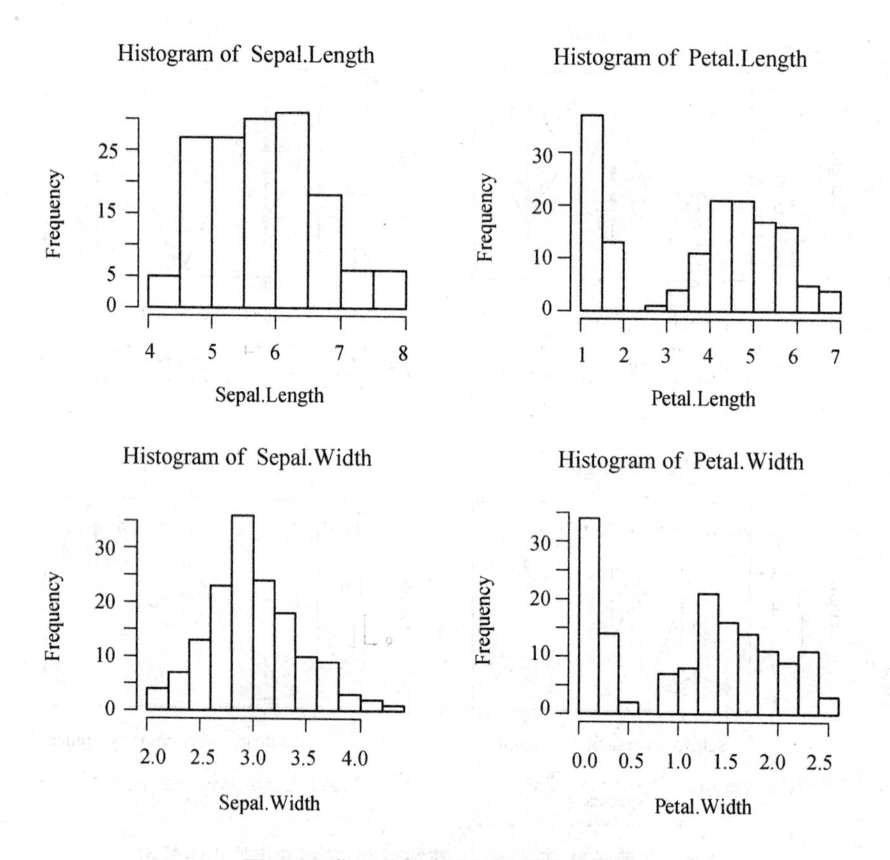

图 2-7 鸢尾花四个变量的频数直方图

从图 2-7 可以看出,除了花萼的宽度(Sepal. Width)外,其他几个变量的频数直方图都是有偏的,这对了解整体特征是很有帮助的.

（3）带核密度的四个变量的频率直方图

```
> oldpar <- par (mfcol = c(2, 2))
> titles <- names (iris) [1:4]
> for (i in 1:4){
+ hist (x= iris [, i], main= paste ("Histogram of", titles[i]),
+ xlab= titles [i], probability = TRUE)
+ lines (density(x= iris [, i]))
+ rug (jitter(x= iris [, i]))
+ }
> par (oldpar)
```

结果如图 2-8 所示.

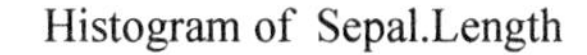

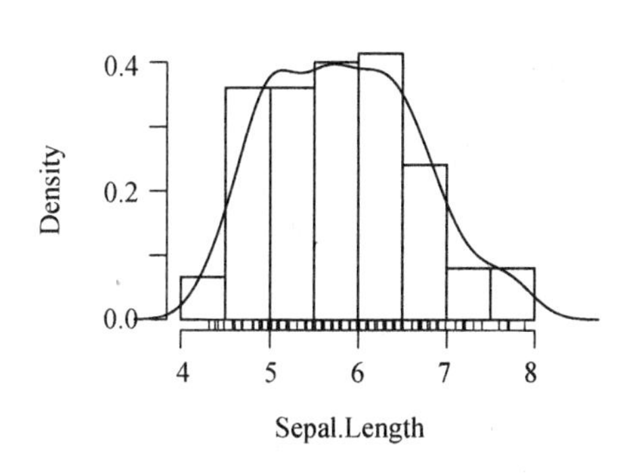

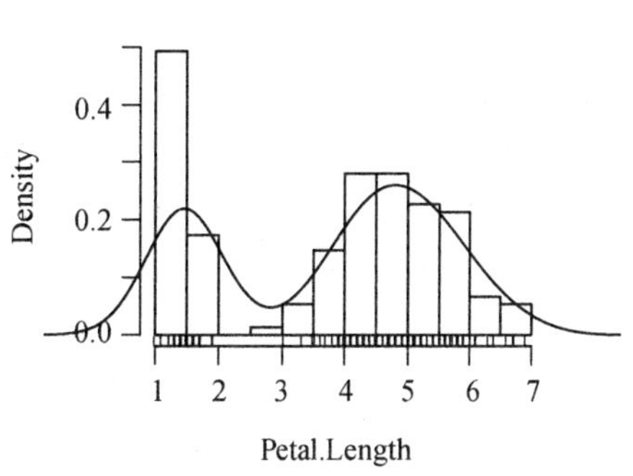

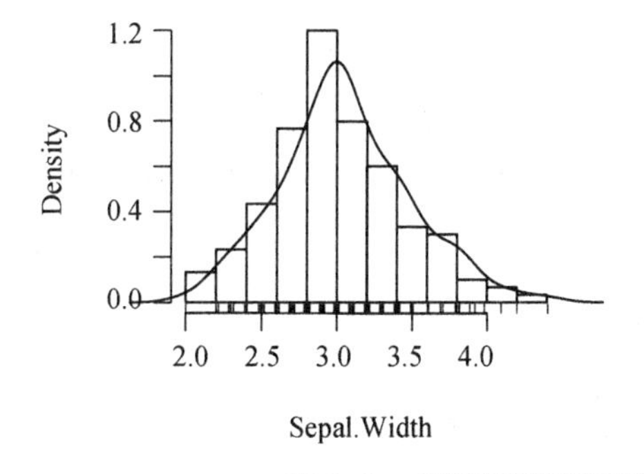

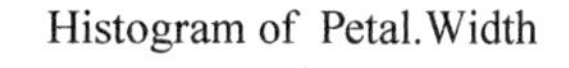

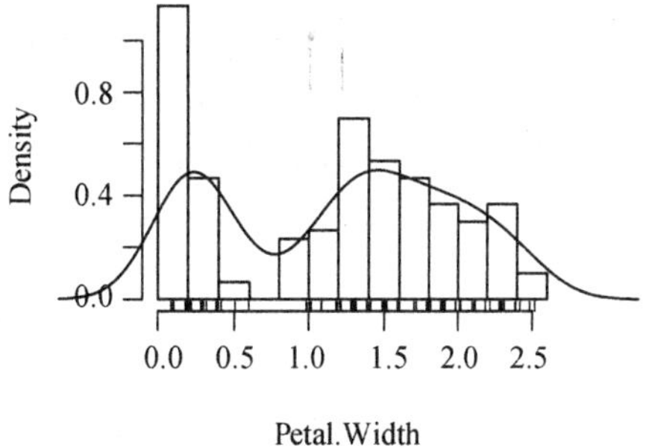

图 2-8　鸢尾花带核密度的四个变量的频率直方图

从图 2-8 可以看出，花萼的宽度(Sepal. Width)和正态分布比较接近.

（4）花萼宽度的 QQ 图

为了确定花萼的宽度是否满足正态分布，这里用 QQ 图来检验.

```
> attach (Sepal.Width)
> qqnorm(Sepal.Width);qqline(Sepal.Width)
```

结果如图 2-9 所示.

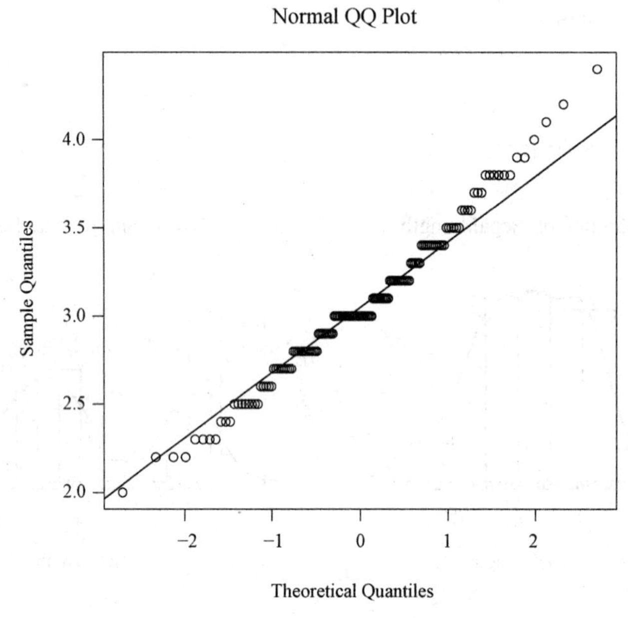

图 2-9 花萼宽度的 QQ 图

从图 2-9 可以看出，除了末尾的观测值，大体上还是符合正态分布的.

（5）三种鸢尾花的花萼宽度箱线图、花萼长度箱线图

以下用 ggplot2 包中的函数“ggplot( )”来画箱线图，但第一次使用前请先安装 ggplot2 包.

```
> install.packages("ggplot2")
> library(ggplot2)
> p <- ggplot (data = iris, mapping = aes (x = Species, y = Sepal.Width, fill = Species))
> p+geom_boxplot( )
```

结果如图 2-10 所示.

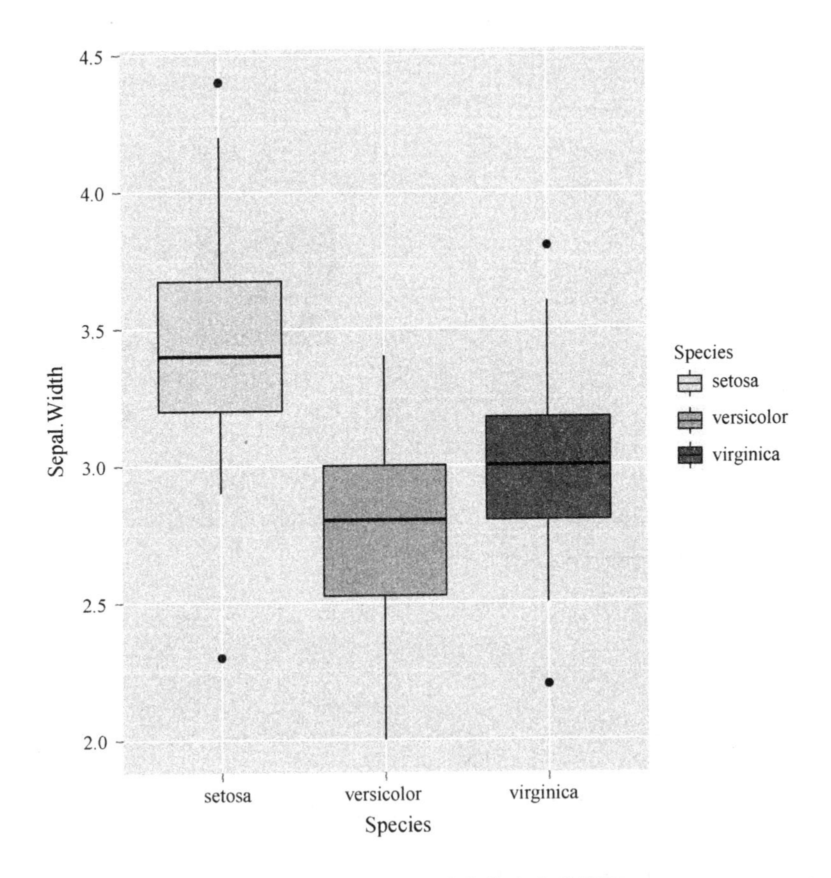

图 2-10 三种鸢尾花的花萼宽度箱线图

从图 2-10 可以看出，setosa 类型的鸢尾花和其他种类的鸢尾花的差别比较明显，而 versicolor 和 virginica 这两类虽有差别但并不是很明显.

同样，可以绘制三种鸢尾花的花萼长度箱线图.

```
> p <- ggplot(data = iris, mapping = aes(x = Species, y = Sepal.Length, fill = Spe-
cies))
> p+geom_boxplot( )
```

结果如图 2-11 所示.

从图 2-11 可以看出，三种鸢尾花的花萼长度有比较明显的差别.

类似地，可以绘制三种鸢尾花的花瓣宽度箱线图、花瓣长度箱线图，这里从略.

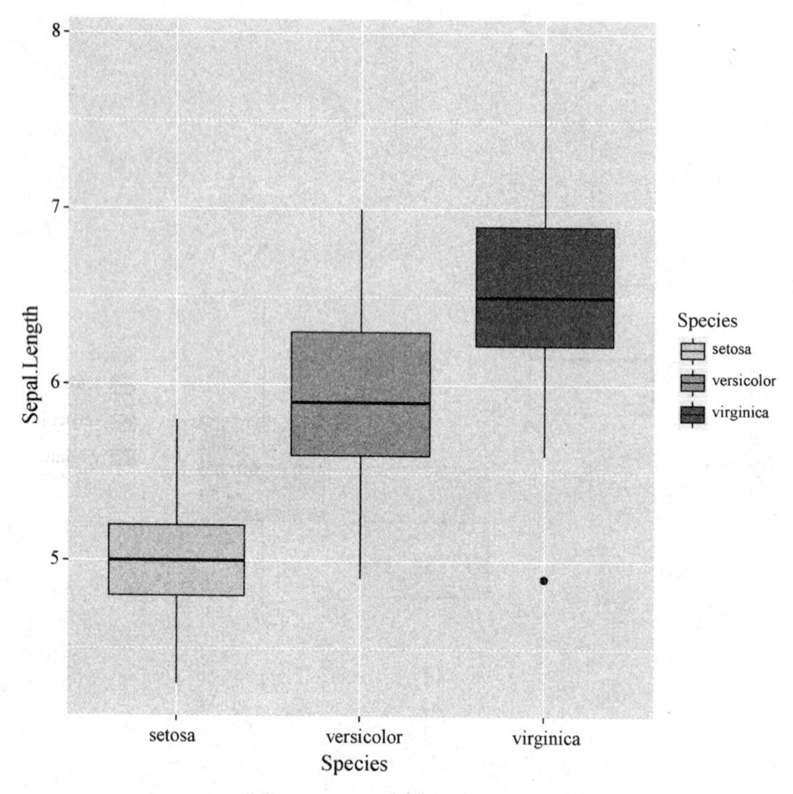

图 2-11　三种鸢尾花的花萼长度箱线图

(6) 三种鸢尾花的花萼长度和宽度的散点图(加平滑曲线)

以下通过散点图来进一步了解三种不同鸢尾花的两个变量之间的关系,加平滑曲线的散点图还可以更加清晰地看出两个变量之间的变化趋势.

以下分别绘制三种鸢尾花的花萼长度和宽度的散点图、花瓣长度和宽度的散点图.

```
> p <- ggplot (data = iris, mapping = aes (x = Sepal.Length, y = Sepal.Width))
> p <- p + geom_point( ) + facet_wrap (facets = ~ Species)
> p + geom_smooth( )
```

结果如图 2-12 所示.

```
> p <- ggplot (data = iris, mapping = aes (x = Petal.Length, y = Petal.Width))
> p <- p + geom_point( ) + facet_wrap (facets = ~ Species)
> p + geom_smooth( )
```

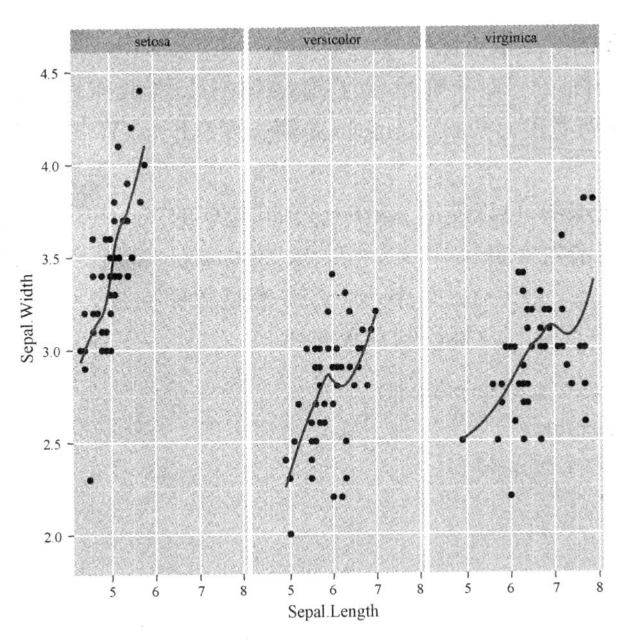

图 2-12 三种鸢尾花的花萼长度和宽度的散点图

结果如图 2-13 所示.

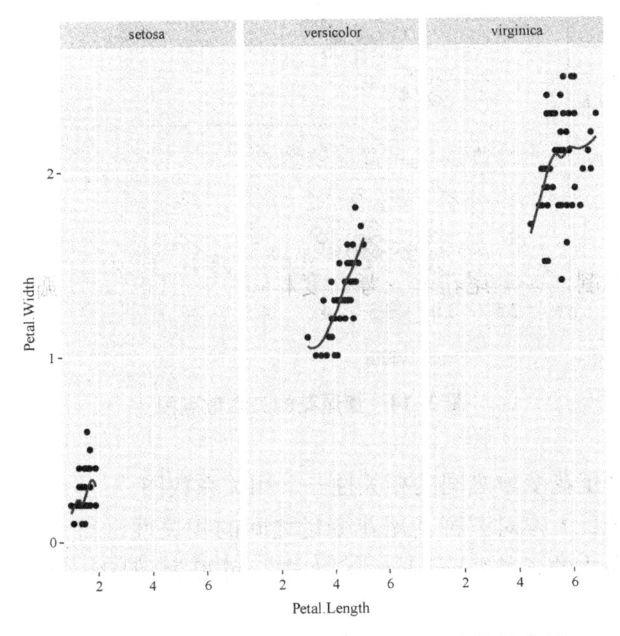

图 2-13 三种鸢尾花的花瓣长度和宽度的散点图

(7) 鸢尾花的三维散点图

图 2-12 和图 2-13 分别给出了鸢尾花的二维散点图，以下绘制鸢尾花 Sepal.Width(花萼宽度)，Petal.Length(花瓣长度)，Petal.Width(花瓣宽度)的三维散点图.

绘制三维散点图，可以使用 scatterplot3d 包中的“scatterplot3d( )”函数，但在第一次使用之前请先安装 scatterplot3d 包.“scatterplot3d( )”函数的调用格式为：scatterplot3d(x, y, z, …)。其中，x, y, z 都是数值向量，且 x 被绘制在水平轴上，y 被绘制在竖直轴上，z 被绘制在水透视上.

```
> install.packages("scatterplot3d")
> library(scatterplot3d)
> scatterplot3d(iris[2:4])
```

结果如图 2-14 所示.

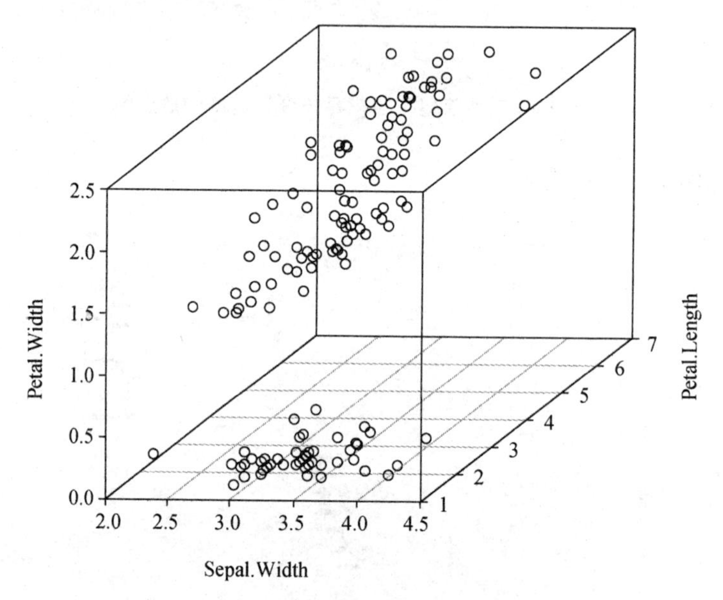

图 2-14 鸢尾花的三维散点图

(8) 三种鸢尾花变量之间的相关性——相关系数图

在实验 2.3.2 中曾对三种鸢尾花变量之间的相关性进行了数字化展示，这里将用 corrplot 包中的函数“corrplot( )”来进行可视化，但第一次使用前请先安装 corrplot 包.

```
> install.packages("corrplot")
```

```
> library(corrplot)
> require (corrplot)
> name <- unique (iris$Species)
> oldpar <-  par (mfcol=c(2, 2))
> for (i in 1:3){
+ corrplot(corr=cor.all[[i]],title =paste("correlative of", name[i]),mar=c(0, 0,
1, 0.7),
+           cl.align.text="l")
+ }
> par (oldpar)
```

结果如图 2-15 所示.

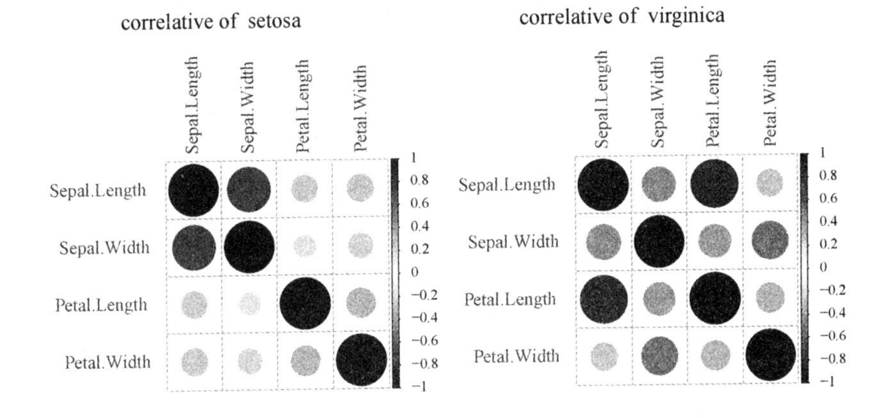

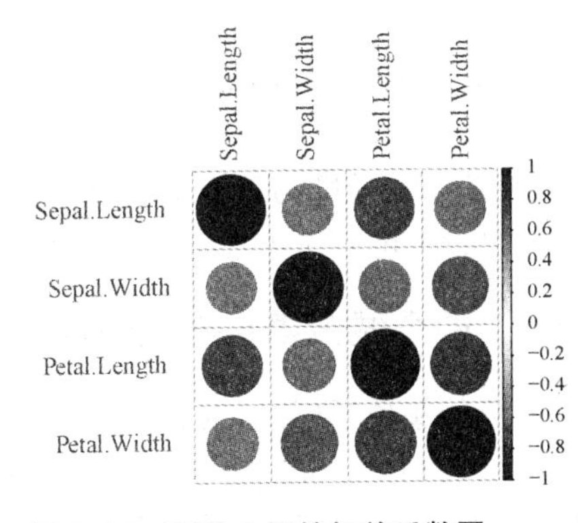

图 2-15　变量之间的相关系数图

在图 2-15 中,圆圈的大小表示相关性的大小.

从图 2-15 的可视化展示可以得到与前面数字化展示类似的结果，但可视化展示比数字化展示更直观(只需在相关系数图中看一下圆圈的大小).

(9) 四个变量的散布图矩阵

```
> names(iris)
> pairs(iris[-5])
```

结果如图 2-16 所示.

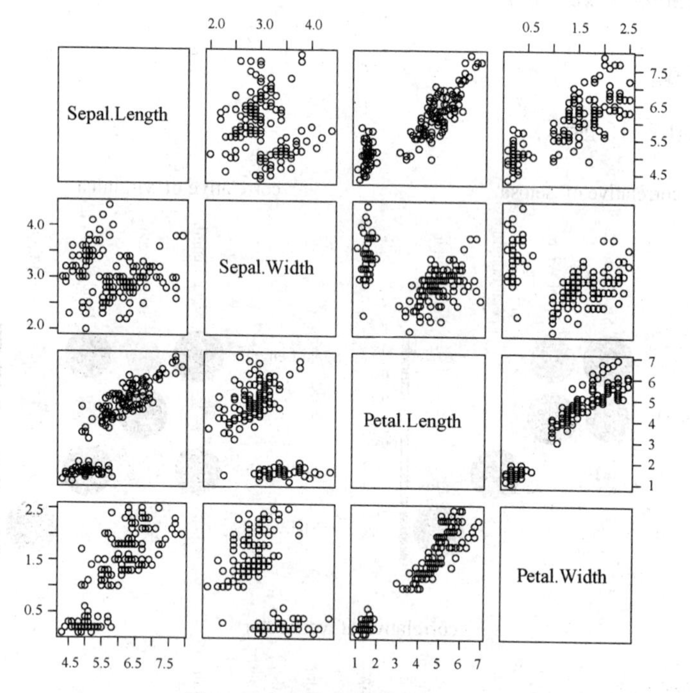

图 2-16 四个变量的散布图矩阵

从图 2-16 可以得出，花瓣的长度与花瓣的宽度呈明显的正相关；而花萼的长度与花萼的宽度却是散乱状态，可以得出二者的相关性不强.

2.3.5 实验 2.3.5 四个城市销售数据的展示和可视化

用 RColorBrewer 包里的颜色系(关于其介绍，见本节最后的附录)，对数据文件 sales.csv 中四个城市伦敦(London)、纽约(New York)、东京(Tokyo)、巴黎(Paris)的月销售数据，通过同一色系颜色的深浅来体现数据的大小.

(1) 导入 sales.csv 数据并展示其中的信息

```
> sales<- read.csv("D:/sales.csv")
```

```
> sales
```

结果如下：

	Month	London	NewYork	Tokyo	Paris
1	Jan	5064	3388	7074	8701
2	Feb	6115	4459	4603	8249
3	Mar	5305	5091	4787	8560
4	Apr	3185	4015	6214	7144
5	May	4182	4864	4700	8645
6	Jun	5816	4333	4592	10172
7	Jul	5947	4895	5719	5337
8	Aug	4049	4520	4219	11076
9	Sep	4003	3649	5079	10026
10	Oct	4937	3986	4499	7556
11	Nov	3470	3551	4540	8539
12	Dec	5915	3514	5658	7812

(2) 用 RColorBrewer 包里的颜色系，通过同一色系颜色的深浅来体现销售量的高低

用“image(x,y,z)”来绘制月份、地区、销售量三元图，用“axis( )”来画坐标轴，用“abline( )”来使图形更直观清晰.

```
> rownames(sales) <- sales[,1]
> sales <- sales[,-1]
> sales_matrix <- data.matrix(sales)
> install.packages("RColorBrewer")
> library(RColorBrewer)
> pal=brewer.pal(7,"YlOrRd")
> breaks <- seq(3000,12000,1500)
> image(x=1:nrow(sales_matrix),y=1:ncol(sales_matrix),z=sales_matrix,axes=
FALSE,xlab="Month", ylab="",col=pal[1:length(breaks)-1],breaks=breaks,
main="Sales Heat Map")
> axis(1,at=1:nrow(sales_matrix),labels=rownames(sales_matrix),col="white",
las=1)
> axis(2,at=1:ncol(sales_matrix),labels=colnames(sales_matrix),col="white",
las=1)
> abline(h=c(1:ncol(sales_matrix))+0.5,v=c(1:nrow(sales_matrix))+0.5,col=
"white",lwd=2,xpd=FALSE)
```

结果分别如图 2-17 和图 2-18 所示.

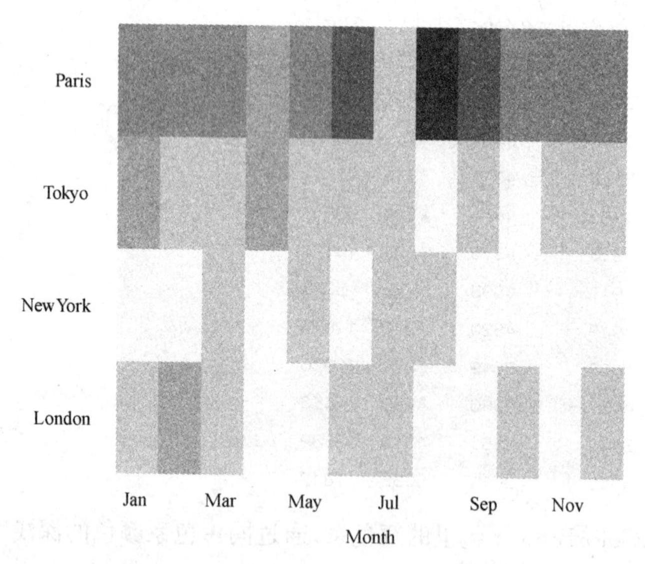

图 2-17　四个城市(按月)的销售情况图 1

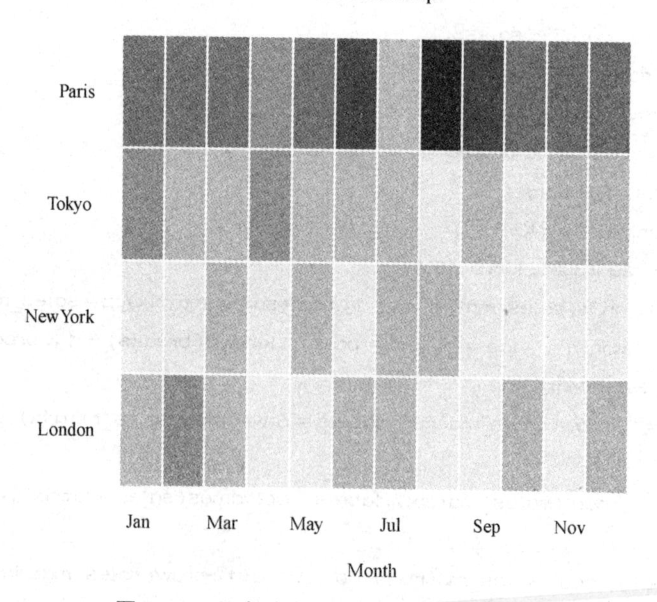

图 2-18　四个城市(按月)的销售情况图 2

从图 2-18 可以得出，四个城市纵向比较，可看出，比起伦敦、纽约、东京，巴黎的销售量有着绝对的优势，一年中不管是哪个月份，都远超其他三个城市.可推测巴黎的人流量或人均消费水平和生活水平都相对较高.

2.3.6 附录：RColorBrewer 包的配色方案介绍

RColorBrewer 包将配色方案分为三种：

seq：连续渐变色

div：双向渐变色

qual：分类色

通过“display( )”函数可以查看不同类型的色板。

(1) 查看所有色板

```
> display.brewer.all(type = "all")
```

结果如图 2-19 所示.

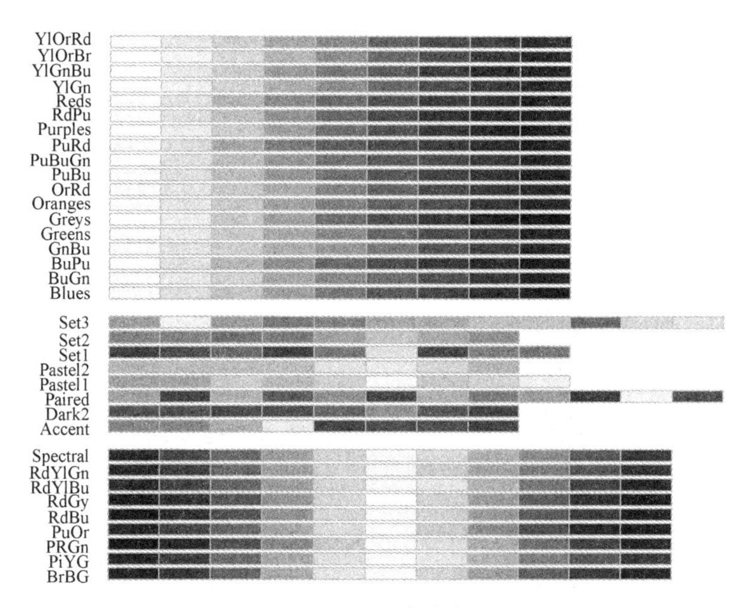

图 2-19 所有色板

(2) 查看单色渐变色板

```
> display.brewer.all(type = "seq")
```

结果如图 2-20 所示.

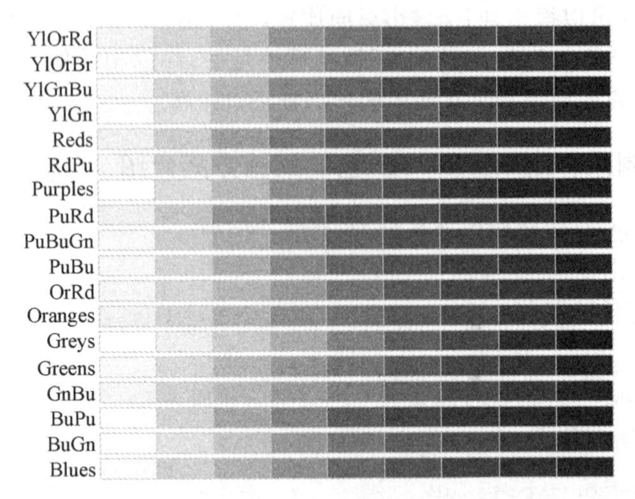

图 2-20 单色渐变色板

(3) 查看双色渐变色板

```
> display.brewer.all(type = "div")
```

结果如图 2-21 所示.

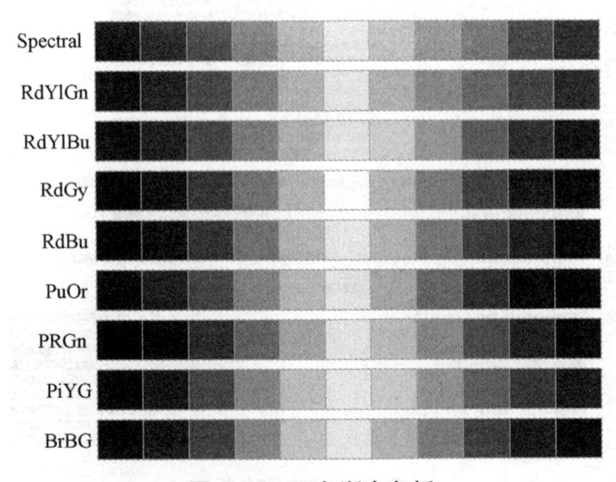

图 2-21 双色渐变色板

(4) 查看离散(分类)色板

```
> display.brewer.all(type = "qual")
```

结果如图 2-22 所示.

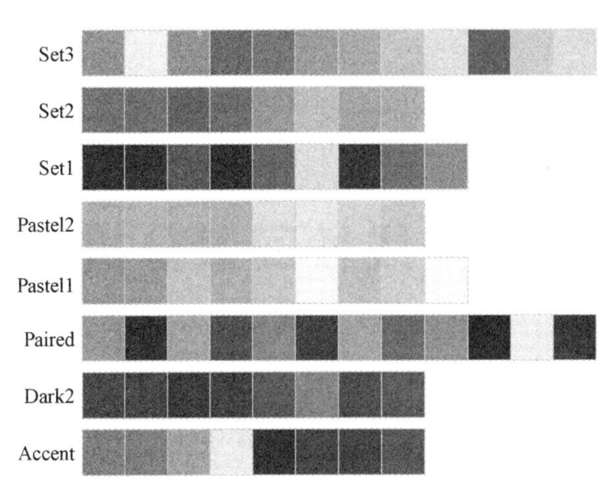

图 2-22 离散(分类)色板

以上通过“display( )”函数的四个形式成功显示了全部色板、单色渐变色板、双色渐变色板、离散(分类)色板.

(5) 显示指定名称的颜色

可以通过“display.brewer.pal(n, name)”函数显示指定名称的颜色.

例如 name=Reds 和 n=6:

```
> display.brewer.pal(6, "Reds")
```

结果如图 2-23 所示.

Reds (sequential)

图 2-23 指定名称 Reds 的颜色

3 线性回归分析

在许多实际问题中,变量之间存在着相互依存的关系.一般,变量之间的关系可以大体上分为两类,一类是确定性关系,即存在确定的函数关系.另一类是非确定性关系,即它们之间有密切关系,但又不能用函数关系式来精确表示,如人的身高与体重的关系,炼钢时钢的含碳量与冶炼时间的关系等.有时即使两个变量之间存在数学上的函数关系,但由于实际问题中的随机因素的影响,变量之间的关系也经常有某种不确定性.为了研究这类变量之间的关系,就需要通过实验或观测来获取数据,用统计方法去寻找它们之间的关系,这种关系反映了变量之间的统计规律.研究这类统计规律的方法之一就是回归分析(regression analysis).

回归分析方法是多元统计分析的各种方法中应用最广泛的一种.回归分析方法是在众多相关的变量中,根据问题的需要考察其中的一个或几个变量与其余变量的依赖关系.如果只要考察某一个变量(通常称为因变量、响应变量或指标)与其余多变量(通常称为自变量、解释变量或因素)的相互依赖关系,我们称为**多元回归问题**.如果要同时考虑若干个(两个或两个以上)因变量与若干个(两个或两个以上)自变量的相互依赖关系,我们称为**多因变量的多元回归问题**(简称为**多对多回归**,或**多维回归**).本书主要研究前者——多元回归问题.

在回归分析中,把变量分成两类.一类是因变量或响应变量(dependent variable, response variable),它们通常是实际问题中所关心的指标,通常用Y来表示;而影响因变量取值的另一类变量称为自变量或解释变量(independent variable, explanatory variable),用X_1, X_2, …, X_p来表示.

在回归分析中,主要研究以下问题:

(1) 确定Y与X_1, X_2, …, X_p之间的定量关系表达式,这种表达式称为回归方程;

(2) 对所得到的回归方程的可信程度进行检验;

(3) 判断自变量X_i($i=1, 2, \cdots, p$)对因变量Y有无显著影响;

(4) 利用所求得的(并通过检验的)回归方程进行预测或控制.

3.1 一元线性回归的回顾

回归分析的基本思想和方法以及“回归”名词的由来，要归功于英国统计学家高尔顿(Galton).高尔顿和他的学生、现代统计学的奠基者之一皮尔逊(Pearson)在研究父母身高与其子女身高的遗传关系时，观察了 1 078 对夫妇，以每对夫妇的平均身高作为 x，而取他们的一个成年儿子的身高作为 y，将这些数据画成散点图，发现趋势近似一条直线 $\hat{y}=33.73+0.516x$ (单位：英寸，1 英寸=2.54 cm).这表明：

(1) 父母平均身高 x 每增加一个单位时，其成年儿子的身高 y 也平均增加 0.516 个单位.

(2) 一群高个子父辈的儿子们的平均身高要低于他们父辈的平均身高.比如，$x=80$，那么 $\hat{y}=75.01$.

(3) 低个子父辈的儿子们虽然仍为低个子，但是平均身高却比他们的父辈增加一些.比如，$x=60$，那么 $\hat{y}=64.69$.

正是因为子代的身高有回归到父辈平均身高的这种趋势，才使人类的身高在一定时期内相对稳定.这个例子生动地说明了生物学中“种”的稳定性.正是为了描述这种有趣的现象，高尔顿引进了“回归(regression)”这个名词来描述父辈身高 x 与子代身高 y 的关系.尽管“回归”这个名称有特定的含义，人们在研究大量的问题中的变量 x 与 y 之间的关系并不具有这种“回归”的含义，但借用这个名词把研究变量 x 与 y 之间的关系的方法称为回归分析，也算是对高尔顿这个伟大的统计学家的一个纪念.

3.1.1 数学模型

假设

$$Y=a+bX+\varepsilon, \tag{3.1.1}$$

其中，X 是可控变量(一般变量)；Y 是随机变量；$a+bX$ 表示 Y 随 X 的变化而线性变化的部分；ε 是随机误差，它是其他一切微小的、不确定因素影响的总和，其值不可观测，通常假设 $\varepsilon \sim N(0, \sigma^2)$. 函数 $f(X)=E(Y \mid X)=a+bX$ 称为一元线性回归函数，其中，a 为回归常数，b 称为回归系数，统称为回归参数.称 X 为回归自变量(或回归因子)，Y 为回归因变量(或响应变量).

若 (x_1, y_1), (x_2, y_2), $\cdots$, (x_n, y_n) 是 (X, Y) 的一组独立观测值，则一元线性回归模型可以表示为

$$y_i = a + bx_i + \varepsilon_i,\ \varepsilon_i \sim N(0, \sigma^2),\ i = 1, 2, \cdots, n. \tag{3.1.2}$$

其中,各 ε_i 相互独立.

3.1.2 回归参数的估计

以下给出回归参数 a, b 的估计.若 (x_1, y_1), (x_2, y_2), $\cdots$, (x_n, y_n) 是 (X, Y) 的一组独立观测值,根据式(3.1.2), $y_i = a + bx_i + \varepsilon_i$, $\varepsilon_i \sim N(0, \sigma^2)$,各 ε_i 相互独立.

根据最小二乘原理,估计回归参数 a, b 应使误差平方和 $\sum_{i=1}^{n}\varepsilon_i^2 = \sum_{i=1}^{n}(y_i - a - bx_i)^2$ 最小,即

$$Q(a, b) = \sum_{i=1}^{n}(y_i - a - bx_i)^2$$

取最小值.

求 Q 关于 a, b 的偏导数,并令它们为零,解得 b 的最小二乘估计为

$$b = \frac{\sum_{i=1}^{n}(x_i - \bar{x})(y_i - \bar{y})}{\sum_{i=1}^{n}(x_i - \bar{x})^2} = \frac{L_{xy}}{L_{xx}},$$

其中, $\bar{x} = \frac{1}{n}\sum_{i=1}^{n}x_i$, $\bar{y} = \frac{1}{n}\sum_{i=1}^{n}y_i$, $L_{xy} = \sum_{i=1}^{n}(x_i - \bar{x})(y_i - \bar{y})$, $L_{xx} = \sum_{i=1}^{n}(x_i - \bar{x})^2$.

这样 b 和 a 的最小二乘估计可以写成

$$\begin{cases} \hat{b} = \dfrac{L_{xy}}{L_{xx}}, \\ \hat{a} = \bar{y} - \hat{b}\,\bar{x}. \end{cases}$$

在得到 a 和 b 的最小二乘估计 $\hat{a}$, $\hat{b}$ 后,称方程

$$\hat{Y} = \hat{a} + \hat{b}X$$

为一元回归方程(或经验回归方程).

通常取

$$\hat{\sigma}^2 = \frac{1}{n-2}\sum_{i=1}^{n}(y_i - \hat{a} - \hat{b}x_i)^2$$

为参数 σ^2 的估计(也称为 σ^2 的最小二乘估计).可以证明 $\hat{\sigma}^2$ 是 σ^2 的无偏估计.

3.1.3 回归方程的显著性检验

前面用最小二乘法给出了回归参数的最小二乘估计,并由此给出了回归方程.但回归方程并没有事先假定 Y 与 X 一定存在线性关系,如果 Y 与 X 不存在线性关系,那么得到的回归方程就毫无意义.因此,需要对回归方程进行检验.

所谓对一元回归方程进行检验,就等价于检验

$$H_0: b=0,\ H_1: b\neq 0.$$

关于以上检验问题的方法,常用的有 F 检验法、t 检验法和相关系数检验法.可以证明,F 检验法、t 检验法和相关系数检验法本质上都是相同的.

以下首先介绍 t 检验法,其次介绍平方和的分解,然后介绍 F 检验法,再然后介绍判定系数(或决定系数),最后介绍估计标准误差.

(1) t 检验法

可以证明 $t=\dfrac{\hat{b}}{\hat{\sigma}}\sqrt{L_{xx}}\sim t(n-2)$.

对于给定的显著性水平 α,拒绝域为 $W=\{|t|>t_{\frac{\alpha}{2}}(n-2)\}$.这种检验法称为 t 检验法.

在使用有关软件计算时,软件并不计算相应的拒绝域,而是计算相应分布的 p 值. p 值本质上是犯第一类错误的概率,即拒绝原假设而原假设为真的概率.因此,给一个指定的 α 值(通常 $\alpha=0.05$),当 $p<\alpha$ 时,就拒绝原假设;否则,不能拒绝原假设("冒一定的风险"接受原假设).

(2) 平方和的分解

为了寻找检验 H_0 的方法,将 X 对 Y 的线性影响与随机波动引起的变差分开.对一个具体的观测值来说,变差的大小可以用实际观测值 y 与其均值 $\bar{y}$ 之差 $y-\bar{y}$ 来表示,而 n 次观测值的总变差可由这些离差的平方和来表示. $SS_T=\sum\limits_{i=1}^{n}(y_i-\bar{y})^2$,称它为观测值 $y_1,\ y_2,\ \cdots,\ y_n$ 的**离差平方和或总平方和**(total sum of squares).

SS_T 反映了观测值 $y_i(i=1,\ 2,\ \cdots,\ n)$ 总的分散程度,对 SS_T 进行分解,得到

$$\begin{aligned}SS_T&=\sum_{i=1}^{n}(y_i-\bar{y})^2=\sum_{i=1}^{n}[(\hat{y}_i-\bar{y})+(y_i-\hat{y}_i)]^2\\&=\sum_{i=1}^{n}(\hat{y}_i-\bar{y})^2+\sum_{i=1}^{n}(y_i-\hat{y}_i)^2+2\sum_{i=1}^{n}(\hat{y}_i-\bar{y})(y_i-\hat{y}_i).\end{aligned}$$

其中，$\hat{y}_i=\hat{a}+\hat{b}x_i$.

可以证明，$\sum_{i=1}^{n}(\hat{y}_i-\bar{y})(y_i-\hat{y}_i)=0$，由此得

$$SS_T=\sum_{i=1}^{n}(\hat{y}_i-\bar{y})^2+\sum_{i=1}^{n}(y_i-\hat{y}_i)^2=SS_R+SS_E,$$

其中，$SS_R=\sum_{i=1}^{n}(\hat{y}_i-\bar{y})^2$，$SS_E=\sum_{i=1}^{n}(y_i-\hat{y}_i)^2$.

SS_R 叫做**回归平方和**(regression sum of squares)，由于

$$\frac{1}{n}\sum_{i=1}^{n}\hat{y}_i=\frac{1}{n}\sum_{i=1}^{n}(\hat{a}+\hat{b}x_i)=\hat{a}+\hat{b}\bar{x}=\bar{y},$$

所以 SS_R 是回归值 $\hat{y}_i$ 的离差平方和，它反映了 $y_i(i=1, 2, \cdots, n)$ 的分散程度，这种分散程度是由于 Y 与 X 之间线性关系引起的. SS_E 叫做**残差平方和**(residual sum of squares)，它反映了 y_i 与回归值 $\hat{y}_i$ 的偏离程度，它是 X 对 Y 的线性影响之外的其余因素产生的误差.

(3) F 检验法

H_0 成立时，可以证明

$$F=\frac{SS_R}{SS_E/(n-2)}\sim F(1, n-2).$$

对于给定的显著性水平 α，拒绝域为 $W=\{F>F_\alpha(1, n-2)\}$. 对于 F 检验统计量的 p 值，如果 $p<\alpha$，则拒绝 H_0，表明两个变量之间的线性关系显著.这种检验法称为 ***F* 检验法**.

(4) 判定系数(或决定系数)

回归平方和 SS_R 占总平方和(或离差平方和) SS_T 的比例称为**判定系数**(coefficient of determination)，也称**决定系数**，记作 R^2，其计算公式为

$$R^2=\frac{SS_R}{SS_T}=\frac{\sum_{i=1}^{n}(\hat{y}_i-\bar{y})^2}{\sum_{i=1}^{n}(y_i-\bar{y})^2}.$$

在一元线性回归中，判定系数(或决定系数)是相关系数的平方根.判定系数(或决定系数) R^2 可以用于检验回归直线对数据的拟合程度.如果所有观测点都落在回归直线上，则残差平方和 $SS_E=0$，此时 $SS_T=SS_R$，于是 $R^2=1$，拟合是完全的；如果 Y 的变化与 X 无关，此时 $\hat{y}_i=\bar{y}$，则 $R^2=0$. 可见 $R^2\in[0, 1]$. R^2 越接近

1,回归直线的拟合程度越好;R^2 越接近 0,回归直线的拟合程度越差.

在 R 软件中,用 Multiple R-squared 表示判定系数(或决定系数).

(5) 估计标准误差

估计标准误差(standard error of estimate)是残差平方和 SS_E 的均方根,即残差的标准差,用 s_e 来表示,其计算公式为

$$s_e=\sqrt{\frac{SS_E}{n-p-1}}=\sqrt{\frac{\sum_{i=1}^{n}(y_i-\hat{y}_i)^2}{n-p-1}},$$

其中,p 为自变量的个数,在一元线性回归中 $(p=1)$,$n-p-1=n-2$.

s_e 反映了用回归方程预测因变量时产生的预测误差的大小,因此它从另一个角度说明了回归直线的拟合程度.

在 R 软件中,用“Residual standard error”表示(剩余)标准误差.

3.1.4 预测

经过检验后,如果回归效果显著,就可以利用回归方程进行预测.所谓预测,就是对给定的回归自变量的值,预测对应的回归因变量的所有可能取值范围.因此,这是一个区间估计问题.

对给定的回归自变量 X 的值 $X=x_0$,记回归值为 $\hat{y}_0=\hat{a}+\hat{b}x_0$,则 $\hat{y}_0$ 为因变量 Y 在 $X=x_0$ 处的观测值,即 $y_0=a+bx_0+\varepsilon_0$ 的估计.

现在考虑在置信水平为 $1-\alpha$ 下,y_0 的预测区间和 $E(y_0)$ 的置信区间.

可以证明,在置信水平为 $1-\alpha$ 下,y_0 的预测区间为

$$\left[\hat{y}_0-t_{\frac{\alpha}{2}}(n-2)\cdot\hat{\sigma}\sqrt{1+\frac{1}{n}+\frac{(x_0-\bar{x})^2}{L_{xx}}},\right.$$
$$\left.\hat{y}_0+t_{\frac{\alpha}{2}}(n-2)\cdot\hat{\sigma}\sqrt{1+\frac{1}{n}+\frac{(x_0-\bar{x})^2}{L_{xx}}}\right].$$

$E(y_0)$ 的置信区间为

$$\left[\hat{y}_0-t_{\frac{\alpha}{2}}(n-2)\cdot\hat{\sigma}\sqrt{\frac{1}{n}+\frac{(x_0-\bar{x})^2}{L_{xx}}},\ \hat{y}_0+t_{\frac{\alpha}{2}}(n-2)\cdot\hat{\sigma}\sqrt{\frac{1}{n}+\frac{(x_0-\bar{x})^2}{L_{xx}}}\right].$$

3.2 多元线性回归

在实际问题中,如果与因变量 Y 有关联性的自变量不止一个,假设有 p ($p \geqslant$

2)个.此时无法借助图形来确定模型,这里仅讨论一种简单又普遍的模型——多元线性回归模型.另外,多项式回归仍然属于多元回归问题,也一并在本节中讨论.

3.2.1 多元线性回归模型

设变量 Y 与变量 $X_1, X_2, \cdots, X_p$ 之间有线性关系

$$Y=b_0+b_1X_1+\cdots+b_pX_p+\varepsilon,\ \varepsilon\sim N(0,\sigma^2), \tag{3.2.1}$$

其中,$b_0, b_1, \cdots, b_p (p\geqslant 2)$ 和 σ^2 为未知参数.

若 $(x_{i1}, x_{i2}, \cdots, x_{ip}, y_i)\ (i=1, 2, \cdots, n)$ 是 $(X_1, X_2, \cdots, X_p, Y)$ 的一组 $n\ (n>p+1)$ 次独立观测值,则多元线性回归模型可以表示为

$$y_i=b_0+b_1x_{i1}+\cdots+b_px_{ip}+\varepsilon_i,\ \varepsilon_i\sim N(0,\sigma^2),\ i=1,2,\cdots,n, \tag{3.2.2}$$

其中,各 ε_i 相互独立.

以下用矩阵的形式来描述多元线性回归模型.

记

$$\boldsymbol{X}=\begin{pmatrix}1 & x_{11} & \cdots & x_{1p}\\ 1 & x_{21} & \cdots & x_{2p}\\ \vdots & \vdots & & \vdots\\ 1 & x_{n1} & \cdots & x_{np}\end{pmatrix},\ \boldsymbol{Y}=\begin{pmatrix}y_1\\ y_2\\ \vdots\\ y_n\end{pmatrix},\ \boldsymbol{b}=\begin{pmatrix}b_0\\ b_1\\ \vdots\\ b_p\end{pmatrix},\ \boldsymbol{\varepsilon}=\begin{pmatrix}\varepsilon_1\\ \varepsilon_2\\ \vdots\\ \varepsilon_n\end{pmatrix}.$$

则式(3.2.2)可以表示为

$$\boldsymbol{Y}=\boldsymbol{X}\boldsymbol{b}+\boldsymbol{\varepsilon},$$

其中,$\boldsymbol{Y}$ 为由因变量(响应变量)构成的 n 维向量,$\boldsymbol{X}$ 为 $n\times(p+1)$ 的矩阵,$\boldsymbol{b}$ 为 $p+1$ 维向量,$\boldsymbol{\varepsilon}$ 为 n 维误差向量,且 $\boldsymbol{\varepsilon}\sim N(0,\sigma^2\boldsymbol{I}_n)$,$\boldsymbol{I}_n$ 是 n 阶单位矩阵.

3.2.2 回归参数的估计

与一元线性回归模型类似,求参数 $\boldsymbol{b}$ 的估计 $\hat{\boldsymbol{b}}$ 就是最小二乘问题

$$Q(\boldsymbol{b})=\sum_{i=1}^{n}\boldsymbol{\varepsilon}^2=(\boldsymbol{Y}-\boldsymbol{X}\boldsymbol{b})^{\mathrm{T}}(\boldsymbol{Y}-\boldsymbol{X}\boldsymbol{b})$$

的最小值点 $\hat{\boldsymbol{b}}$.

可以证明 $\boldsymbol{b}$ 的最小二乘估计为

$$\hat{\boldsymbol{b}}=(\boldsymbol{X}^{\mathrm{T}}\boldsymbol{X})^{-1}\boldsymbol{X}^{\mathrm{T}}\boldsymbol{Y}. \tag{3.2.3}$$

从而得经验回归方程为

$$\hat{\boldsymbol{Y}} = \boldsymbol{X}\hat{\boldsymbol{b}} = \hat{\boldsymbol{b}}_0 + \hat{\boldsymbol{b}}_1\boldsymbol{X}_1 + \cdots + \hat{\boldsymbol{b}}_p\boldsymbol{X}_p.$$

称 $\hat{\boldsymbol{\varepsilon}} = \boldsymbol{Y} - \boldsymbol{X}\hat{\boldsymbol{b}}$ 为残差向量.取

$$\hat{\sigma}^2 = \frac{\hat{\boldsymbol{\varepsilon}}^{\mathrm{T}}\hat{\boldsymbol{\varepsilon}}}{n-p-1}$$

为 σ^2 的估计,也称为 σ^2 的最小二乘估计.可以证明:

(1) $\hat{\sigma}^2$ 是 σ^2 的无偏估计.

(2) 协方差矩阵为 $\mathrm{Var}(\boldsymbol{b}) = \boldsymbol{\sigma}^2(\boldsymbol{X}^{\mathrm{T}}\boldsymbol{X})^{-1}$.

$\boldsymbol{b}$ 的各分量的标准差为 $\sqrt{\mathrm{Var}(\boldsymbol{b}_i)} = \hat{\sigma}\sqrt{c_{ii}}$, $i=1, 2, \cdots, p$. 其中, c_{ii} 为$\boldsymbol{C} = (\boldsymbol{X}^{\mathrm{T}}\boldsymbol{X})^{-1}$ 对角线上的第 i 个元素.

3.2.3 回归方程的显著性检验

由于多元线性回归中无法借助图形帮助判断,所以 $E(Y)$ 是否随 X_1, X_2, $\cdots$, X_p 作线性变化,因此显著性检验就显得尤为重要.检验有两种,一种是回归系数的显著性检验,主要是检验某个变量 X_i 的系数是否为零;另一种是检验回归方程的显著性检验,简单地说,就是检验该组数据是否可以用于线性方程作回归.

(1) 回归系数的显著性检验

$$H_{i0}: b_i = 0,\ H_{i1}: b_i \neq 0,\ i = 1, 2, \cdots, p.$$

当 H_{i0} 成立时,可以证明统计量

$$T_i = \frac{b_i}{\hat{\sigma}\sqrt{c_{ii}}} \sim t(n-p-1),\ i=1, 2, \cdots, p.$$

给定显著性水平 α, 检验的拒绝域为 $W = \{|T_i| \geqslant t_{\alpha/2}(n-p-1)\}$.

(2) 回归方程的显著性检验

H_0: $b_1 = b_2 = \cdots = b_p = 0$, H_1: b_1, b_2, $\cdots$, b_p 不全为零.

可以证明,当 H_0 成立时,统计量

$$F = \frac{SS_R/p}{SS_E/(n-p-1)} \sim F(p, n-p-1),$$

其中, $SS_R = \sum_{i=1}^{n}(\hat{y}_i - \bar{y})^2$, $SS_E = \sum_{i=1}^{n}(y_i - \hat{y}_i)^2$, $\bar{y} = \frac{1}{n}\sum_{i=1}^{n} y_i$, $\hat{y}_i = \hat{b}_0 + \hat{b}_1 x_{i1} + \cdots + \hat{b}_p x_{ip}$.

与一元回归类似,一般 SS_R 称为回归平方和, SS_E 称为残差平方和.

给定显著性水平 α, 检验的拒绝域为 $W=\{F>F_{\alpha/2}(p, n-p-1)\}$.

与一元回归模型类似,在软件中,通常用 p 值来判别是否拒绝原假设.用 $R^2=\frac{SS_R}{SS_T}$ 来衡量 Y 与 $X_1, X_2, \cdots, X_p$ 之间相关的密切程度,其中 $SS_T=SS_R+SS_E=\sum_{i=1}^{n}(y_i-\bar{y})^2$ 称为总体离差平方和.

3.2.4 预测

当多元线性回归方程经过检验通过以后,并且每一个系数都是显著时,可用此方程作预测.

给定 $\boldsymbol{X}=\boldsymbol{x}_0=(x_{01}, x_{02}, \cdots, x_{0p})^{\mathrm{T}}$, 将其代入回归方程得到

$$y_0=b_0+b_1x_{01}+\cdots+b_px_{0p}+\varepsilon_0$$

的估计为

$$\hat{y}_0=\hat{b}_0+\hat{b}_1x_{01}+\cdots+\hat{b}_px_{0p}.$$

现在考虑在置信水平为 $1-\alpha$ 下, y_0 的预测区间和 $E(y_0)$ 的置信区间.

可以证明,在置信水平为 $1-\alpha$ 下 y_0 的预测区间为

$$\Big(\hat{y}_0-t_{\frac{\alpha}{2}}(n-p-1)\cdot\hat{\sigma}\sqrt{1+\tilde{\boldsymbol{x}}_0^{\mathrm{T}}(\boldsymbol{X}^{\mathrm{T}}\boldsymbol{X})^{-1}\tilde{\boldsymbol{x}}_0},$$

$$\hat{y}_0+t_{\frac{\alpha}{2}}(n-p-1)\cdot\hat{\sigma}\sqrt{1+\tilde{\boldsymbol{x}}_0^{\mathrm{T}}(\boldsymbol{X}^{\mathrm{T}}\boldsymbol{X})^{-1}\tilde{\boldsymbol{x}}_0}\Big).$$

其中, $\boldsymbol{X}$ 为设计矩阵, $\tilde{\boldsymbol{x}}_0=(1, x_{01}, x_{02}, \cdots, x_{0p})^{\mathrm{T}}$.

$E(y_0)$ 的置信区间为

$$\Big(\hat{y}_0-t_{\frac{\alpha}{2}}(n-p-1)\cdot\hat{\sigma}\sqrt{\tilde{\boldsymbol{x}}_0^{\mathrm{T}}(\boldsymbol{X}^{\mathrm{T}}\boldsymbol{X})^{-1}\tilde{\boldsymbol{x}}_0},$$

$$\hat{y}_0+t_{\frac{\alpha}{2}}(n-p-1)\cdot\hat{\sigma}\sqrt{\tilde{\boldsymbol{x}}_0^{\mathrm{T}}(\boldsymbol{X}^{\mathrm{T}}\boldsymbol{X})^{-1}\tilde{\boldsymbol{x}}_0}\Big).$$

3.3 实　验

实验目的: 通过实验学会一元线性回归、多元线性回归分析.

3.3.1 实验 3.3.1 women 数据集的回归分析

women 数据集(R 自带数据集)提供了 15 个年龄在 30～39 岁之间女性的身高和体重的信息.

(1) 查看 women 数据集(身高和体重)的信息

```
> women
```

结果如下：

```
   height  weight
1      58     115
2      59     117
3      60     120
4      61     123
5      62     126
6      63     129
7      64     132
8      65     135
9      66     139
10     67     142
11     68     146
12     69     150
13     70     154
14     71     159
15     72     164
```

(2) weight 和 height 的简单线性回归

```
> fit<-lm(weight~height, data=women)
> summary(fit)
```

结果如下：

```
Call:
lm(formula = weight~height, data = women)
Residuals:
    Min       1Q   Median      3Q     Max
-1.7333  -1.1333  -0.3833  0.7417  3.1167
Coefficients:
            Estimate Std. Error t value Pr(>|t|)
```

```
(Intercept)  -87.51667   5.93694  -14.74  1.71e-09  ***
height         3.45000   0.09114   37.85  1.09e-14  ***
---

Signif. codes: 0 '***' 0.001 '**' 0.01 '*' 0.05 '.' 0.1 ' ' 1

Residual standard error: 1.525 on 13 degrees of freedom
Multiple R-squared: 0.991,     Adjusted R-squared: 0.9903
F-statistic: 1433 on 1 and 13 DF, p-value: 1.091e-14
```

由此得到的回归方程为

$$\widehat{weight} = -87.51667 + 3.45height.$$

从以上结果可以看出，回归方程通过检验.

(3) 身高和体重的散点图以及回归直线

```
> plot(women$height, women$weight)
> abline(fit)
```

结果如图 3-1 所示.

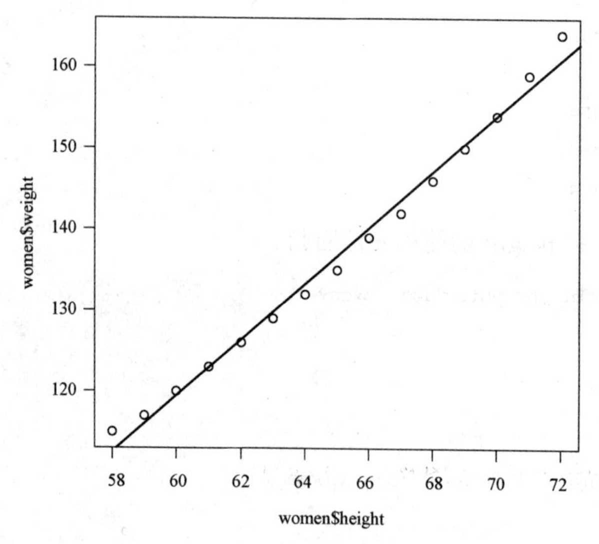

图 3-1　身高和体重的散点图以及回归直线

从图 3-1 可以看出，15 个数据点在一条直线附近.

(4) 添加一个身高的平方项

添加一个身高的平方项来提高回归的精度.用 I(x^2)创建变量 x^2(函数"I( )"是必要的,因为"∧"在公式中有特殊的含义.

I(height ^2)表示添加一个身高的平方项.

```
> fit2<-lm(weight~ height +I(height^2), data= women)
> summary(fit2)
```

结果如下:

```
Call:
lm(formula = weight~ height + I(height^2), data = women)
Residuals:
     Min         1Q     Median        3Q       Max
-0.50941   -0.29611   -0.00941   0.28615   0.59706
Coefficients:
               Estimate   Std. Error   t value   Pr(>|t|)
(Intercept)   261.87818     25.19677    10.393   2.36e-07   ***
height         -7.34832      0.77769    -9.449   6.58e-07   ***
I(height^2)     0.08306      0.00598    13.891   9.32e-09   ***
---

Signif. codes: 0 '***' 0.001 '**' 0.01 '*' 0.05 '.' 0.1 ' ' 1

Residual standard error: 0.3841 on 12 degrees of freedom
Multiple R-squared: 0.9995,     Adjusted R-squared: 0.9994
F-statistic: 1.139e+04 on 2 and 12 DF, p-value: < 2.2e-16
```

由此得到的回归方程为

$$\widehat{weight} = 261.87818 - 7.348325 height + 0.08306 height^2.$$

从以上结果可以看出,回归方程通过检验.

(5) 身高和体重的散点图及其二次回归

```
> plot(women$height, women$weight)
> lines(women$height, fitted(fit2))
```

结果如图 3-2 所示.

从图 3-2 中,可以看到二次回归曲线拟合效果比线性好.

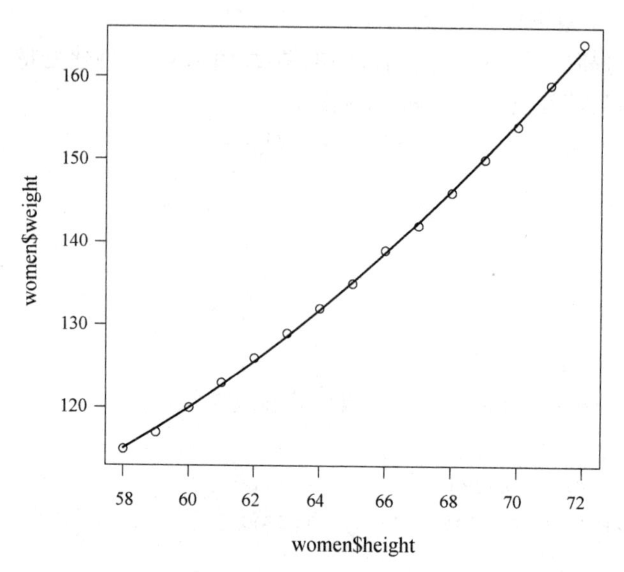

图 3-2 身高和体重的散点图及其二次回归曲线

(6) 添加一个身高的三次项

I(height ^ 3)表示添加一个身高的三次项.

```
> fit3<- lm(weight~ height + I(height^2) + I(height^3), data= women)
> summary(fit3)
```

结果如下：

```
Call:
lm(formula = weight~ height + I(height^2) + I(height^3), data = women)
Residuals:
     Min        1Q    Median       3Q      Max
-0.40677  -0.17391  0.03091  0.12051  0.42191
Coefficients:
              Estimate  Std. Error  t value  Pr(>|t|)
(Intercept) -8.967e+02  2.946e+02   -3.044   0.01116  *
height       4.641e+01  1.366e+01    3.399   0.00594  **
I(height^2) -7.462e-01  2.105e-01   -3.544   0.00460  **
I(height^3)  4.253e-03  1.079e-03    3.940   0.00231  **
---

Signif. codes: 0 '***' 0.001 '**' 0.01 '*' 0.05 '.' 0.1 ' ' 1
```

```
Residual standard error: 0.2583 on 11 degrees of freedom
Multiple R-squared: 0.9998,      Adjusted R-squared: 0.9997
F-statistic: 1.679e+04 on 3 and 11 DF, p-value: < 2.2e-16
```

(7) 身高和体重的散点图及其三次回归

以下调用 car 包中的“scatterplot( )”函数，画身高和体重的散点图及其三次回归：

```
> library(car)
> scatterplot (weight~ height, data = women,
+ spread=FALSE, lty.smooth=2,
+ pch=19,
+ main="women Age 30-39",
+ xlab="height (Inches)",
+ ylab="weight (lbs.)")
```

结果如图 3-3 所示.

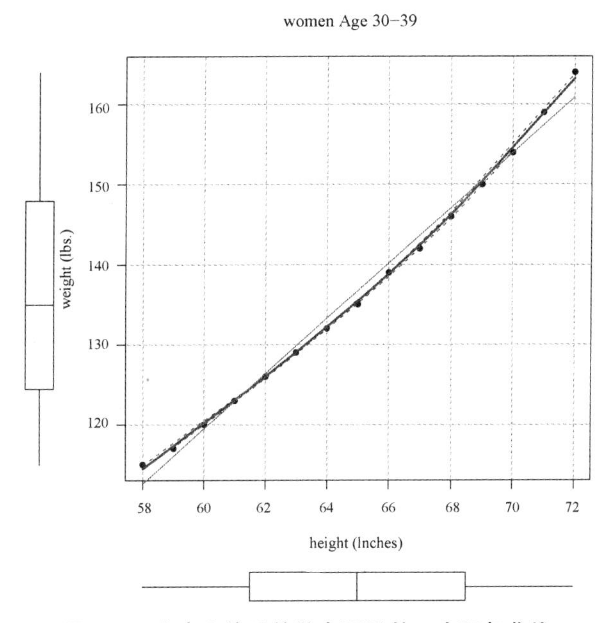

图 3-3 身高和体重的散点图及其三次回归曲线

在图 3-3 中，边界为箱线图.从图 3-3 中，可以看到三次回归曲线拟合效果比线性更好.

3.3.2 实验 3.3.2 Boston 数据集的回归分析

MASS 包中包含 Boston 数据集(波士顿房价),它记录了波士顿周围 506 个街区的 medv(房价中位数).我们将设法用 13 个预测变量如 rm(每栋住宅的平均房间数),age(平均房龄),lstat(社会经济地位低的家庭所占比例)等来预测 medv(房价中位数).

(1) 首先查看 Boston 数据集(波士顿房价)中的变量

```
> library(MASS)
> fix(Boston)
> names(Boston)
```

结果如下:

```
[1] "crim"    "zn"    "indus"    "chas"     "nox"     "rm"     "age"
[8] "dis"     "rad"   "tax"      "ptratio"  "black"   "lstat"  "medv"
```

想要了解该数据集的更多信息,可以输入"?? Boston".

(2) 用"lm( )"函数拟合简单线性回归模型,将 medv 作为因变量,lstat 作为自变量

首先绑定 Boston 数据集,

```
> lm.fit= lm(medv~ lstat, data= Boston)
> attach(Boston)
> lm.fit= lm(medv~ lstat)
```

如果输入"lm.fit",则会输出一些基本信息.

```
> lm.fit
```

结果如下:

```
Call:
lm(formula = medv~ lstat)


Coefficients:
(Intercept)    lstat
      34.55   -0.95
```

用 summary(lm.fit)了解更多信息.

```
> summary(lm.fit)
```

结果如下：

```
Call:
lm(formula = medv~ lstat)


Residuals:
     Min       1Q   Median      3Q      Max
-15.168   -3.990   -1.318   2.034   24.500
Coefficients:
              Estimate  Std. Error  t value  Pr(>|t|)
(Intercept)   34.55384     0.56263    61.41   <2e-16  ***
lstat         -0.95005     0.03873   -24.53   <2e-16  ***
---

Signif. codes: 0 '***' 0.001 '**' 0.01 '*' 0.05 '.' 0.1 ' ' 1

Residual standard error: 6.216 on 504 degrees of freedom
Multiple R-squared: 0.5441,     Adjusted R-squared: 0.5432
F-statistic: 601.6 on 1 and 504 DF, p-value: < 2.2e-16
```

为了得到系数估计值的置信区间，可以用“confint( )”函数.

```
> confint(lm.fit)
```

结果如下：

```
                   2.5%        97.5%
(Intercept)   33.448457   35.6592247
      lstat   -1.026148   -0.8739505
```

根据 lstat 的值预测 medv 时，可用“predict( )”函数计算置信区间和预测区间.

```
> predict(lm.fit, data.frame(lstat=(c(5,10,15))),
+ interval="confidence")
```

结果如下：

```
       fit       lwr       upr
1 29.80359  29.00741  30.59978
2 25.05335  24.47413  25.63256
3 20.30310  19.73159  20.87461
```

```
> predict(lm.fit, data.frame(lstat=(c(5,10,15))),
+ interval="prediction")
```

结果如下：

```
       fit        lwr      upr
1 29.80359  17.565675 42.04151
2 25.05335  12.827626 37.27907
3 20.30310   8.077742 32.52846
```

如果 lstat=10,则相应的 0.95 置信区间为(24.47413，25.63256),相应的 0.95 预测区间为(12.827626，37.27907).置信区间和预测区间有相同的中心点.如果 lstat=10,则 medv 的预测值为 25.05335.

以下画 medv 和 lstat 散点图以及回归直线：

```
> plot(lstat, medv)
> abline(lm.fit)
```

结果如图 3-4 所示.

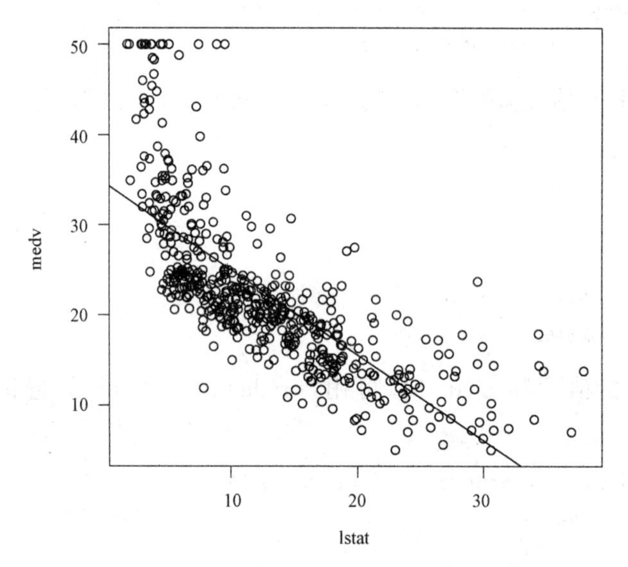

图 3-4　medv 和 lstat 散点图以及回归直线

(3) 用 medv 作为因变量,建立 lstat 和 $lstat^2$ 的多项式回归

在(2)中,我们用 medv 作为因变量,lstat 作为自变量,进行简单线性回归.现在我们用 medv 作为因变量，建立 lstat 和 $lstat^2$ 的多项式回归.

```
> lm.fit2 = lm(medv~ lstat + I(lstat^2), data = Boston)
> summary(lm.fit2)
```

结果如下：

```
Call:
lm(formula = medv~ lstat + I(lstat^2), data = Boston)
Residuals:
     Min        1Q     Median      3Q       Max
-15.2834   -3.8313   -0.5295   2.3095   25.4148
Coefficients:
              Estimate   Std. Error   t value   Pr(>|t|)
(Intercept)   42.862007   0.872084     49.15    <2e-16   ***
lstat         -2.332821   0.123803    -18.84    <2e-16   ***
I(lstat^2)     0.043547   0.003745     11.63    <2e-16   ***
---

Signif. codes: 0 '***' 0.001 '**' 0.01 '*' 0.05 '.' 0.1 ' ' 1

Residual standard error: 5.524 on 503 degrees of freedom
Multiple R-squared: 0.6407,    Adjusted R-squared: 0.6393
F-statistic: 448.5 on 2 and 503 DF, p-value: < 2.2e-16
```

通过与(2)进行比较，我们发现增加 lstat^2 使模型比只有 lstat 作为自变量的模型得到了改进.

(4) 用 medv 作为因变量，建立 lstat 的(高次)多项式回归

要创建一个三次多项式拟合，我们可以向模型加入 lstat^3 作为自变量.然而，这种方法对于高阶多项式就会变得繁琐.更好的方法是用“poly( )”和“lm( )”函数创建多项式.例如，下面产生一个 5 阶多项式拟合：

```
> lm.fit5 = lm(medv~ poly(lstat,5), data = Boston)
> summary(lm.fit5)
```

结果如下：

```
Call:
lm(formula = medv~ poly(lstat, 5), data = Boston)
Residuals:
     Min        1Q     Median      3Q       Max
-13.5433   -3.1039   -0.7052   2.0844   27.1153
```

```
Coefficients:
                 Estimate  Std. Error  t value   Pr(>|t|)
(Intercept)       22.5328      0.2318   97.197   <2e-16    ***
poly(lstat, 5)1 -152.4595      5.2148  -29.236   <2e-16    ***
poly(lstat, 5)2   64.2272      5.2148   12.316   <2e-16    ***
poly(lstat, 5)3  -27.0511      5.2148   -5.187   3.10e-07  ***
poly(lstat, 5)4   25.4517      5.2148    4.881   1.42e-06  ***
poly(lstat, 5)5  -19.2524      5.2148   -3.692   0.000247  ***
---

Signif. codes: 0 '***' 0.001 '**' 0.01 '*' 0.05 '.' 0.1 ' ' 1

Residual standard error: 5.215 on 500 degrees of freedom
Multiple R-squared: 0.6817,    Adjusted R-squared: 0.6785
F-statistic: 214.2 on 5 and 500 DF, p-value: < 2.2e-16
```

以上结果表明,在模型中加入 5 阶以下的多项式改善了模型拟合.然而,进一步考察表明,5 阶以上的多项式在回归拟合中的 p 值并不显著.

(5) 用 medv 作为因变量,建立 lstat 和 age 的回归模型

在前面我们用 medv 作为因变量,lstat 作为自变量,进行简单线性回归.现在用 medv 作为因变量,自变量为 lstat 和 age,继续进行回归分析.

```
> lm.fit = lm(medv~ lstat + age, data = Boston)
> summary(lm.fit)
```

结果如下:

```
Call:
lm(formula = medv~ lstat + age, data = Boston)
Residuals:
    Min      1Q   Median     3Q     Max
-15.981  -3.978  -1.283  1.968  23.158
Coefficients:
             Estimate  Std. Error  t value   Pr(>|t|)
(Intercept)  33.22276     0.73085   45.458   <2e-16   ***
lstat        -1.03207     0.04819  -21.416   <2e-16   ***
age           0.03454     0.01223    2.826   0.00491  **
---
```

```
Signif. codes: 0 '***' 0.001 '**' 0.01 '*' 0.05 '.' 0.1 ' ' 1

Residual standard error: 6.173 on 503 degrees of freedom
Multiple R-squared: 0.5513,     Adjusted R-squared: 0.5495
F-statistic: 309 on 2 and 503 DF, p-value: < 2.2e-16
```

(6) 用 medv 作为因变量,数据集中全部 13 个自变量,继续进行回归分析

Boston(波斯顿房价)数据集包含 13 个自变量,用所有自变量进行回归(一一输入会麻烦,可以用如下的快捷方法).

```
> lm.fit = lm(medv~., data = Boston)
> summary(lm.fit)
```

结果如下:

```
Call:
lm(formula = medv~., data = Boston)
Residuals:
Min        1Q     Median   3Q     Max
-15.595   -2.730  -0.518   1.777  26.199
Coefficients:
              Estimate     Std. Error   t value   Pr(>|t|)
(Intercept)   3.646e+01    5.103e+00     7.144    3.28e-12   ***
crim         -1.080e-01    3.286e-02    -3.287    0.001087   **
zn            4.642e-02    1.373e-02     3.382    0.000778   ***
indus         2.056e-02    6.150e-02     0.334    0.738288
chas          2.687e+00    8.616e-01     3.118    0.001925   **
nox          -1.777e+01    3.820e+00    -4.651    4.25e-06   ***
rm            3.810e+00    4.179e-01     9.116    <2e-16     ***
age           6.922e-04    1.321e-02     0.052    0.958229
dis          -1.476e+00    1.995e-01    -7.398    6.01e-13   ***
rad           3.060e-01    6.635e-02     4.613    5.07e-06   ***
tax          -1.233e-02    3.760e-03    -3.280    0.001112   **
ptratio      -9.527e-01    1.308e-01    -7.283    1.31e-12   ***
black         9.312e-03    2.686e-03     3.467    0.000573   ***
lstat        -5.248e-01    5.072e-02   -10.347    <2e-16     ***
---

Signif. codes: 0 '***' 0.001 '**' 0.01 '*' 0.05 '.' 0.1 ' ' 1
```

```
Residual standard error: 4.745 on 492 degrees of freedom
Multiple R-squared: 0.7406,      Adjusted R-squared: 0.7338
F-statistic: 108.1 on 13 and 492 DF, p-value: < 2.2e-16
```

如果想用除某一个变量之外所有其他自变量进行回归分析，例如在上面的回归结果中，age变量有很高的p值(0.958229)，可以用如下进行：

```
> lm.fit=lm(medv~.-age, data=Boston)
> summary(lm.fit)
```

结果如下：

```
Call:
lm(formula = medv~.-age, data=Boston)
Residuals:
Min          1Q     Median     3Q       Max
-15.6054   -2.7313  -0.5188   1.7601   26.2243
Coefficients:
              Estimate    Std. Error   t value   Pr(>|t|)
(Intercept)   36.436927   5.080119     7.172     2.72e-12   ***
crim          -0.108006   0.032832     -3.290    0.001075   **
zn            0.046334    0.013613     3.404     0.000719   ***
indus         0.020562    0.061433     0.335     0.737989
chas          2.689026    0.859598     3.128     0.001863   **
nox           -17.713540  3.679308     -4.814    1.97e-06   ***
rm            3.814394    0.408480     9.338     <2e-16     ***
dis           -1.478612   0.190611     -7.757    5.03e-14   ***
rad           0.305786    0.066089     4.627     4.75e-06   ***
tax           -0.012329   0.003755     -3.283    0.001099   **
ptratio       -0.952211   0.130294     -7.308    1.10e-12   ***
black         0.009321    0.002678     3.481     0.000544   ***
lstat         -0.523852   0.047625     -10.999   <2e-16     ***
---

Signif. codes: 0 '***' 0.001 '**' 0.01 '*' 0.05 '.' 0.1 ' ' 1

Residual standard error: 4.74 on 493 degrees of freedom
Multiple R-squared: 0.7406,      Adjusted R-squared: 0.7343
F-statistic: 117.3 on 12 and 493 DF, p-value: < 2.2e-16
```

3.3.3 实验 3.3.3 state.x77 数据集的回归分析

R 中自带的 state.x77 数据集包括 Population(人口),Income(收入),Murder(犯罪率),Frost(结霜天数),Illiteracy(文盲率),Area(土地面积),Life.Exp(预期寿命)及 HS Grad(高中毕业率)8 个变量.

以下我们考虑(美国各州的)Murder(犯罪率)与一些因素的关系,这些因素主要包括:Population(人口),Income (收入),Illiteracy(文盲率),Frost(结霜天数)等.

(1) 为了用函数“lm( )”进行回归,根据 state.x77 数据集建立一个数据框

```
states<-as.data.frame(state.x77[, c("Murder", "Population", "Illiteracy",
"Income", "Frost")])
```

(2) 为了进行回归,先计算变量之间的相关系数

用“cor( )函数”计算两个变量之间的相关系数.

```
> cor(states)
```

结果如下:

	Murder	Population	Illiteracy	Income	Frost
Murder	1.0000000	0.3436428	0.7029752	−0.2300776	−0.5388834
Population	0.3436428	1.0000000	0.1076224	0.2082276	−0.3321525
Illiteracy	0.7029752	0.1076224	1.0000000	−0.4370752	−0.6719470
Income	−0.2300776	0.2082276	−0.4370752	1.0000000	0.2262822
Frost	−0.5388834	−0.3321525	−0.6719470	0.2262822	1.0000000

(3) 以下画散布图矩阵

car 包中“scatterplotMatrix( )”函数能生成散布图矩阵.

```
> library(car)
> scatterplotMatrix(states, spreed=FALSE, lty.smooth=2,
+ main="Scatter plot Matrix")
```

结果如图 3-5 所示.

图 3-5 包括线性、平滑曲线以及相应的边际分布(核密度和轴须图).

说明:在上述代码中,“spreed=FALSE”选项删除了残差正负均方根在平滑曲线的展开和非对称信息,“lty.smooth=2”选项设置平滑拟合曲线为虚线.

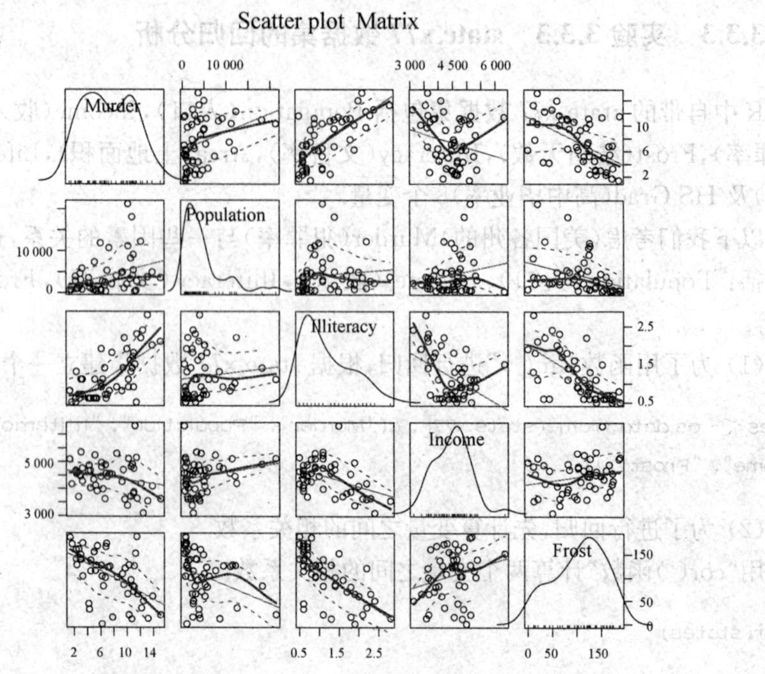

图 3-5 散布图矩阵

（4）进行多元线性回归

```
> fit<-lm(Murder~ Population+ Illiteracy+Income+Frost, data= states)
> summary(fit)
```

结果如下：

```
Call:
lm(formula = Murder~ Population + Illiteracy + Income + Frost,
    data = states)

Residuals:
    Min       1Q   Median      3Q     Max
-4.7960  -1.6495  -0.0811  1.4815  7.6210

Coefficients:
              Estimate  Std. Error  t value  Pr(>|t|)
(Intercept)  1.235e+00  3.866e+00    0.319    0.7510
Population   2.237e-04  9.052e-05    2.471    0.0173   *
```

```
Illiteracy   4.143e+00   8.744e-01   4.738   2.19e-05   ***
Income       6.442e-05   6.837e-04   0.094     0.9253
Frost        5.813e-04   1.005e-02   0.058     0.9541
---

Signif. codes: 0 '***' 0.001 '**' 0.01 '*' 0.05 '.' 0.1 ' ' 1

Residual standard error: 2.535 on 45 degrees of freedom
Multiple R-squared: 0.567,     Adjusted R-squared: 0.5285
F-statistic: 14.73 on 4 and 45 DF, p-value: 9.133e-08
```

从以上结果可以看出，Illiteracy(文盲率)的系数在 $p<0.01$ 水平下显著不为零，Frost(结霜天数)则没有显著不为零($p=0.9541$).

看来以上 4 个自变量都进入回归方程，其显著性检验不能通过(进一步讨论，见后一章的实验 4.4.3).

3.3.4 实验 3.3.4 mtcars 数据集的回归分析

在实验 2.3.1 中，我们对 mtcars 数据集进行了展示和描述.在实验 2.3.3 中，我们对 mtcars 数据集进行了可视化.现在我们对该数据集中的变量进行回归分析.

(1) 不考虑变量交互项

对该数据集，如果把 mpg(汽车每加仑公里数)作为因变量，自变量为 hp(马力)和 wt(汽车重量)进行回归.

```
> fit<-lm(mpg~ hp+ wt, data= mtcars)
> summary(fit)
```

结果如下：

```
Call:
lm(formula = mpg~ hp + wt, data = mtcars)
Residuals:
   Min      1Q   Median     3Q     Max
-3.941  -1.600  -0.182  1.050   5.854
Coefficients:
             Estimate  Std. Error  t value  Pr(>|t|)
(Intercept)  37.22727    1.59879   23.285   <2e-16    ***
hp           -0.03177    0.00903   -3.519   0.00145   **
wt           -3.87783    0.63273   -6.129   1.12e-06  ***
---
```

```
Signif. codes: 0 '***' 0.001 '**' 0.01 '*' 0.05 '.' 0.1 ' ' 1

Residual standard error: 2.593 on 29 degrees of freedom
Multiple R-squared: 0.8268,     Adjusted R-squared: 0.8148
F-statistic: 69.21 on 2 and 29 DF, p-value: 9.109e-12
```

得到的回归方程为 $\widehat{mpg}=37.22727-0.03177hp-3.87783wt$. 并且回归方程通过了显著性检验.

(2) 考虑变量交互项

对该数据集,如果把 mpg(汽车每加仑公里数)作为因变量,自变量为 hp(马力)和 wt(汽车重量)进行回归(考虑变量交互项).

```
> fit<-lm(mpg~hp+wt+hp:wt, data=mtcars)
> summary(fit)
```

结果如下:

```
Call:
lm(formula = mpg~hp + wt + hp:wt, data = mtcars)
Residuals:
    Min       1Q    Median      3Q     Max
-3.0632  -1.6491  -0.7362  1.4211  4.5513
Coefficients:
             Estimate  Std. Error  t value  Pr(>|t|)
(Intercept)  49.80842   3.60516    13.816   5.01e-14  ***
hp           -0.12010   0.02470    -4.863   4.04e-05  ***
wt           -8.21662   1.26971    -6.471   5.20e-07  ***
hp:wt         0.02785   0.00742     3.753   0.000811  ***
---
Signif. codes: 0 '***' 0.001 '**' 0.01 '*' 0.05 '.' 0.1 ' ' 1

Residual standard error: 2.153 on 28 degrees of freedom
Multiple R-squared: 0.8848,     Adjusted R-squared: 0.8724
F-statistic: 71.66 on 3 and 28 DF, p-value: 2.981e-13
```

在上述代码中,"hp:wt"表示 hp 和 wt 的交互项.

上述结果表明,hp 和 wt 的交互是显著的.

得到的回归方程为 $\widehat{mpg} = 49.80842 - 0.12010hp - 8.21662wt + 0.02785hp \cdot wt$. 并且回归方程通过了显著性检验.

比较(1)和(2)中的结果,在不考虑变量交互项和考虑变量交互项两种情况下,回归方程虽然都能通过显著性检验,但从 R-squared 来看,0.8268 和 0.8848 还是有些差别的,并且考虑变量交互项的效果要好一些.

4 逐步回归与回归诊断

在回归分析中,一方面,为获得较全面的信息,总希望模型中包含尽可能多的自变量;另一方面,考虑到获取如此多自变量的观测值的实际困难和费用等,则希望回归方程中包含尽可能少的自变量.加之理论上已证明预测值的方差随着自变量个数的增加而增大,且包含较多自变量的模型拟合的计算量大,又不便于利用拟合的模型对实际问题作解释.因此,在实际应用中,希望拟合这样一个模型,它既能较好地反映问题的本质,又包含尽可能少的自变量.这两个方面的一个适当折中就是回归方程的选择问题,其基本思想是在一定的准则下选取对因变量影响较为显著的自变量,建立一个既合理又简单实用的回归模型.逐步回归法就是解决这类问题的一个方法.

在变量的选择——逐步回归法中,是从选择自变量上来研究回归分析,而没有研究异常样本的问题,对异常样本问题的研究方法之一就是回归诊断.

在作回归分析时,通常假设回归方程的残差具有齐性.如果残差不满足齐性(出现异方差),将如何处理呢? 此时可通过 Box-Cox 变换使回归方程的残差满足齐性.

4.1 逐步回归

在一些实际问题中,作多元线性回归时常有这样的情况,变量 $X_1, X_2, \cdots, X_p$ 之间常常是线性相关的,则在式(3.2.3)中回归系数的估计中,矩阵 $\boldsymbol{X}^{\mathrm{T}}\boldsymbol{X}$ 的秩小于 p,$(\boldsymbol{X}^{\mathrm{T}}\boldsymbol{X})^{-1}$ 就无解.当变量 $X_1, X_2, \cdots, X_p$ 中有任意两个存在较大的相关性时,矩阵 $\boldsymbol{X}^{\mathrm{T}}\boldsymbol{X}$ 处于病态,会给模型带来很大误差.因此在作回归时,应选择变量 $X_1, X_2, \cdots, X_p$ 中的一部分作回归,剔除一些变量.

4.1.1 变量的选择

在实际问题中,影响因变量 Y 的因素有很多,我们只能挑选若干个变量建立回归方程,这就涉及变量的选择问题.

一般来说,如果在一个回归方程中忽略了对因变量 Y 有显著影响的自变量,那么所建立的回归方程必与实际有较大的偏离,但变量选得过多,使用就不方便.

在前面我们讨论一般多元线性回归方程的求法中,细心的读者也许会注意到,在那里不管自变量 X_i 对因变量 Y 的影响是否显著,均可进入回归方程.特别地,当回归方程中含有对因变量 Y 影响不大的变量时,可能因为 SS_E 的自由度变小,而使误差的方差增大,就会导致估计的精度变低.另外,在许多实际问题中,往往自变量 X_1, X_2, …, X_p 之间并不是完全独立的,而是有一定的相关性存在的.如果回归模型中有某两个自变量 X_i 和 X_j 的相关系数比较大,就可使正规方程组的系数矩阵出现病态,也就是所谓的多重共线性的问题,将导致回归系数的估计值的精度不高.因此,适当地选择变量以建立一个"最优"的回归方程是十分重要的.

那么什么是"最优"回归方程呢? 对这个问题有许多不同的准则,在不同准则下"最优"回归方程也可能不同.这里的"最优"是指从可供选择的所有变量中选出对因变量 Y 有显著影响的自变量建立方程,并且在方程中不含对 Y 无显著影响的自变量.

在上述意义下,可以有多种方法来获得"最优"回归方程,如前进法、后退法、逐步回归法等.其中逐步回归法使用较为普遍.

4.1.2 逐步回归的计算

R 软件中提供了较为方便的逐步回归计算函数"step( )",它是以 AIC(Akaike Information Criterion)信息统计量为准则,通过选择最小的 AIC 信息统计量来达到删除或增加变量的目的.

4.2 回归诊断

在前面给出了变量的选择——逐步回归法,并且还利用 AIC 准则或其他准则来选择最优回归模型.但是这些只是从选择自变量上来研究,而没有对回归模型的一些特性作更进一步的研究,并且没有研究引起异常样本的问题,异常样本的存在往往会给回归模型带来不稳定.为此,人们提出所谓回归诊断的问题,其主要内容有以下几个方面:

(1) 误差项是否满足独立性、等方差性和正态性;

(2) 选择线性模型是否合适;

(3) 是否存在异常样本;

(4) 回归分析的结果是否对某些样本的依赖过重,也就是说,回归模型是否具有稳定性;

(5) 自变量之间是否存在高度相关,即是否有多重共线性问题存在.

为什么要对上述问题进行判断呢? Anscombe 在 1973 年构造了一个例子(见原教材的例 4.2.1),尽管得到的回归方程能够通过 t 检验和 F 检验,但将它们作为回归方程还是有问题的.

4.3 Box-Cox 变换

在作回归分析时,通常假设回归方程的残差具有齐性.如果残差不满足齐性,则其计算结果可能会出现问题.现在的问题是,如果计算出的残差不满足齐性,而出现异方差情况,又将如何处理呢?

在出现异方差情况下,通常通过 Box-Cox 变换使回归方程的残差满足齐性. Box-Cox 变换是对回归因变量 Y 作如下变换:

$$Y^{(\lambda)}=\begin{cases}\dfrac{Y^{\lambda}-1}{\lambda}, & \lambda\neq 0,\\ \ln Y, & \lambda\neq 0,\end{cases}\tag{4.3.1}$$

其中,λ 为待定参数.

Box-Cox 变换主要有两项工作.第一项是作变换,这一点容易由式(4.3.1)得到.第二项是确定参数 λ 的值,这项工作比较复杂,需要用极大似然估计的方法才能确定出 λ 的值.

R 软件中的函数"boxcox( )"可以绘制出不同参数下对数似然函数的目标值,这样可以通过图形来选择参数 λ 的估计值."boxcox( )"函数的使用格式如下:

```
boxcox(object, lambda = seq(-2, 2, 1/10), plotit = TRUE,
   interp, eps = 1/50, xlab = expression(lambda),
   ylab = 'log-Likelinhood', ...)
```

说明,参数"object"是由"lambda"生成的对象."lambda"是参数 λ,缺省值为(−2, 2)."plotit"是逻辑变量,缺省值为"TRUE",即画出图形.其他参数的使用请参见帮助.但需要注意:在调用函数"boxcox( )"之前,需要加载程序包 MASS,或使用 library(MASS).

4.4 实 验

实验目的: 通过实验学会逐步回归、回归诊断和 Box-Cox 变换.

4.4.1 实验 4.4.1 stackloss 数据集的逐步回归

对 R 自带的 stackloss 数据集进行逐步回归.

(1) 首先显示 stackloss 数据集的信息

```
> stackloss
   Air.Flow  Water.Temp  Acid.Conc.  stack.loss
1        80          27          89          42
2        80          27          88          37
3        75          25          90          37
4        62          24          87          28
5        62          22          87          18
6        62          23          87          18
7        62          24          93          19
8        62          24          93          20
9        58          23          87          15
10       58          18          80          14
11       58          18          89          14
12       58          17          88          13
13       58          18          82          11
14       58          19          93          12
15       50          18          89           8
16       50          18          86           7
17       50          19          72           8
18       50          19          79           8
19       50          20          80           9
20       56          20          82          15
21       70          20          91          15
```

其中,变量为 stack. loss(氨气损失百分比),Air. Flow(空气流量),Water. Temp(水温),Acid.Conc.(硝酸浓度).

(2) 计算变量间的相关性——相关系数

```
> cor(stackloss)
```

结果如下：

```
           Air.Flow   Water.Temp   Acid.Conc.   stack.loss
Air.Flow   1.0000000  0.7818523   0.5001429    0.9196635
Water.Temp 0.7818523  1.0000000   0.3909395    0.8755044
Acid.Conc. 0.5001429  0.3909395   1.0000000    0.3998296
stack.loss 0.9196635  0.8755044   0.3998296    1.0000000
```

（3）散布图矩阵

```
> library(car)
> scatterplotMatrix(stackloss, spread = FALSE, lty.smooth = 2,
+ main = "Scatter plot Matrix")
```

结果如图 4-1 所示.

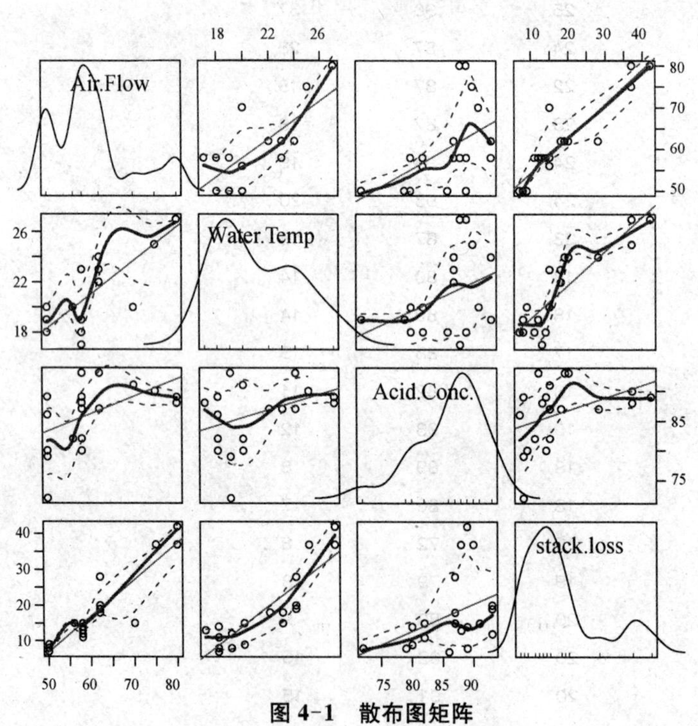

图 4-1 散布图矩阵

从图 4-1 与“cor( )”的运行结果看，氨气损失百分比与空气流量、水温、硝酸浓度大致呈线性关系，可建立线性回归模型.

(4) 进行回归分析

因变量为 y(stack.loss,氨气损失百分比),自变量为 x_1 (Air.Flow,空气流量),x_2 (Water.Temp,水温),x_3 (Acid.Conc.,硝酸浓度).建立 y 与 x_1,x_2,x_3 的回归方程.

```
> lm.sol<-lm(stack.loss~Air.Flow+Water.Temp+Acid.Conc.,data=stackloss)
> summary(lm.sol)
```

结果如下:

```
Call:
lm(formula = stack.loss~ Air.Flow + Water.Temp + Acid.Conc.,
    data = stackloss)
Residuals:
    Min       1Q    Median      3Q     Max
-7.2377  -1.7117  -0.4551  2.3614  5.6978
Coefficients:
              Estimate  Std. Error  t value  Pr(>|t|)
(Intercept)   -39.9197     11.8960   -3.356   0.00375  **
Air.Flow        0.7156      0.1349    5.307   5.8e-05  ***
Water.Temp      1.2953      0.3680    3.520   0.00263  **
Acid.Conc.     -0.1521      0.1563   -0.973   0.34405
---

Signif. codes: 0 '***' 0.001 '**' 0.01 '*' 0.05 '.' 0.1 ' ' 1

Residual standard error: 3.243 on 17 degrees of freedom
Multiple R-squared: 0.9136,     Adjusted R-squared: 0.8983
F-statistic: 59.9 on 3 and 17 DF, p-value: 3.016e-09
```

以上结果说明,氨气损失百分比这一因变量对回归常数、空气流量系数、水温系数显著,而对硝酸浓度不显著.

(5) 使用“step( )”函数进行逐步回归

对 AIC 进行观测,尽可能地使 AIC 达到最小,以此往复直到建立更合理与简单实用的回归模型.

```
> lm.step<-step(lm.sol)
```

结果如下:

```
Start: AIC=52.98
```

```
stack.loss~ Air.Flow + Water.Temp + Acid.Conc.
              Df   Sum of Sq    RSS     AIC
- Acid.Conc.   1       9.965  188.80  52.119
<none>                        178.83  52.980
- Water.Temp   1     130.308  309.14  62.475
- Air.Flow     1     296.228  475.06  71.497
Step: AIC=52.12
stack.loss~ Air.Flow + Water.Temp
              Df   Sum of Sq    RSS     AIC
<none>                        188.80  52.119
- Water.Temp   1      130.32  319.12  61.142
- Air.Flow     1      294.36  483.15  69.852
```

从以上结果可以看出,将硝酸浓度删除后AIC减小为52.12,但是减小得不是很明显.删除硝酸浓度这一变量之后不能再剔除其他变量,因为一旦删除则会导致AIC的上升.

```
> summary(lm.step)
```

结果如下:

```
Call:
lm(formula = stack.loss~ Air.Flow + Water.Temp, data = stackloss)

Residuals:
    Min       1Q   Median     3Q     Max
-7.5290  -1.7505   0.1894  2.1156  5.6588

Coefficients:
             Estimate  Std. Error  t value  Pr(>|t|)
(Intercept)  -50.3588      5.1383   -9.801  1.22e-08  ***
Air.Flow       0.6712      0.1267    5.298  4.90e-05  ***
Water.Temp     1.2954      0.3675    3.525   0.00242  **
---

Signif. codes: 0 '***' 0.001 '**' 0.01 '*' 0.05 '.' 0.1 ' ' 1

Residual standard error: 3.239 on 18 degrees of freedom
Multiple R-squared: 0.9088,     Adjusted R-squared: 0.8986
```

```
F-statistic: 89.64 on 2 and 18 DF, p-value: 4.382e-10
```

权衡这些指标与 AIC 值，在得出回归方程时，应考虑剔除硝酸浓度这一变量.由此得到的回归方程为 $y=-50.3588+0.6712x_1+1.2954x_2$.

4.4.2 实验 4.4.2 stackloss 数据集的回归诊断

在实验 4.4.1 中曾对 R 自带的 stackloss 数据集进行了逐步回归，现在我们在实验 4.4.1 的基础上进行回归诊断.

(1) 画回归诊断图

```
> opar<-par(mfrow=c(2,2))
> plot(lm.step, 1:4)
> par(opar)
```

结果如图 4-2 所示.

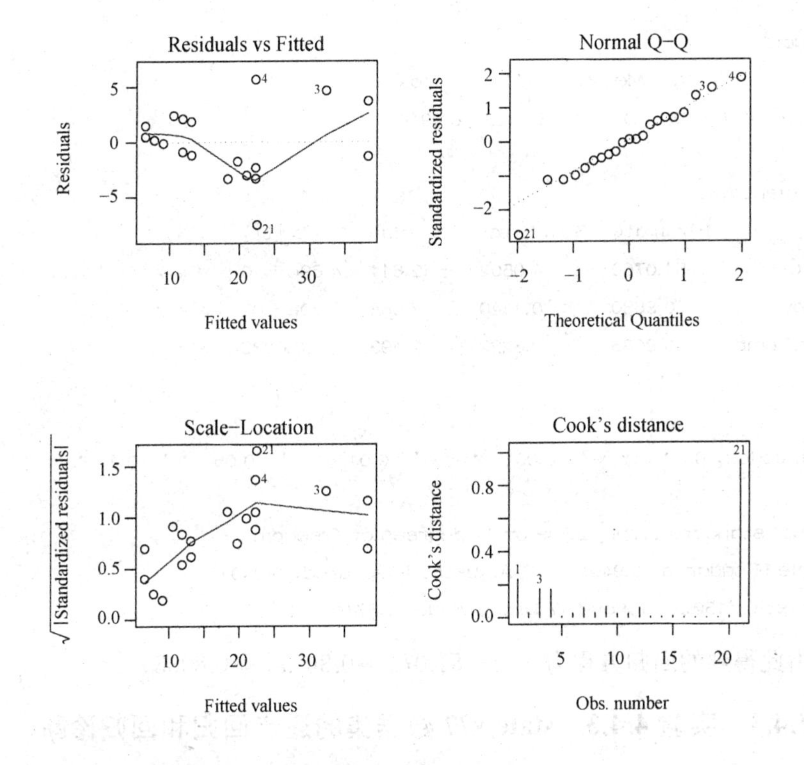

图 4-2 回归诊断图

分析 4 张回归诊断图(图 4-2).第 1 张是残差图,得到的残差图呈喇叭口形状,属于异方差情况(这样的数据需要作 Box-Cox 变换).第 2 张图是正态 QQ 图,除 21 号点外,基本上都在一条直线上,也就是说,除 21 号点外,残差满足正态性.第 3 张图是标准差的平方根与预测值的散点图,21 号点的值大于 1.5,这说明 21 号点可能是异常值点(在 95%的范围外).第 4 张图给出了 Cook 距离,从图上来看,21 号点的 Cook 距离最大,这说明 21 号点可能是强影响点(高杠杆点).

(2) 剔除异常观测值(21 号数据)后再进行回归

```
> newstackloss<-stackloss[-21,]
> lm.correct<-lm(stack.loss~Air.Flow+Water.Temp,data=newstackloss)
> summary(lm.correct)
```

结果如下:

```
Call:
lm(formula = stack.loss~ Air.Flow + Water.Temp, data = newstackloss)

Residuals:
    Min        1Q   Median     3Q     Max
-2.9052   -2.2893   0.5151  1.0123  6.2916

Coefficients:
             Estimate  Std. Error  t value  Pr(>|t|)
(Intercept)  -51.0760     4.0502   -12.611  4.69e-10  ***
Air.Flow       0.8630     0.1140     7.568  7.70e-07  ***
Water.Temp     0.8033     0.3222     2.493    0.0233  *
---

Signif. codes: 0 '***' 0.001 '**' 0.01 '*' 0.05 '.' 0.1 ' ' 1

Residual standard error: 2.549 on 17 degrees of freedom
Multiple R-squared: 0.9464,     Adjusted R-squared: 0.9401
F-statistic: 150.2 on 2 and 17 DF, p-value: 1.571e-11
```

由此得到的回归方程为 $y=-51.076+0.863x_1+0.8033x_2$.

4.4.3 实验 4.4.3 state.x77 数据集的逐步回归和回归诊断

在实验 3.3.3 中我们已经研究过美国各州犯罪率与其他因素关系(state.x77 数据集),在进行多元线性回归分析中,4 个自变量都进入方程时,回归方程的显著性没能通过检验.以下对 state.x77 数据集进行逐步回归和回归诊断.

(1) 回顾简单多元线性回归情形

```
> states<-as.data.frame(state.x77)
> lm.sol<-lm(states$Murder~states$Population+states$Income+states$Illiter-
acy+states$Frost)
> summary(lm.sol)
```

结果如下:

```
Call:
lm(formula = states$Murder~ states$Population + states$Income + states$Illite-
racy + states$Frost)
Residuals:
     Min        1Q    Median       3Q      Max
-4.7960   -1.6495   -0.0811   1.4815   7.6210
Coefficients:
                      Estimate    Std. Error   t value   Pr(>|t|)
(Intercept)           1.235e+00   3.866e+00    0.319     0.7510
states$Population     2.237e-04   9.052e-05    2.471     0.0173     *
states$Income         6.442e-05   6.837e-04    0.094     0.9253
states$Illiteracy     4.143e+00   8.744e-01    4.738     2.19e-05   ***
states$Frost          5.813e-04   1.005e-02    0.058     0.9541
---
Signif. codes: 0 '***' 0.001 '**' 0.01 '*' 0.05 '.' 0.1 ' ' 1

Residual standard error: 2.535 on 45 degrees of freedom
Multiple R-squared: 0.567,      Adjusted R-squared: 0.5285
F-statistic: 14.73 on 4 and 45 DF, p-value: 9.133e-08
```

从上面的结果来看,以上 4 个自变量都进入回归方程时,显著性没能通过检验.

(2) 用"step( )"函数进行逐步回归

对 AIC 进行观察,尽可能地使 AIC 达到最小,以此往复直到建立更合理与简单实用的回归模型.

```
> lm.step<-step(lm.sol)
```

结果如下:

```
Start: AIC=97.75
states$Murder~ states$Population + states$Income + states$Illiteracy +
    states$Frost
                      Df  Sum of Sq     RSS      AIC
- states$Frost         1      0.021  289.19   95.753
- states$Income        1      0.057  289.22   95.759
<none>                               289.17   97.749
- states$Population    1     39.238  328.41  102.111
- states$Illiteracy    1    144.264  433.43  115.986
Step: AIC=95.75
states$Murder~ states$Population + states$Income + states$Illiteracy
                      Df  Sum of Sq     RSS      AIC
- states$Income        1      0.057  289.25   93.763
<none>                               289.19   95.753
- states$Population    1     43.658  332.85  100.783
- states$Illiteracy    1    236.196  525.38  123.605
Step: AIC=93.76
states$Murder~ states$Population + states$Illiteracy
                      Df  Sum of Sq     RSS      AIC
<none>                               289.25   93.763
- states$Population    1     48.517  337.76   99.516
- states$Illiteracy    1    299.646  588.89  127.311
```

从以上运行结果看，首先通过 AIC 值的大小，删除了变量 Frost，接着删除了变量 Income，继续进行了回归分析.当用四个自变量作回归时，AIC 值为 97.75，如果去掉变量 Frost，则相应的 AIC 值为 95.75，如果再去掉变量 Income，可以使 AIC 值达到最小，相应的 AIC 值为 93.76.

提取逐步回归的相关信息：

```
> summary(lm.step)
```

结果如下：

```
Call:
lm(formula = states$Murder~ states$Population + states$Illiteracy)
Residuals:
Min          1Q     Median      3Q      Max
-4.7652   -1.6561   -0.0898   1.4570   7.6758
Coefficients:
```

```
                      Estimate   Std. Error  t value  Pr(>|t|)
(Intercept)          1.652e+00   8.101e-01    2.039   0.04713  *
states$Population    2.242e-04   7.984e-05    2.808   0.00724  **
states$Illiteracy    4.081e+00   5.848e-01    6.978   8.83e-09 ***
---

Signif. codes: 0 '***' 0.001 '**' 0.01 '*' 0.05 '.' 0.1 ' ' 1

Residual standard error: 2.481 on 47 degrees of freedom
Multiple R-squared: 0.5668,   Adjusted R-squared: 0.5484
F-statistic: 30.75 on 2 and 47 DF, p-value: 2.893e-09
```

从结果看，回归系数检验的显著性水平有了较大的提高，但 Multiple R-squared: 0.5668 仍然不理想，结果还有待改进.

(3) 进行回归诊断

```
> influence.measures(lm.step)
```

结果如下：

```
Influence measures of
     lm(formula = states$Murder ~ states$Population + states$Illiteracy):
      dfb.1_   dfb.st.P   dfb.st.I     dffit  cov.r    cook.d     hat inf
1   -0.19328   -0.07904    0.39851   0.47425  0.948  7.19e-02  0.0694
2    0.05871   -0.19578    0.13401   0.30722  0.978  3.08e-02  0.0438
3    0.02571    0.05809   -0.11094  -0.15695  1.086  8.30e-03  0.0484
4   -0.00505   -0.00819    0.01685   0.02239  1.130  1.71e-04  0.0569
5    0.03628   -0.19039    0.02616  -0.19672  1.560  1.32e-02  0.3199   *
6    0.11996   -0.03071   -0.07498   0.13176  1.069  5.85e-03  0.0340
7   -0.13510    0.05484    0.01956  -0.22895  0.937  1.70e-02  0.0215
8    0.04660   -0.03436   -0.01574   0.05893  1.100  1.18e-03  0.0364
9   -0.00453    0.09947    0.01313   0.15116  1.066  7.68e-03  0.0369
10  -0.13142    0.00125    0.24801   0.30859  1.025  3.14e-02  0.0578
11   0.06039    0.18869   -0.27251  -0.37938  1.001  4.69e-02  0.0655
12   0.08743   -0.04098   -0.05226   0.09258  1.107  2.91e-03  0.0471
13   0.04187    0.24850   -0.09455   0.29939  1.079  2.98e-02  0.0772
14   0.08045    0.02685   -0.06646   0.10747  1.081  3.91e-03  0.0343
15  -0.17301    0.02362    0.13108  -0.18240  1.068  1.12e-02  0.0454
16  -0.00875    0.00225    0.00589  -0.00926  1.111  2.92e-05  0.0402
17  -0.00738   -0.02650    0.07168   0.12221  1.069  5.04e-03  0.0316
```

```
18   0.08475   0.01950  -0.13546  -0.14436  1.275  7.08e-03  0.1690  *
19  -0.15711   0.07767   0.08543  -0.17205  1.062  9.93e-03  0.0404
20   0.10533   0.00264  -0.05869   0.14387  1.035  6.92e-03  0.0240
21  -0.10107  -0.09115   0.03828  -0.26466  0.905  2.24e-02  0.0230
22   0.09794   0.26305  -0.12958   0.36248  0.961  4.25e-02  0.0507
23  -0.19363  -0.00449   0.14990  -0.21891  1.025  1.59e-02  0.0379
24  -0.03582  -0.02202   0.07058   0.07953  1.197  2.15e-03  0.1117  *
25   0.17417   0.03628  -0.12355   0.23307  0.974  1.78e-02  0.0282
26   0.06314  -0.03016  -0.03754   0.06692  1.113  1.52e-03  0.0475
27  -0.12761   0.04693   0.08090  -0.13436  1.086  6.10e-03  0.0431
28   0.82667  -0.36814  -0.53120   0.85590  0.545  1.96e-01  0.0548  *
29  -0.10802   0.05726   0.05742  -0.11879  1.090  4.77e-03  0.0419
30  -0.04507  -0.10879   0.02926  -0.18788  1.023  1.17e-02  0.0305
31   0.05244   0.06594  -0.13271  -0.16059  1.159  8.74e-03  0.0941
32   0.03366  -0.11556  -0.00166  -0.12223  1.355  5.08e-03  0.2159  *
33  -0.02582   0.00827   0.05318   0.07576  1.104  1.95e-03  0.0423
34  -0.26307   0.16617   0.11628  -0.30702  0.957  3.06e-02  0.0389
35   0.00208   0.00727  -0.00365   0.00913  1.153  2.84e-05  0.0751
36  -0.01290   0.00677   0.00159  -0.02138  1.090  1.56e-04  0.0225
37  -0.03243   0.00834   0.02185  -0.03434  1.109  4.01e-04  0.0402
38  -0.01310  -0.25117   0.06693  -0.29152  1.096  2.84e-02  0.0838
39  -0.14700   0.22554  -0.08638  -0.37261  0.856  4.34e-02  0.0330
40   0.00413   0.00226  -0.00820  -0.00935  1.179  2.98e-05  0.0957
41  -0.20531   0.08915   0.13278  -0.21234  1.072  1.51e-02  0.0542
42  -0.02321  -0.00969   0.07670   0.11572  1.080  4.53e-03  0.0357
43   0.11726  -0.12476  -0.11617  -0.19593  1.208  1.30e-02  0.1317  *
44   0.01092  -0.00454  -0.00674   0.01152  1.116  4.52e-05  0.0448
45   0.11353  -0.05828  -0.06605   0.12091  1.102  4.95e-03  0.0493
46   0.00423   0.00742   0.02153   0.06350  1.080  1.37e-03  0.0232
47  -0.04363   0.00190   0.03273  -0.04828  1.104  7.93e-04  0.0379
48  -0.01923   0.03722  -0.02758  -0.07628  1.086  1.97e-03  0.0301
49  -0.15472  -0.02428   0.11849  -0.19122  1.028  1.22e-02  0.0327
50   0.24209  -0.12724  -0.13979   0.25832  1.035  2.21e-02  0.0500
```

分析回归诊断的结果：第 6 列为 Cook 距离，第 7 列为帽子值（也称高杠杆值），最后一列为影响点记号.由上面的结果得到 5，18，24，28，32 和 43 号点是强影响点（inf 为 *）.

以下画回归诊断图：

```
> op<-par(mfrow=c(2,2), mar=0.4+c(4,4,1,1), oma=c(0,0,2,0))
> plot(lm.step, 1:4)
> par(op)
```

结果如图 4-3 所示.

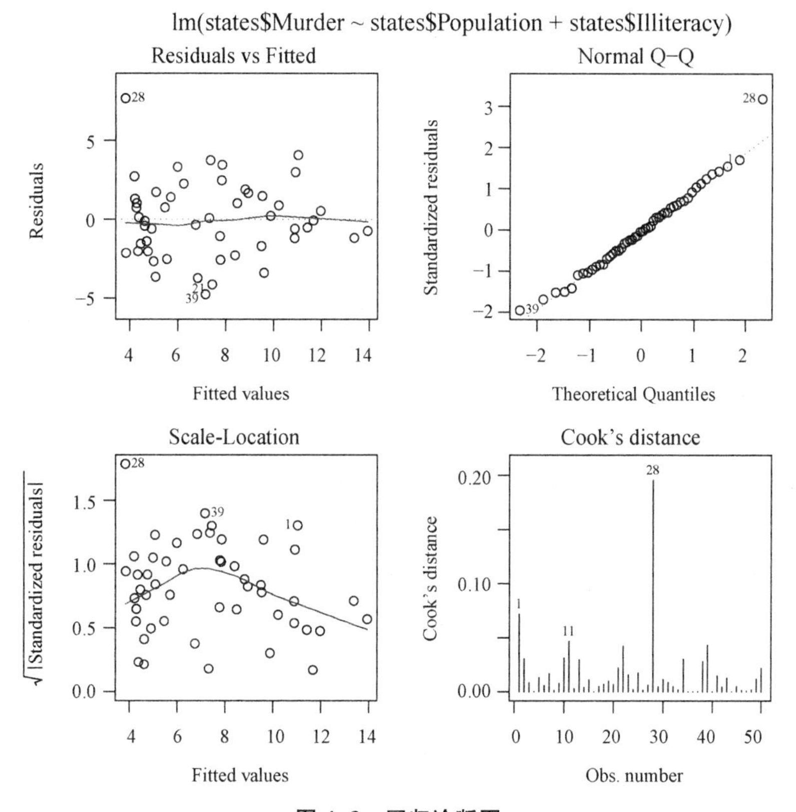

图 4-3 回归诊断图

分析 4 张回归诊断图(图 4-3).第 1 张是残差图,得到的残差图有些呈喇叭口形状,可能属于异方差情况,这样的数据需要作 Box-Cox 变换.第 2 张图是正态 QQ 图,除 28 号点外,基本上都在一条直线上,也就是说,除 28 号点外,残差满足正态性.第 3 张图是标准差的平方根与预测值的散点图,28 号点的值大于1.5,这说明 28 号点是异常值点(在 95%的范围外).第 4 张图给出了 Cook 距离,从图上来看,28 号点的 Cook 距离最大,这说明 28 号点可能是强影响点(高杠杆点).

从图 4-3 可以看出,28 号点是异常值点,把它剔除后,再来看回归的效果:

```
> n<-length(states$Population)
> weights<-rep(1,n)
> lm.correct<-lm(states$Murder~states$Population+states$Illiteracy,subset=
-28,weights = weights)
> summary(lm.correct)
```

结果如下:

```
Call:
lm(formula = states$Murder~ states$Population + states$Illiteracy,
    subset = -28, weights = weights)
Residuals:
     Min        1Q    Median       3Q      Max
-4.5517   -1.6481   -0.0394   1.6659   3.9888
Coefficients:
                      Estimate   Std. Error  t value  Pr(>|t|)
(Intercept)          1.052e+00   7.446e-01    1.413    0.16447
states$Population    2.505e-04   7.187e-05    3.486    0.00109   **
states$Illiteracy    4.359e+00   5.294e-01    8.234   1.34e-10   ***
---

Signif. codes: 0 '***' 0.001 '**' 0.01 '*' 0.05 '.' 0.1 ' ' 1

Residual standard error: 2.221 on 46 degrees of freedom
Multiple R-squared: 0.6511,      Adjusted R-squared: 0.636
F-statistic: 42.93 on 2 and 46 DF, p-value: 3.03e-11
```

再画回归诊断图:

```
> op<-par(mfrow=c(2,2), mar=0.4+c(4,4,1,1), oma=c(0,0,2,0))
> plot(lm.correct, 1:4)
> par(op)
```

结果如图 4-4 所示.

从图 4-4 与图 4-3 的比较可以看出,剔除 28 号点后回归诊断的效果要好一些.

我们再来分析回归诊断图(图 4-4).这里共 4 张图,其中第 1 张是残差图,我们看到的残差图基本上是均匀的,这样的数据不需要作 Box-Cox 变换.

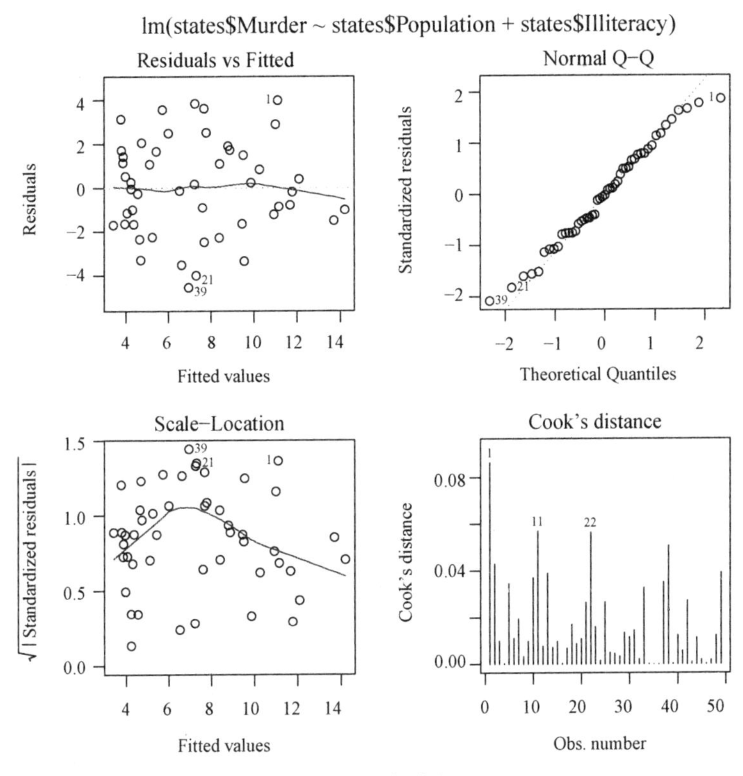

图 4-4 回归诊断图

4.4.4 实验 4.4.4 stackloss 数据集的 Box-Cox 变换

在实验 4.4.1 中曾对 stackloss 数据集进行了逐步回归，在实验 4.4.2 中曾对 stackloss 数据集进行了回归诊断.现在我们再考虑进行 Box-Cox 变换使回归方程的残差满足齐性.

在实验 4.4.1 中，从回归诊断图(图 4-2)的残差图，我们看到了残差图呈喇叭口形状，属于异方差情况，数据需要作 Box-Cox 变换.

以下进行 Box-Cox 变换，画 3 张图：第 1 张图为残差与预测散点图，第 2 张图可确定参数 λ，第 3 张图为变换后残差与预测散点图.

```
> library(MASS)
> op<-par(mfrow=c(3,1), mar=0.4+c(4,4,1,1), oma=c(0,0,2,0))
> plot(fitted(lm.correct), resid(lm.correct), cex = 1.2, pch = 21, col = 'red', bg =
'orange', xlab = 'Fitted Value', ylab = 'Residuals')
```

```
> boxcox(lm.correct, lambda = seq(0,2,by = 0.1))
> lambda<-0.32
> Ylam<-(stack.loss^lambda-1)/lambda
> lm.lam<-lm(Ylam~Air.Flow+Water.Temp);
> summary(lm.lam)
> plot(fitted(lm.lam),resid(lm.lam),cex = 1.2,pch = 21,col = 'blue',bg = 'orange',
xlab = 'Fitted Value',ylab = 'Residuals')
> par(op)
```

结果如图 4-5 所示.

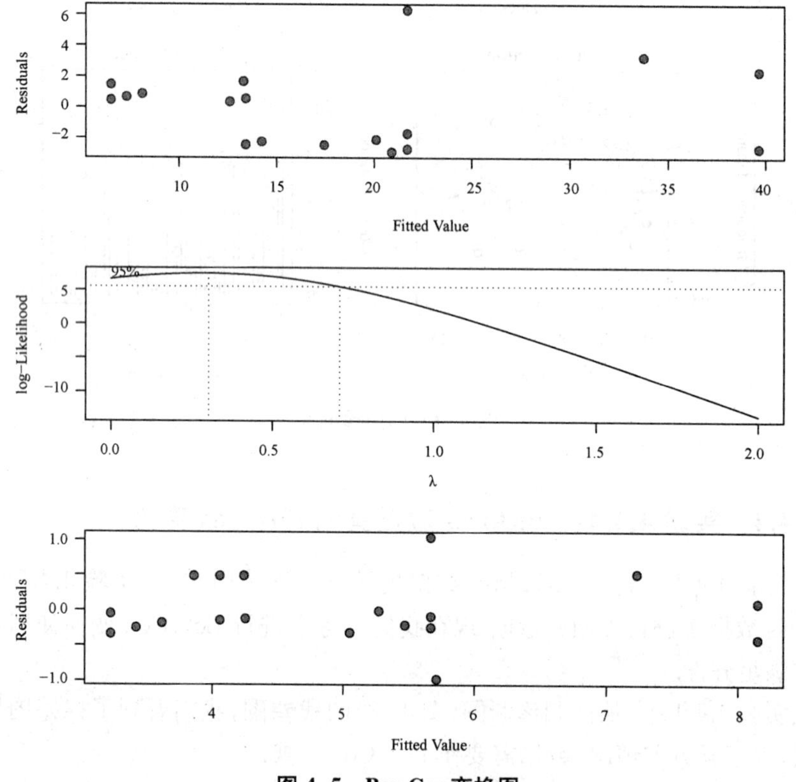

图 4-5 Box-Cox 变换图

比较第 1 张图和第 3 张图我们可以看出,变换前后的残差有明显改进.

5 广义线性模型与非线性模型

实际问题中的数据通常通过观察或实验获得的.实验或观察的目的就是为了探讨解释变量对因变量的影响,根据获得的数据建立因变量和解释变量之间的模型(关系).

由于统计模型的多样性和各种模型的适应性,针对因变量和解释变量的取值性质,可将统计模型分为多种类型.本章主要讨论广义线性模型、非线性模型.

5.1 广义线性模型

因变量为非正态分布的线性模型称为广义线性模型,如 Logistic 模型、对数线性模型和 Cox 比例风险模型等.

因变量 y, 解释变量为 $x_1, x_2, \cdots, x_p$, $\boldsymbol{X}=(x_1, x_2, \cdots, x_p)^{\mathrm{T}}$. 为了探讨 y 与 x_i 之间的线性关系,建立以下模型:

$$y=\beta_0+\beta_1 x_1+\beta_2 x_2+\cdots+\beta_p x_p+\varepsilon=\boldsymbol{X\beta}+\varepsilon, \tag{5.1.1}$$

其中, ε 为随机误差, $E(\varepsilon)=0$.

假设独立观察了 n 次,有

$$y_i=\beta_0+\beta_1 x_{i1}+\beta_2 x_{i2}+\cdots+\beta_p x_{ip}+\varepsilon_i, \quad i=1, 2, \cdots, n.$$

式(5.1.1)称为一般线性模型.

5.1.1 广义线性模型概述

对于一般线性模型其基本假设是因变量 y 服从正态分布,或至少 y 的方差 σ^2 为有限常数.然而在实际问题中有些观测值明显不符合这个假设.

20 世纪 70 年代初,Wedderbum 等人在一般线性模型的基础上,对方差 σ^2 为有限常数的假设作了进一步推广，提出了广义线性模型(generalized linear model)的概念和拟似然函数(quasi-likelihood function)的方法，用于求解满足下列条件的线性模型：

$$\begin{aligned} &E(y)=\mu, \\ &\boldsymbol{m}(\mu)=X\boldsymbol{\beta}, \\ &Cov(y)=\sigma^2\mathbf{V}(\mu). \end{aligned} \tag{5.1.2}$$

其中，$\boldsymbol{m}$ 为连接函数$\boldsymbol{m}(\cdot)$ 组成的向量，将μ 转化为β 的线性表达式；$\mathbf{V}(\mu)$ 为$n\times n$ 矩阵(其每个元素均为μ 的函数)，当各 y_i 相互独立时，$\mathbf{V}(\mu)$ 为对角矩阵.当$\boldsymbol{m}(\mu)=\mu$，$\mathbf{V}(\mu)=\boldsymbol{I}$ 时，式(5.1.2)为一般线性模型.也就是说，式(5.1.2)包括了一般线性模型.

在广义线性模型中，均假设观测值具有指数族密度函数

$$f(y\mid\theta,\varphi)=\exp\left[\frac{y\theta-b(\theta)}{a(\varphi)+c(y,\varphi)}\right], \tag{5.1.3}$$

其中，$a(\cdot)$，$b(\cdot)$，$c(\cdot)$ 是三种函数形式.如果给定 φ(散布参数，有时写作 σ^2)，式(5.1.3)就是具有参数 θ 的指数族密度函数.以正态分布为例，

$$\begin{aligned} f(y\mid\theta,\varphi)&=\frac{1}{\sqrt{2\pi\sigma^2}}\exp[-(y-\mu)^2/2\sigma^2] \\ &=\exp\left\{(y\mu-\mu^2/2)/\sigma^2-\frac{1}{2}[y^2/\sigma^2+\ln(2\pi\sigma^2)]\right\}. \end{aligned}$$

把上式与式(5.1.3)比较，可知

$$\theta=\mu,\quad b(\theta)=\mu^2/2,\quad \varphi=\sigma^2,\quad a(\varphi)=\sigma^2,$$
$$c(y,\varphi)=-\frac{1}{2}[y^2/\sigma^2+\ln(2\pi\sigma^2)].$$

根据样本和 y 的函数可建立对数似然函数，并可导出 y 的数学期望和方差.

在广义线性模型式(5.1.3)中，θ 不仅是μ 的函数，还是参数β_0，β_1，β_2，…，β_p 的线性函数.因此，对μ 作变换，则可得到下面几种分布的连接函数的形式：

正态分布 $m(\mu)=\mu=\sum\beta_i x_i$.

二项分布 $m(\mu)=\ln\left(\dfrac{\mu}{1-\mu}\right)=\sum\beta_i x_i$.

Poisson 分布 $m(\mu)=\ln\mu=\sum\beta_i x_i$.

上述推广体现在以下两个方面：

(1) 通过一个连接函数，将响应变量的期望与解释变量建立线性关系

$$m[E(y)]=\beta_0+\beta_1x_1+\beta_2x_2+\cdots+\beta_px_p.$$

(2) 通过一个误差函数,说明广义线性模型的最后一部分随机项.

广义线性模型中的常用分布族,见表 5-1.

表 5-1 广义线性模型中的常用分布族

分布	函数	模型
正态(Gaussian)	$E(y)=\boldsymbol{X}^{\mathrm{T}}\boldsymbol{\beta}$	普通线性模型
二项(Binomial)	$E(y)=\dfrac{\exp(\boldsymbol{X}^{\mathrm{T}}\boldsymbol{\beta})}{1+\exp(\boldsymbol{X}^{\mathrm{T}}\boldsymbol{\beta})}$	Logistic 模型
泊松(Poisson)	$E(y)=\exp(\boldsymbol{X}^{\mathrm{T}}\boldsymbol{\beta})$	对数线性模型

在 R 语言中,正态分布族的广义线性模型与线性模型是相同的.

广义线性模型函数“glm( )”的用法如下:

```
gm<-glm(formula, family=gaussian, data, ...)
```

其中,formula 为公式,即要拟合的模型;family 为分布族,包括正态分布(Gaussian)、二项分布(Binomial)、泊松分布(Poisson)和伽马分布(Gamma).分布族还可以通过选项来指定使用的连接函数;data 为可选择的数据框.

在广义线性模型的意义下,我们不仅知道一般线性模型是广义线性模型的一个特例,而且导出了处理频率资料的 Logistic 模型和处理频数资料的对数线性模型.这个重要结果还说明,虽然 Logistic 模型和对数线性模型都是非线性模型,即 μ 和 β 呈非线性关系,但通过连接函数使 $m(\mu)$ 和 β 呈线性关系,从而使我们可以用线性拟合的方法求解这类非线性模型.更有意义的是,在实际问题中数据的形式无非是计量资料、频率资料和频数资料,因此掌握了广义线性模型的思想和方法,结合有关软件,就可以用统一的方法处理各种类型的统计数据.

5.1.2 Logistic 模型

在一般线性模型中,因变量 y 服从正态分布,当 y 服从二项分布(Binomial),即 $y\sim b(n,\ p)$,针对 0—1 变量,回归模型须作一些改进.

(1) 回归函数应该改用限制在[0, 1]区间内的连续曲线,而不能再沿用线性回归方程.应用较多的是 Logistic 函数(也称 Logit 变换),其形式为

$$y=f(x)=\frac{1}{1+\mathrm{e}^{-x}}=\frac{\mathrm{e}^{x}}{1+\mathrm{e}^{x}}.$$

它的图形呈“S”形,如图 5-1 所示.

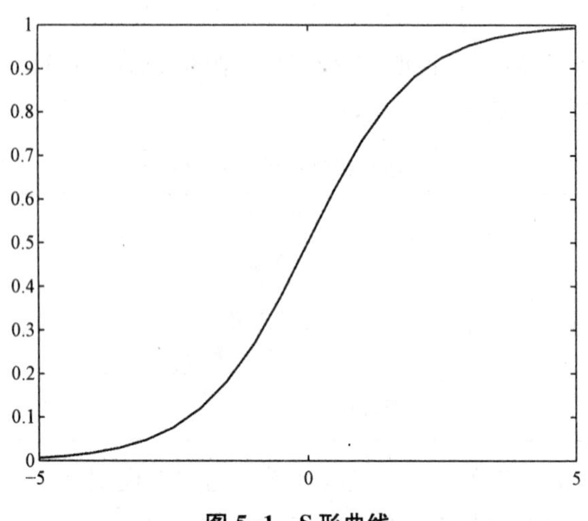

图 5-1 S形曲线

(2) 因变量 y_i 本身只取 0, 1 值,不适于直接作为回归模型中的因变量,设 $p=P(y=1)$, $q=P(y=0)$, $q=1-p$. 假设观测了 p 个解释变量 $x_1, x_2, \cdots, x_p$, 用向量表示 $\boldsymbol{X}=(x_1, x_2, \cdots, x_p)^{\mathrm{T}}$. 与线性模型不同的是,我们不是研究因变量与解释变量之间的关系,而是研究因变量取某些值的概率 p 与解释变量之间的关系. 实际观测结果表明,概率 p 与解释变量之间的关系不是呈线性关系,而是呈"S"形曲线关系.

一般用 Logistic 曲线来描述概率 p 与解释变量之间的关系.

$$p=P(y=1 \mid X)=\frac{\exp(\beta_0+\beta_1x_1+\beta_2x_2+\cdots+\beta_px_p)}{1+\exp(\beta_0+\beta_1x_1+\beta_2x_2+\cdots+\beta_px_p)}$$
$$=\frac{\exp(\boldsymbol{X}^{\mathrm{T}}\boldsymbol{\beta})}{1+\exp(\boldsymbol{X}^{\mathrm{T}}\boldsymbol{\beta})}.$$

对上式作 Logit 变换,有

$$\mathrm{Logit}(y)=\ln\left(\frac{p}{1-p}\right)=\beta_0+\beta_1x_1+\beta_2x_2+\cdots+\beta_px_p=\boldsymbol{X\beta}. \quad (5.1.4)$$

式(5.1.4)称为 Logistic 回归模型,其中 $\beta_0, \beta_1, \beta_2, \cdots, \beta_p$ 为待估参数.

Logistic 回归模型中的参数估计常用极大似然估计法得到.设 y 是 0—1 变量, $x_1, x_2, \cdots, x_p$ 为与 y 相关的变量,对它们的 n 次观测数据为 $(x_1, x_2, \cdots, x_p; y_i)(i=1, 2, \cdots, n)$, 取 $P(y_i=1)=\pi_i$, $P(y_i=0)=1-\pi_i$, 则 y_i 的联合概率函数为 $\pi_i^{y_i}(1-\pi_i)^{1-y_i}$, $y_i=0, 1$; $i=1, 2, \cdots, n$. 于是 $y_1, y_2, \cdots, y_n$ 的似然函

数为

$$L=\prod_{i=1}^{n}\pi_n^{y_i}(1-\pi_i)^{1-y_i}.$$

对数似然函数为

$$\begin{aligned}\ln L&=\sum_{i=1}^{n}[y_i\ln(\pi_i)+(1-y_i)\ln(1-\pi_i)]\\&=\sum_{i=1}^{n}\left[y_i\ln\frac{\pi_i}{1-\pi_i}+\ln(1-\pi_i)\right].\end{aligned}$$

对于 Logistic 回归,将

$$\pi_i=\frac{\exp(\beta_0+\beta_1x_1+\beta_2x_2+\cdots+\beta_px_p)}{1+\exp(\beta_0+\beta_1x_1+\beta_2x_2+\cdots+\beta_px_p)}$$

代入,得

$$\begin{aligned}\ln L=\sum_{i=1}^{n}\{&y_i(\beta_0+\beta_1x_1+\beta_2x_2+\cdots+\beta_px_p)-\\&\ln[1+\exp(\beta_0+\beta_1x_1+\beta_2x_2+\cdots+\beta_px_p)]\}.\end{aligned}$$

令 $\frac{\partial\ln L}{\partial\beta_i}=0$,可以用数值计算(改进的 Newton-Raphson 迭代法等)求待估参数 $\beta_0,\beta_1,\beta_2,\cdots,\beta_p$ 的极大似然估计 $\hat{\beta}_0,\hat{\beta}_1,\hat{\beta}_2,\cdots,\hat{\beta}_p$. 用 R 软件可以解决 Logistic 回归模型中的参数估计、检验等问题.

5.1.3 对数线性模型

对于广义线性模型,除了以上介绍的 Logistic 回归模型外,还有其他的模型,如 Poisson 模型,这里就不作详细介绍.以下简要介绍 R 软件中“glm( )”关于这些模型的使用方法.

Poisson 分布族模型和拟 Poisson 分布族模型的使用方法如下:

```
fm<-glm(formula, family=poisson(link=log), data.frame)
fm<-glm(formula, family=quasipoisson(link=log), data.frame)
```

其直观意义是

$$\ln[E(y)]=\beta_0+\beta_1x_1+\beta_2x_2+\cdots+\beta_px_p,$$

即

$$E(y)=\exp(\beta_0+\beta_1x_1+\beta_2x_2+\cdots+\beta_px_p).$$

Poisson 分布族模型和拟 Poisson 分布族模型的唯一差别就是: Poisson 分布

族模型要求响应变量 y 是整数,而拟 Poisson 分布族模型则没有这个要求.

对于联列表还可以用(多项分布)对数线性模型来描述.以二维联列表为例,只有主效应的对数线性模型为

$$\ln m_{ij}=\alpha_i+\beta_j+\varepsilon_{ij}.$$

这相当于只有主效应 α_i 和 β_j,而这两个变量的效应是简单可加的.但是有时两个变量在一起时会产生交叉效应,此时相应的对数线性模型为

$$\ln m_{ij}=\alpha_i+\beta_j+(\alpha\beta)_{ij}+\varepsilon_{ij}.$$

对于表中数目代表一个观测数目时,就要考虑是否用 Poisson 对数线性模型.例如,如果有两个定性变量、一个定量变量的 Poisson 对数线性模型可以表示为

$$\ln\lambda=\mu+\alpha_i+\beta_j+\gamma x+\varepsilon_{ij},$$

其中,μ 为常数项;α_i 和 β_j 为两个定性变量的主效应;x 为连续变量;而 γ 为其系数;ε_{ij} 为残差项.这里之所以对 Poisson 分布的参数 λ 取对数,是为了使模型左边的取值范围为整个实数轴.

5.2 非线性模型

曲线回归分析的基本任务是通过两个变量 x 和 y 的实际观测数据建立曲线回归方程,以揭示 x 和 y 间的曲线关系的形式.常用的一种方法是:通过变量替换,把一元非线性回归问题转化为一元线性回归问题.

曲线回归分析首要的工作是确定因变量 y 与自变量 x 之间曲线关系的类型.通常通过两个途径来确定:

(1) 利用有关专业知识,根据已知的理论规律和实践经验;

(2) 如果没有已知的理论规律和实践经验可以利用,可在直角坐标系作散点图,观察数据点的分布趋势与哪一类已知函数曲线最接近,然后再选用该函数关系来拟合数据.

另外,如果找不到与已知函数曲线较接近数据的分布趋势,这时可以利用多项式回归,通过逐渐增加多项式的次数来拟合,直到满意为止.

选择优化模型的一般步骤:

(1) 通过变量替换,把一元非线性回归问题转化为一元线性回归问题;

(2) 分析各模型的 F 检验值,看各方程是否达到显著或极显著,剔除不显著的模型;

(3) 对表现为显著或极显著的模型,检查模型系数的检验值,不显著的也予以剔除;

(4) 列表比较模型决定系数 R^2 值的大小, R^2 值越大的,表示其变量替换后,曲线关系越密切;

(5) 选择 R^2 值最大的模型作为最优化的模型.

另外,R 软件提供了非线性拟合函数"nls( )",其调用格式为:

```
nls(function, data, start, ...)
```

其中,function 是包括变量和参数的非线性拟合公式;data 为可选择的数据框,不能是矩阵;start 是初始值,用列表的形式给出.

应该说明,初始值"start"的选择是非线性拟合的难点,通常可以用线性模型的结果作为非线性模型的初始值.

5.3 实 验

实验目的:通过实验学会广义线性模型和非线性模型.

5.3.1 实验 5.3.1 淋巴细胞白血病人生存数据的 Logistic 模型

50 名急性淋巴细胞白血病病人,在入院治疗时取得了外猿血中的细胞数 x_1(千个/mm^3),淋巴结浸润等级 x_2(分为 0, 1, 2, 3 级),出院后有无巩固治疗 x_3(1 表示有巩固治疗,0 表示无巩固治疗).通过随访取得病人的生存时间,并用变量 $y=0$ 表示生存 1 年以内,$y=1$ 表示生存 1 年或 1 年以上.关于 x_1, x_2, x_3 和 y 的观测数据,见表 5-1.试用 Logistic 回归模型分析病人生存时间长短的概率与 x_1, x_2, x_3 的关系.

表 5-1 50 名急性淋巴细胞白血病人生存数据

序号	x_1	x_2	x_3	y	序号	x_1	x_2	x_3	y
1	2.5	0	0	0	9	40.0	2	0	0
2	173.0	2	0	0	10	6.6	0	0	0
3	119.0	2	0	0	11	21.4	2	1	0
4	10.0	2	0	0	12	2.8	0	0	0
5	502.0	2	0	0	13	2.5	0	0	0
6	4.0	0	0	0	14	6.0	0	0	0
7	14.4	0	1	0	15	3.5	0	1	0
8	2.0	2	0	0	16	62.2	0	0	1

（续表）

序号	x_1	x_2	x_3	y	序号	x_1	x_2	x_3	y
17	10.8	0	1	1	34	30.6	2	0	0
18	21.6	0	1	1	35	5.8	0	1	0
19	2.0	0	1	1	36	6.1	0	1	0
20	3.4	2	1	1	37	2.7	2	1	0
21	5.1	0	1	1	38	4.7	0	0	0
22	2.4	0	0	1	39	128.0	2	1	0
23	1.7	0	1	1	40	35.0	0	0	0
24	1.1	0	1	1	41	2.0	0	0	1
25	12.8	0	1	1	42	8.5	0	1	1
26	1.2	2	0	0	43	2.0	2	1	1
27	3.5	0	0	0	44	2.0	0	1	1
28	39.7	0	0	0	45	4.3	0	1	1
29	62.4	0	0	0	46	244.8	2	1	1
30	2.4	0	0	0	47	4.0	0	1	1
31	34.7	0	0	0	48	5.1	0	1	1
32	28.4	2	0	0	49	32.0	0	1	1
33	0.9	0	1	0	50	1.4	0	1	1

以下用 Logistic 回归模型分析病人生存时间长短的概率与 x_1，x_2，x_3 的关系，其代码如下：

```
> life<-data.frame(
+ x1=c(2.5, 173, 119, 10, 502, 4, 14.4, 2, 40, 6.6, 21.4, 2.8, 2.5, 6, 3.5, 62.2, 10.8,
+ 21.6, 2, 3.4,
+ 5.1, 2.4, 1.7, 1.1, 12.8, 1.2, 3.5, 39.7, 62.4, 2.4, 34.7, 28.4, 0.9, 30.6, 5.8, 6.1,
+ 2.7, 4.7, 128, 35,
+ 2, 8.5, 2, 2, 4.3, 244.8, 4, 5.1, 32, 1.4),
+ x2=rep(c(0, 2, 0, 2, 0, 2, 0, 2, 0, 2, 0, 2, 0, 2, 0, 2, 0, 2, 0, 2, 0, 2, 0),
+ c(1, 4, 2, 2, 1, 1, 8, 1, 5, 1, 5, 1, 1, 1, 2, 1, 1, 1, 3, 1, 2, 1, 4)),
+ x3=rep(c(0, 1, 0, 1, 0, 1, 0, 1, 0, 1, 0, 1, 0, 1, 0, 1, 0, 1),
+ c(6, 1, 3, 1, 3, 1, 1, 5, 1, 3, 7, 1, 1, 3, 1, 1, 2, 9)),
+ y=rep(c(0, 1, 0, 1), c(15, 10, 15, 10))
+ )
> glm.sol<-glm(y~x1+x2+x3, family=binomial, data=life)
> summary(glm.sol)
```

结果如下：

```
Call:
glm(formula = y~ x1 + x2 + x3, family = binomial, data = life)

Deviance Residuals:
     Min         1Q     Median       3Q      Max
 -1.6960   -0.5842   -0.2828   0.7436   1.9292

Coefficients:
              Estimate  Std. Error  z value  Pr(>|z|)
(Intercept)  -1.696538    0.658635   -2.576  0.010000  * *
x1            0.002326    0.005683    0.409  0.682308
x2           -0.792177    0.487262   -1.626  0.103998
x3            2.830373    0.793406    3.567  0.000361  * * *
---

Signif. codes: 0  '* * *'  0.001  '* *'  0.01  '*'  0.05  '.'  0.1  ' '  1

(Dispersion parameter for binomial family taken to be 1)

    Null deviance:  67.301  on 49  degrees of freedom
Residual deviance:  46.567  on 46  degrees of freedom
AIC: 54.567

Number of Fisher Scoring iterations: 5
```

从以上结果可以看到,用三个变量 x_1, x_2, x_3 进行回归是无法通过检验的.以下用“step( )”函数对变量进行筛选.代码如下:

```
> glm.new<-step(glm.sol)
```

结果如下:

```
Start: AIC=54.57
y~ x1 + x2 + x3

        Df  Deviance     AIC
- x1     1    46.718  52.718
<none>        46.567  54.567
- x2     1    49.502  55.502
- x3     1    63.475  69.475
```

```
Step: AIC=52.72
y~ x2 + x3
         Df  Deviance    AIC
<none>        46.718  52.718
- x2      1   49.690  53.690
- x3      1   63.504  67.504
```

用“summary( )”函数显示细节,代码如下:

```
> summary(glm.new)
```

结果如下:

```
Call:
glm(formula = y~ x2 + x3, family = binomial, data = life)
Deviance Residuals:
    Min        1Q    Median      3Q      Max
-1.6849   -0.5949   -0.3033   0.7442   1.9073

Coefficients:
            Estimate  Std. Error  z value  Pr(>|z|)
(Intercept)  -1.6419     0.6381   -2.573   0.010082  *
x2           -0.7070     0.4282   -1.651   0.098750  .
x3            2.7844     0.7797    3.571   0.000355  ***
---

Signif. codes: 0 '***' 0.001 '**' 0.01 '*' 0.05 '.' 0.1 ' ' 1

(Dispersion parameter for binomial family taken to be 1)
    Null deviance: 67.301  on 49  degrees of freedom
Residual deviance: 46.718  on 47  degrees of freedom
AIC: 52.718
Number of Fisher Scoring iterations: 5
```

从以上计算结果可以看出,去掉了 x_1 后,所有参数通过了检验(显著性水平为 0.1 时).于是回归方程为

$$p=\frac{\exp(-1.6419-0.7070x_1+2.7844x_2)}{1+\exp(-1.6419-0.7070x_1+2.7844x_2)}.$$

进行预测：

```
> pre<-predict(glm.new, data.frame(x2=2, x3=0))
> p<-exp(pre)/(1+exp(pre)); p
        1
0.04496518

> pre<-predict(glm.new, data.frame(x2=2, x3=1))
> p<-exp(pre)/(1+exp(pre)); p
        1
0.4325522
```

以上结果说明，巩固治疗比没有巩固治疗提高了 0.4325522/0.04496518＝9.619715 倍.

5.3.2 实验 5.3.2 The Children Ever Born Data 的对数线性模型

下面是普林斯顿大学(Princeton University)提供的数据集 The Children Ever Born Data.读者也可在网址(http://iccm.cc/poisson-regression-in-r/)找到其他根据统计分析类型(线性回归、广义线性回归、生存分析等分类)的其他数据集.

(1) 首先查看该数据集中的变量

```
> ceb <- read.table("http://data.princeton.edu/wws509/datasets/ceb.dat")
> names(ceb)
[1] "dur"  "res"  "educ"  "mean"  "var"  "n"  "y"
```

变量说明如下：

```
The cell number (1 to 71, cell 68 has no observations),
"dur" = marriage duration (1=0-4, 2=5-9, 3=10-14, 4=15-19, 5=20-24, 6
        =25-29),
"res" = residence (1=Suva, 2=Urban, 3=Rural),
"educ" = education (1=none, 2=lower primary, 3=upper primary, 4=secondary
        +),
"mean" = mean number of children ever born (e.g. 0.50),
"var" = variance of children ever born (e.g. 1.14), and
"n" = number of women in the cell (e.g. 8),
"y" = number of children ever born.
```

(2) 对响应变量——育子数作直方图

```
hist(ceb$y, breaks = 50, xlab = "children ever born", main = "Distribution of CEB")
```

结果如图 5-2 所示.

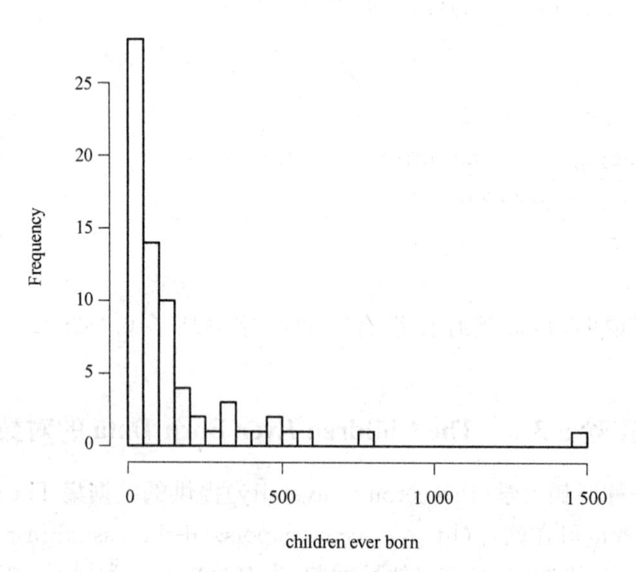

图 5-2　育子数直方图

从图 5-2 可以清楚看到育子数的偏倚情况(大体上符合泊松分布).

(3) 建立对数线性模型(泊松回归)

```
> hist(ceb$y, breaks = 50, xlab = "children ever born", main = "Distribution of
CEB")
> fit <- glm(y~ educ + res + dur, offset = log(n), family = poisson( ), data =
ceb)
> summary(fit)
```

结果如下:

```
Call:
glm(formula = y~ educ + res + dur, family = poisson( ), data = ceb,
    offset = log(n))

Deviance Residuals:
     Min        1Q    Median       3Q      Max
-2.2912   -0.6649   0.0759   0.6606   3.6790
```

```
Coefficients:
             Estimate Std. Error z value Pr(>|z|)
(Intercept)   0.05695    0.04805   1.185    0.236
educnone     -0.02308    0.02266  -1.019    0.308
educsec+     -0.33266    0.05388  -6.174 6.67e-10 ***
educupper    -0.12475    0.03000  -4.158 3.21e-05 ***
resSuva      -0.15122    0.02833  -5.338 9.37e-08 ***
resurban     -0.03896    0.02462  -1.582    0.114
dur10-14      1.37053    0.05108  26.833  <2e-16 ***
dur15-19      1.61423    0.05121  31.524  <2e-16 ***
dur20-24      1.78549    0.05122  34.856  <2e-16 ***
dur25-29      1.97679    0.05005  39.500  <2e-16 ***
dur5-9        0.99765    0.05275  18.912  <2e-16 ***
---

Signif. codes: 0 '***' 0.001 '**' 0.01 '*' 0.05 '.' 0.1 ' ' 1

(Dispersion parameter for poisson family taken to be 1)
    Null deviance: 3731.525 on 69 degrees of freedom
Residual deviance:   70.653 on 59 degrees of freedom
AIC: Inf
Number of Fisher Scoring iterations: 4
```

(4) 为了更好地解释模型参数，将其指数化

```
> exp(coef(fit))
```

结果如下：

```
(Intercept)  educnone  educsec+  educupper   resSuva  resurban
  1.0586073 0.9771840 0.7170105  0.8827213 0.8596609 0.9617909
   dur10-14  dur15-19  dur20-24   dur25-29    dur5-9
  3.9374452 5.0240232 5.9624936  7.2195649 2.7119024
```

可见随着婚龄的增长，期望的育子数将相应增长；教育程度越高，期望育子数越低；农村预期育子数比城市高等.

对数线性回归(泊松回归)中需要注意过度离势问题.泊松分布中均值与方差相等，当观测到的响应变量实际分布不满足这一点时，对数线性回归(泊松回归)可能会出现这样的问题.这个问题一般原因是缺少解释变量.我们可以用 qcc 包检验对数线性回归模型(泊松回归)过度离势.

```
> require(qcc)
> qcc.overdispersion.test(ceb$y, type = "poisson")
```

结果如下：

```
Overdispersion test Obs.Var/Theor.Var Statistic p-value
       poisson data           322.9545   22283.86          0
```

p 值为 0，果然该数据存在过度离势的问题，可以用拟泊松(quasi-poisson)模型对数据进行分析.

```
> fit2 <- glm(y~ educ + res + dur, offset = log(n), family = quasipoisson( ), da-
ta = ceb)
> summary(fit2)
```

结果如下：

```
Call:
glm(formula = y~ educ + res + dur, family = quasipoisson( ),
    data = ceb, offset = log(n))

Deviance Residuals:
    Min        1Q   Median      3Q     Max
-2.2912   -0.6649   0.0759  0.6606  3.6790

Coefficients:
             Estimate  Std. Error  t value  Pr(>|t|)
(Intercept)   0.05695    0.05289    1.077   0.285958
educnone     -0.02308    0.02494   -0.925   0.358535
educsec+     -0.33266    0.05932   -5.608   5.73e-07  ***
educupper    -0.12475    0.03303   -3.777   0.000371  ***
resSuva      -0.15122    0.03118   -4.849   9.40e-06  ***
resurban     -0.03896    0.02711   -1.437   0.155968
dur10-14      1.37053    0.05623   24.374   <2e-16    ***
dur15-19      1.61423    0.05637   28.635   <2e-16    ***
dur20-24      1.78549    0.05639   31.662   <2e-16    ***
dur25-29      1.97679    0.05509   35.880   <2e-16    ***
dur5-9        0.99765    0.05807   17.179   <2e-16    ***
---

Signif. codes: 0 '***' 0.001 '**' 0.01 '*' 0.05 '.' 0.1 ' ' 1
```

```
(Dispersion parameter for quasipoisson family taken to be 1.211961)
    Null deviance: 3731.525  on 69  degrees of freedom
Residual deviance:   70.653  on 59  degrees of freedom
AIC: NA
Number of Fisher Scoring iterations: 4
```

比较以上两个模型参数结果，发现参数估计值一致，而 t/p 不同.在过度离势的情况下，应采用拟泊松结果的 t/p 检验自变量的显著程度.

5.3.3 实验 5.3.3 “挑战者号”航天飞机 O 形环失效的广义线性模型

1986 年 1 月 28 日是寒冷的一天，在美国佛罗里达州的卡娜维拉尔角，“挑战者号”航天飞机升空后，因其 O 形环密封圈失效，使高速飞行中的航天飞机在空气阻力的作用下于发射后的第 73 秒解体，机上 7 名宇航员全部罹难.

“挑战者号”航天飞机正式发射任务前 24 次飞行发射时周围温度(单位：华氏度)和对应记录的损坏的 O 形环数量见表 5-2，其中 x 为温度，y 为记录的损坏的 O 形环数量.

表 5-2　“挑战者号”航天飞机发射温度和 O 形环损坏数据

x	53	57	58	63	66	67	67	67	68	69	70	70
y	3	1	1	1	0	0	0	0	0	0	1	1
x	70	70	72	73	75	75	76	76	78	79	80	81
y	0	0	0	0	2	0	0	0	0	0	0	0

注：华氏(℉)温度与摄氏(℃)温度的关系：摄氏温度＝(华氏温度－32)/1.8.

请根据表 5-2 提供的数据建立模型；在温度为 53(℉)时，预测 O 形环损坏的概率；要使 O 形环损坏的概率小于 0.05，需要温度满足什么条件？在温度为 53(℉)时，预测 O 形环损坏的数量；要求 O 形环损坏的数量小于 1，需要温度满足什么条件？

(1) 建立 Logistic 回归模型

由于表 5-2 提供的数据只是在一定温度条件下 O 形环损坏的数量(它的取值是 0，1，2 和 3)，因此可以考虑建立广义线性模型——Logistic 回归模型.

在每个发射过程中，O 形环损坏的数量服从参数为 p 和 $n=6$ 的二项分布 binomial $(p, 6)$. 其中，参数 p (O 形环损坏的概率)是温度 (T) 的函数，其连接函数为

$$logit(p)=\ln\left(\frac{p}{1-p}\right). \tag{5.3.1}$$

我们建立 Logistic 回归模型如下：

$$logit(p)=a+bx. \tag{5.3.2}$$

以下根据表 5-2 的数据对模型(5.3.2)进行参数估计和检验，其代码如下：

```
> norell<-data.frame(
+ temp = c(53, 57, 58, 63, 66, 67, 67, 67, 68, 69, 70,70, 70, 70, 72, 73, 75, 75, 76,
76, 78, 79, 80, 81),
+ n=rep(6, 24), distress=c(3, 1, 1, 1, 0, 0, 0, 0, 0, 0, 1, 1, 0, 0, 0, 0, 2, 0, 0, 0,
0, 0, 0, 0)
+ )
> norell$Y<-cbind(norell$distress, norell$n-norell$distress)
> glm.sol<-glm(Y~ temp, family=binomial, data=norell)
> summary(glm.sol)
```

结果如下：

```
Call:
glm(formula = Y~ temp, family = binomial, data = norell)
Deviance Residuals:
    Min         1Q     Median        3Q      Max
-0.9811   -0.7581   -0.4894   -0.3199   2.7721
Coefficients:
              Estimate   Std. Error   z value   Pr(>|z|)
(Intercept)    6.89699     2.94427     2.343     0.01915   *
temp          -0.14212     0.04588    -3.097     0.00195   * *
Signif. codes: 0 '* * *' 0.001 '* *' 0.01 '*' 0.05 '.' 0.1 ' ' 1
(Dispersion parameter for binomial family taken to be 1)
    Null deviance: 29.644  on 23  degrees of freedom
Residual deviance: 19.232  on 22  degrees of freedom
AIC: 36.897
Number of Fisher Scoring iterations: 5
```

根据以上结果，可以看出模型已经通过了检验，得到的 Logistic 回归方程为

$$logit(p)=6.89699-0.14212x. \tag{5.3.3}$$

所以有

$$p=\frac{\exp(6.89699-0.14212x)}{1+\exp(6.89699-0.14212x)}. \tag{5.3.4}$$

(2) 以下在温度为 53(℉)时,预测 O 形环损坏的概率

当温度为 53(℉)时,根据式(5.3.4),则 O 形环损坏的概率为

$$p=\frac{\exp(6.89699-0.14212\times 53)}{1+\exp(6.89699-0.14212\times 53)}=0.3462939.$$

(3) 要使 O 形环损坏的概率小于 0.05,温度需要满足的条件

设 x 为温度(℉),根据式(5.3.4),要使 O 形环损坏的概率小于 0.05,即 $\frac{\exp(6.89699-0.14212x)}{1+\exp(6.89699-0.14212x)}<0.05$,解此不等式,得 $x>69.24732$(℉).

(4) 建立对数线性模型

由于表 5-2 提供的数据只是在一定温度条件下 O 形环损坏的数量(它的取值是 0, 1, 2 和 3),因此可以考虑建立广义线性模型——对数线性模型.

在每个发射过程中 O 形环损坏的数量服从泊松分布 $P(y)$,其中 y (O 形环损坏的数量)是 x (温度)的函数,则对数线性回归方程为

$$\ln y=a+bx. \tag{5.3.5}$$

以下根据表 5-2 的数据对模型(5.3.5)进行参数估计和检验,其代码如下:

```
> y=c(53, 57, 58, 63, 66, 67, 67, 67, 68, 69, 70, 70, 70, 70, 72, 73, 75, 75, 76, 76, 78,
79, 80, 81)
> x=c(3, 1, 1, 1, 0, 0, 0, 0, 0, 0, 1, 1, 0, 0, 0, 0, 2, 0, 0, 0, 0, 0, 0, 0)
> log.glm <-glm(y~x, family=poisson(link=log))
> summary(log.glm)
```

结果如下:

```
Call:
glm(formula = y~ x, family = poisson(link = log))


Deviance Residuals:
    Min         1Q    Median       3Q      Max
-1.2168   -0.5405   -0.1474   0.4379   1.6563
Coefficients:
            Estimate Std. Error z value Pr(>|z|)
```

```
(Intercept)    4.28008  0.02753  155.484  <2e-16  ***
x             -0.08008  0.03416   -2.344  0.0191  *

Signif. codes: 0 '***' 0.001 '**' 0.01 '*' 0.05 '.' 0.1 ' ' 1

(Dispersion parameter for poisson family taken to be 1)
    Null deviance: 17.580 on 23 degrees of freedom
Residual deviance: 11.853 on 22 degrees of freedom
AIC: 161.85
Number of Fisher Scoring iterations: 4
```

根据以上结果,可以看出模型已经通过了检验,得到的方程为

$$\ln y = 4.28008 - 0.08008x. \tag{5.3.6}$$

所以有

$$y = \exp(4.28008 - 0.08008x). \tag{5.3.7}$$

(5) 在温度为53(℉)时,预测O形环损坏的数量

当温度为53(℉)时,根据模型(5.3.7),则O形环损坏的数量为

$$\exp(4.28008 - 0.08008 \times 53) = 1.03649 \approx 1.$$

(6) 要求O形环损坏的数量小于1,温度需要满足的条件

根据模型(5.3.7),有

$y = \exp(4.28008 - 0.08008x) < 1$, $\ln[\exp(4.28008 - 0.08008x)] < 0$, $4.28008 - 0.08008x < 0$, 由此得到 $x > 53.44755$(℉).

延伸阅读——"挑战者号"发射前发生了什么?

"挑战者号"最初计划于美国东部时间1月22日下午2时43分在佛罗里达州的肯尼迪航天中心(KSC)发射,但是,由于上一次任务STS-61-C的延迟导致发射日推后到23日,然后是24日.接着又因为塞内加尔达喀尔的越洋中辍降落(TAL)场地的恶劣天气,发射又推迟到了25日.NASA决定使用达尔贝达作为TAL场地,但由于该场地的配备无法应对夜间降落,发射又不得不被改到佛罗里达时间的清晨.而又根据预报,KSC当时的天气情况不宜发射,发射再次推后到美国东部时间27日上午9时37分.由于外部舱门通道的问题,发射又推迟了一天.首先,一个用于校验舱门密封安全性的微动开关指示器出现了故障.然后,一个坏掉的门闩使工作人员无法从航天飞机的舱门上取下闭合装置器.当工作人员最终把装置器锯下之后,航天飞机着陆跑道上的侧风超过了进行返回着陆场地(RTLS)中断的极限.直到发射时限用尽,并开始采用备用计划时,侧风才停了下来.

天气预报称28日的清晨将会非常寒冷，气温接近华氏31度（摄氏−0.5度），这是允许发射的最低温度.过低的温度让莫顿·塞奥科公司的工程师感到担心，该公司是制造与维护航天飞机SRB部件的承包商.在27日晚间的一次远程会议上，塞奥科公司的工程师和管理层同来自肯尼迪航天中心和马歇尔航天飞行中心的NASA管理层讨论了天气问题.部分工程师，如比较著名的罗杰·博伊斯乔利，再次表达了他们对密封SRB部件接缝处的O形环的担心：低温会导致O形环的橡胶材料失去弹性.他们认为，如果O形环的温度低于华氏53度（约摄氏11.7度），将无法保证它能有效密封住接缝.他们也提出，发射前一天夜间的低温，几乎肯定把SRB的温度降到华氏40度的警戒温度以下.但是，莫顿·塞奥科公司的管理层否决了他们的异议，他们认为发射进程能按日程进行.

由于低温，航天飞机旁矗立的定点通信建筑被大量冰雪覆盖.肯尼迪冰雪小组在红外摄像机中发现，右侧SRB部件尾部接缝处的温度仅有华氏8度（摄氏−13度）：从液氧舱通风口吹来的极冷空气降低了接缝处的温度，让该处的温度远低于气温，并远低于O形环的设计承限温度.但这个信息从未传达给决策层.冰雪小组用了一整夜的时间来移除冰雪；同时，航天飞机的最初承包商罗克韦尔国际公司的工程师，也在表达着他们的担心.他们警告说，发射时被震落的冰雪可能会撞上航天飞机，或者会由于SRB的排气喷射口引发吸入效应.罗克韦尔公司的管理层告诉航天飞机计划的管理人员阿诺德·奥尔德里奇，他们不能完全保证航天飞机安全地发射；但他们也没能提出一个强有力地反对发射的建议.讨论的最终结果是，奥尔德里奇决定将发射时间再推迟一个小时，以让冰雪小组进行另一项检查.在最后一项检查完成，冰雪开始融化时，最终确定“挑战者号”将在美国东部时间当日上午11时38分发射.

挑战者号的事故常是专题研究的案例，例如工程安全、揭弊者的道德规范、沟通与集体决策等.在加拿大和其他一些国家，更是工程师在取得专业执照前必知内容的一部分.对O形环在低温下将会失效提出警告的工程师罗杰·博伊斯乔利，辞去了他在莫顿·塞奥科公司的工作，并且成为了工作场所道德规范的一位发言人.他认为，由莫顿·塞奥科公司管理层召开的核心会议，及其最后产生关于发射的建议，“是起因于强烈的顾客威逼，而造成了不道德的决策制定”.麻省理工学院、德州农工大学、德克萨斯大学奥斯汀分校、德雷克塞尔大学和马里兰大学等，都将此事故作为一个教学案例.

5.3.4 实验5.3.4 柑橘重量与直径的非线性模型

在柑橘花定果后，每隔10天测量柑橘单果直径 x 与单果重量 y，有关数据见表5-3，试选择 x 与 y 之间最优模型.

表 5-3 单果直径 x 与单果重量 y 的数据

x	2.71	3.26	3.59	4.02	4.42	4.69	4.89	4.97	5.32	5.61	5.55	5.31
y	11.49	18.68	24.07	40.10	55.70	66.92	80.55	90.96	113.40	145.90	145.90	129.40

(1) 输入表 5-3 的数据,并画出 x 和 y 的散点图

```
> x=c(2.71,3.26,3.59,4.02,4.42,4.69,4.89,4.97,5.32,5.61,5.55,5.31)
> y=c(11.49,18.68,24.07,40.10,55.70,66.92,80.55,90.96,113.40,145.90,145.90,129.40)
> plot(x,y)
```

结果如图 5-3 所示.

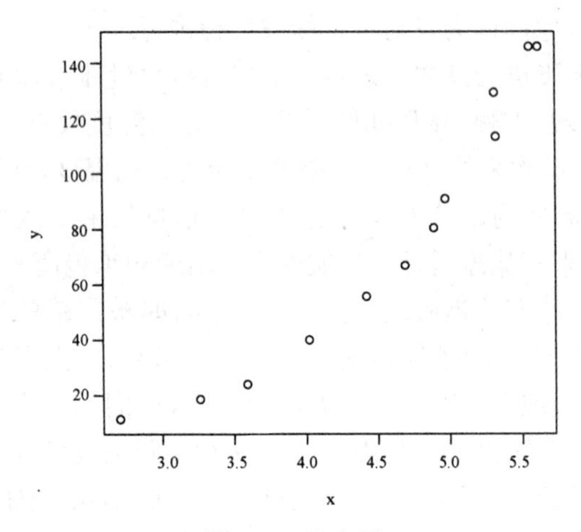

图 5-3 散点图

从图 5-3 可以看出,表 5-3 中的 x 和 y 线性关系并不好,可拟合多项式、指数、对数、幂函数等曲线方程,以下分别拟合这些曲线来显示可线性化为直线的非线性回归方程.

(2) 线性回归

```
> lm.1=lm(y~x)
> summary(lm.1)$coef
x            49.07556   4.94655   9.921168   1.709066e-06
```

结果如下:

```
              Estimate   Std. Error    t value      Pr(>|t|)
(Intercept) -145.30798   22.84441   -6.360768   8.236895e-05
x             49.07556    4.94655    9.921168   1.709066e-06
```

求决定系数：

```
> summary(lm.1)$r.sq
```

结果如下：

```
[1] 0.9077742
```

散点图加回归直线：

```
> plot(x,y);abline(lm.1)
```

结果如图 5-4 所示.

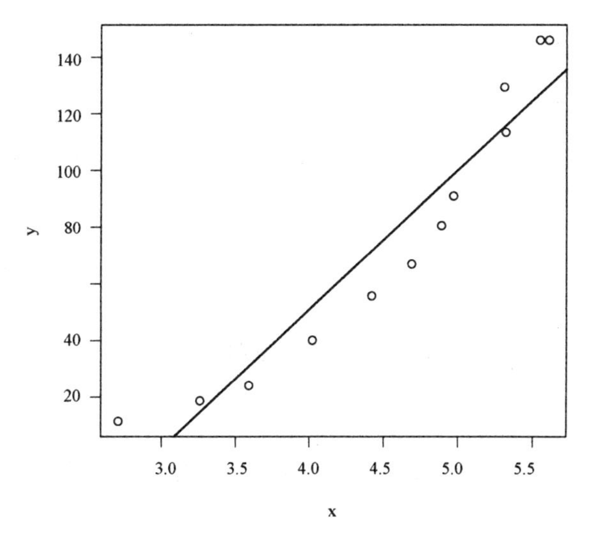

图 5-4 散点图加回归直线

该模型的拟合优度(决定系数)为 $R^2=0.9077742$，说明拟合效果并不好.

(3) 多项式回归

用二次多项式 $y=a+bx+cx^2$ 来表示.作变量替换 $x_1=x$，$x_2=x^2$，将其转化为线性回归方程 $y=a+bx_1+cx_2$.

```
> x1=x;x2=x^2
> lm.2=lm(y~x1+x2)
> summary(lm.2)$coef
               Estimate  Std. Error    t value     Pr(>|t|)
(Intercept)   169.88980   36.769656   4.620381 1.253674e-03
x1           -107.20144   17.896228  -5.990169 2.049567e-04
x2             18.40174    2.097907   8.771474 1.053223e-05
```

```
> summary(lm.2) $r.sq
[1] 0.9903416
> plot(x,y);lines(x,fitted(lm.2))
```

多项式回归的结果如图 5-5 所示.

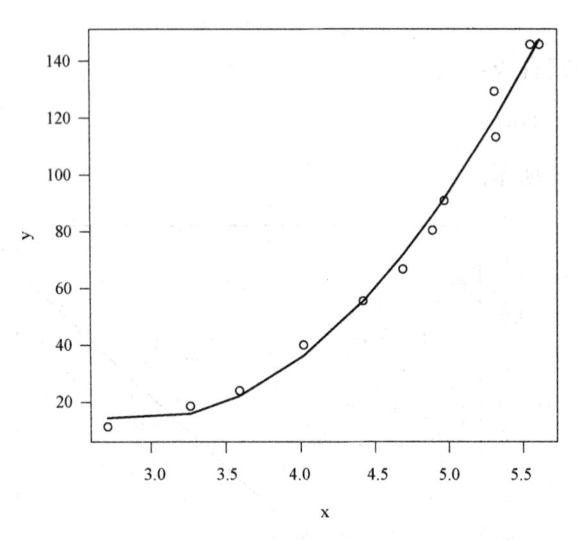

图 5-5　多项式回归的结果

于是二次多项式为 $y=169.88980-107.20144x+18.40174x^2$，模型的拟合优度 $R^2=0.9903416$，说明拟合效果比线性模型要好.

(4) 指数法

指数曲线类型用方程 $y=ae^{bx}$ 表示，用 $\log y=\log a+x$ 生成趋势曲线，其中，$y'=\log y$，$a'=\log a$，则可线性化为 $y'=a'+bx$.

```
> lm.exp= lm(log(y)~x)
> summary(lm.exp) $coef
              Estimate   Std. Error     t value      Pr(>|t|)
(Intercept) 0.02221652   0.07514612   0.2956443  7.735496e-01
x           0.89542001   0.01627156  55.0297685  9.518342e-14
> summary(lm.exp) $r.sq
[1] 0.9967087
> plot(x,y);lines(x,exp(fitted(lm.exp)))
```

指数法的结果如图 5-6 所示.

根据以上计算结果，回归直线方程为 $\hat{y}'=0.02221652+0.89542001x$，相应的

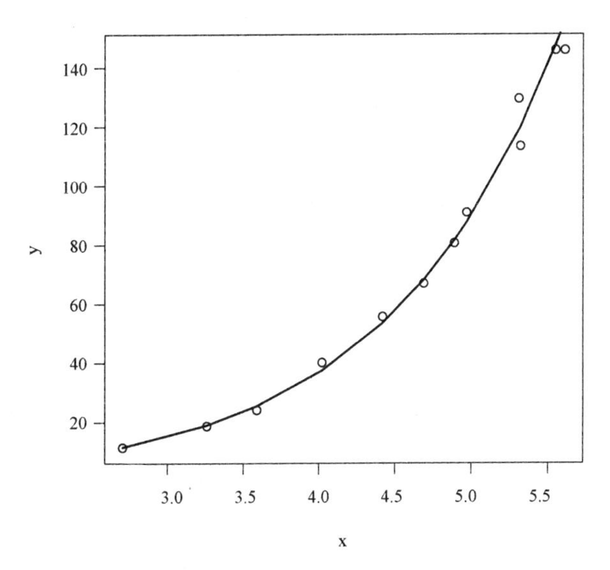

图 5-6　指数法的结果

指数曲线回归方程为 $\hat{y}=1.022465\mathrm{e}^{0.89542001x}$.

该模型的拟合优度 $R^2=0.9967087$，说明拟合效果好.

(5) 幂函数法

幂函数的形式为 $y=ax^b\ (a>0)$. 对幂函数 $y=ax^b$ 的两边求自然对数得 $\log y=\log a+b\log x$，用 $(\log x,\ \log y)$ 生成趋势曲线，其中 $y'=\log y$，$x'=\log x$，$a'=\log a$，则幂函数可线性化为 $y'=a'+bx'$.

```
> lm.pow= lm(log(y)~ log(x))
> summary(lm.pow) $coef
              Estimate   Std. Error    t value      Pr(>|t|)
(Intercept)  -1.359583   0.1748263   -7.776762   1.507436e-05
log(x)        3.654890   0.1162512   31.439580   2.490551e-11
> summary(lm.pow) $r.sq
[1] 0.9899844
> plot(x,y);lines(x,exp(fitted(lm.pow)))
```

幂函数法的结果如图 5-7 所示.

根据以上计算结果，回归直线方程为 $\hat{y}'=-1.359583+3.654890x'$，相应的指数曲线回归方程为 $\hat{y}=0.2567678x^{3.654890}$.

该模型的拟合优度 $R^2=0.9899844$，说明拟合效果比较好.

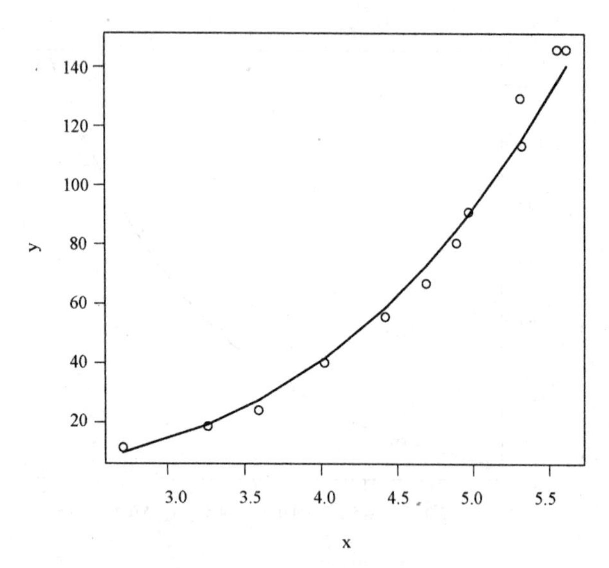

图 5-7 幂函数法的结果

把以上几种拟合结果列表，见表 5-4.

表 5-4 模型的选择

曲线类型	方程式	回归方程	R^2	模型选择
直线	$y=a+bx$	$y=-145.30798-49.07556x$	0.9077742	一般
二次曲线	$y=a+bx+cx^2$	$y=169.88980-107.20144x+18.40174x^2$	0.9903416	好
指数曲线	$y=ae^{bx}$	$\hat{y}=1.022465e^{0.89542001x}$	0.9967087	最佳
幂曲线	$y=ax^b$	$\hat{y}=0.2567678x^{3.654890}$	0.9899844	较好

从表 5-4 可以看出，指数法的拟合效果最好.

5.3.5 实验 5.3.5 USPop 数据集的非线性模型

在 car 包中的 USPop 数据集，其中 population 表示人口数，year 表示年份.

(1) 查看 USPop 数据集的信息

```
> library(car)
> USPop
```

结果如下：

```
     year  population
1    1790    3.929214
2    1800    5.308483
3    1810    7.239881
4    1820    9.638453
5    1830   12.860702
6    1840   17.063353
7    1850   23.191876
8    1860   31.443321
9    1870   38.558371
10   1880   50.189209
11   1890   62.979766
12   1900   76.212168
13   1910   92.228496
14   1920  106.021537
15   1930  123.202624
16   1940  132.164569
17   1950  151.325798
18   1960  179.323175
19   1970  203.302031
20   1980  226.542199
21   1990  248.709873
22   2000  281.421906
```

以上信息表明,从 1790 年到 2000 年有 22 个人口数据(每隔 10 年一个).

(2) 将 year 和 population 绘制散点图

```
> plot(USPop$year, USPop$population)
```

结果如图 5-8 所示.

从图 5-8 可以发现 year 和 population 之间的非线性关系.

(3) 模型拟合

在建立非线性回归模型时需要事先确定两件事,一个是非线性函数形式,另一个是参数初始值.

对于人口模型可以采用 Logistic 增长函数形式,它考虑了初期的指数增长以及总资源的限制.

用 nls 函数进行非线性回归,下面的代码中 theta1, theta2, theta3 表示三个待估计参数,“start”设置了参数初始值.

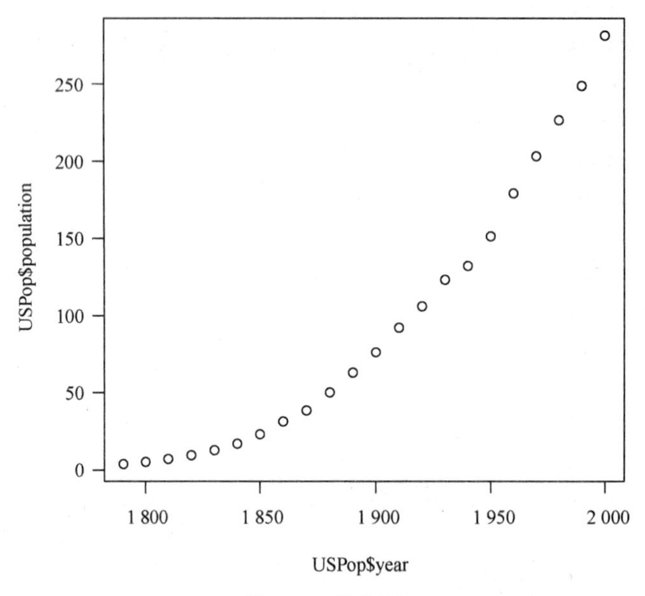

图 5-8　散点图

```
> library(car)
> pop.mod1 <- nls(population~ theta1/(1+exp(-(theta2+theta3 * year))),
start=list(theta1 = 400, theta2 = -49, theta3 = 0.025), data=USPop, trace=T)
> summary(pop.mod1)
```

结果如下：

```
Formula: population~ theta1/(1 + exp(-(theta2 + theta3 * year)))

Parameters:
          Estimate   Std. Error  t value  Pr(>|t|)
theta1   440.833346   35.000146    12.60  1.14e-10  ***
theta2   -42.706977    1.839138   -23.22  2.08e-15  ***
theta3     0.021606    0.001007    21.45  8.87e-15  ***

   Signif. codes: 0 '***' 0.001 '**' 0.01 '*' 0.05 '.' 0.1 ' ' 1

Residual standard error: 4.909 on 19 degrees of freedom

Number of iterations to convergence: 6
Achieved convergence tolerance: 1.49e-06
```

(4) 拟合效果图

```
> library(ggplot2)
> p <- ggplot(USPop,aes(year, population))
> p+geom_point(size=3)+geom_line(aes(year,fitted(pop.mod1)),col='red')
```

结果如图 5-9 所示.

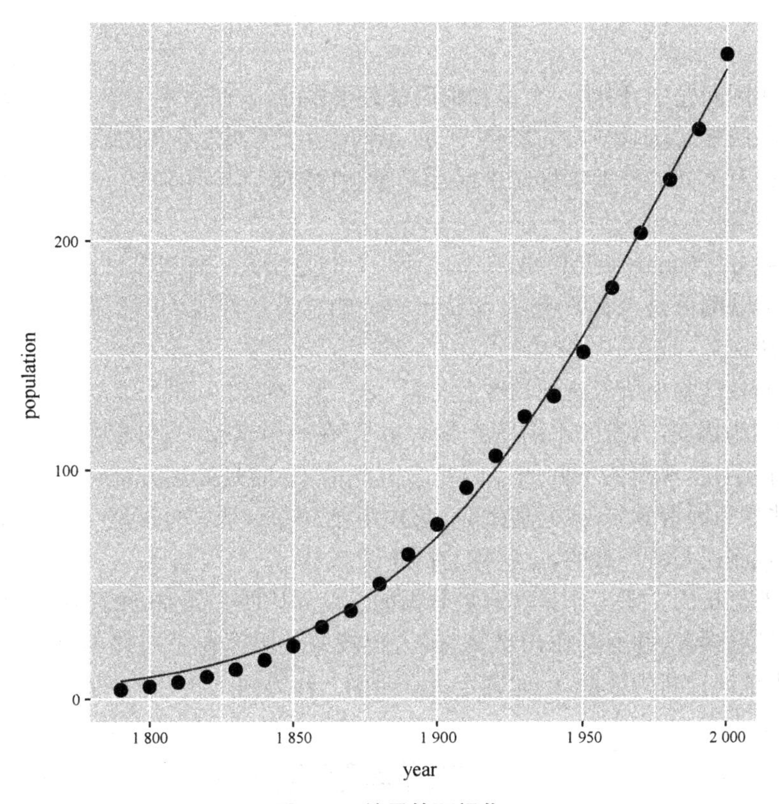

图 5-9 结果的可视化

从图 5-9 可以看出,拟合效果较好.

6 方差分析

在实际问题中，影响一个事物的因素是很多的，人们总是希望通过各种试验来观察各种因素对试验结果的影响.例如，不同的生产厂家、不同的原材料、不同的操作规程以及不同的技术指标对产品的质量、性能都会有影响.然而，不同因素的影响大小不等.

方差分析(analysis of variance, ANOVA)是研究一种或多种因素的变化对试验结果的观测值是否有影响，从而找出较优的试验条件或生产条件的一种常用的统计方法.

人们在试验中所考察到的数量指标，如产量、性能等，称为观测值.影响观测值的条件称为因素.因素的不同状态称为水平.在一个试验中，可以得出一系列不同的观测值.引起观测值不同的原因是多方面的，有的是处理方式或条件不同引起的，这些称为因素效应(或处理效应、条件变异)；有的是试验过程中偶然性因素的干扰或观测误差所导致的，这些称为试验误差.

方差分析的主要工作是将测量数据的总变异按照变异原因的不同分解为因素效应和试验误差，并对其作出数量分析，比较各种原因在总变异中所占的重要程度，作出统计推断的依据，由此确定进一步的工作方向.

6.1 单因素方差分析

对于一般情况下，设试验只有一个因素 A 在变化，其他因素都不变.A 有 r 个水平 $A_1, A_2, \cdots, A_r$，在水平 A_i 下进行 n_i 次独立观测，设 x_{ij} 表示在因素 A 的第 i 个水平下的第 j 次试验的结果，得到试验指标列在表 6-1 中.

表 6-1　　单因素方差分析数据

A_1	x_{11}	x_{12}	$\cdots$	x_{1n1}	总体 $N(\mu_1, \sigma^2)$
A_2	x_{21}	x_{22}	$\cdots$	x_{2n2}	总体 $N(\mu_2, \sigma^2)$
$\vdots$	$\vdots$	$\vdots$	$\cdots$	$\vdots$	$\vdots$
A_r	x_{r1}	x_{r2}	$\cdots$	x_{rnr}	总体 $N(\mu_r, \sigma^2)$

6.1.1 数学模型

把水平 A_i 下的试验结果 $x_{i1}, x_{i2}, \cdots, x_{in_i}$ 看成来自第 i 个正态总体 $X_i \sim N(\mu_i, \sigma^2)$ 的样本的观测值,其中 μ_i, σ^2 均未知,并且每个总体 X_i 都相互独立.考虑线性模型

$$x_{ij}=\mu_i+\varepsilon_{ij},\ i=1, 2, \cdots, r;\ j=1, 2, \cdots, n_i, \tag{6.1.1}$$

其中,$\varepsilon_{ij} \sim N(0, \sigma^2)$ 相互独立,μ_i 为第 i 个总体的均值,ε_{ij} 为相应的试验误差.

比较因素 A 的 r 个水平的差异归结为比较这 r 个总体均值,即检验假设

$$H_0: \mu_1=\mu_2=\cdots=\mu_r,\ H_1: \mu_1, \mu_2, \cdots, \mu_r \text{ 不全相等.} \tag{6.1.2}$$

记 $\mu=\dfrac{1}{n}\sum\limits_{i=1}^{r} n_i\mu_i$, $n=\sum\limits_{i=1}^{r} n_i$, $\alpha_i=\mu_i-\mu$,其中,μ 表示总和的均值,α_i 为水平 A_i 对指标的效应,不难验证 $\sum\limits_{i=1}^{r} n_i\alpha_i=0$.

模型(6.1.1)可以等价地写成

$$\begin{cases} x_{ij}=\mu_i+\varepsilon_{ij},\ i=1, 2, \cdots, r;\ j=1, 2, \cdots, n_i. \\ \varepsilon_{ij} \sim N(0, \sigma^2) \text{ 且相互独立.} \\ \sum\limits_{i=1}^{r} n_i\alpha_i=0. \end{cases} \tag{6.1.3}$$

称模型(6.1.3)为单因素方差分析数学模型,它是一个线性模型.

6.1.2 方差分析

式(6.1.2)等价于

$$H_0: \alpha_1=\alpha_2=\cdots=\alpha_r=0,\ H_1: \alpha_1, \alpha_2, \cdots, \alpha_r \text{ 不全为零.} \tag{6.1.4}$$

如果 H_0 被拒绝,则说明因素 A 各水平的效应之间有显著的差异;否则,差异不明显.

以下导出 H_0 的检验统计量.方差分析法是建立在平方和分解和自由度分解的基础上的,考虑统计量

$$S_T=\sum_{i=1}^{r}\sum_{j=1}^{n_i}(x_{ij}-\bar{x})^2,\ \bar{x}=\frac{1}{n}\sum_{i=1}^{r}\sum_{j=1}^{n_i}x_{ij},$$

称 S_T 为总离差平方和(或称总变差),它是所有数据 x_{ij} 与总平均值 $\bar{x}$ 的差的平方和,它描绘了所有数据的离散程度.可以证明如下平方和分解公式:

$$S_T = S_E + S_A, \tag{6.1.5}$$

其中,

$$S_E = \sum_{i=1}^{r} \sum_{j=1}^{n_i} (x_{ij} - \bar{x}_{i\cdot})^2, \ \bar{x}_{i\cdot} = \frac{1}{n_i} \sum_{j=1}^{n_i} x_{ij},$$

$$S_A = \sum_{i=1}^{r} \sum_{j=1}^{n_i} (\bar{x}_{i\cdot} - \bar{x})^2 = \sum_{i=1}^{r} n_i (\bar{x}_{i\cdot} - \bar{x})^2,$$

S_E 表示随机误差的影响.这是因为对于固定的 i 来讲,观测值 $x_{i1}, x_{i2}, \cdots, x_{in_i}$ 是来自同一个正态总体 $N(\mu_i, \sigma^2)$ 的.因此,它们之间的差异是由随机误差所导致的.而 $\sum_{j=1}^{n_i} (x_{ij} - \bar{x}_{i\cdot})^2$ 是这 n_i 个数据的变动平方和,正是它们的差异大小的度量.将 r 组这样的变动平方和相加,就得到了 S_E,通常称 S_E 为误差平方和或组内平方和.

S_A 表示在水平 A_i 下样本均值与总均值之间的差异之和,它反映了 r 个总体均值之间的差异.因为 $\bar{x}_{i\cdot}$ 是第 i 个总体的样本均值,它是 μ_i 的估计,因此 r 个总体均值 $\mu_1, \mu_2, \cdots, \mu_r$ 之间的差异越大,这些样本均值 $\bar{x}_1, \bar{x}_2, \cdots, \bar{x}_r$ 之间的差异越大.平方和 $\sum_{i=1}^{r} \sum_{j=1}^{n_i} (\bar{x}_{i\cdot} - \bar{x})^2$ 正是这种差异大小的度量,这里 n_i 反映了第 i 个总体的样本大小在平方和 S_A 中的作用.称 S_A 为因素 A 的效应平方和或组间平方和.

式(6.1.5)表明,总平方和 S_T 可按其来源分解成两个部分,一部分是误差平方和 S_E,它是由随机误差引起的;另一部分是因素 A 的效应平方和 S_A,它是由因素 A 各水平的差异引起的.

由模型假设(6.1.1),经过统计分析得到 $E(S_E) = (n-r)\sigma^2$,即 $\frac{S_E}{n-r}$ 是 σ^2 的一个无偏估计,且 $\frac{S_E}{\sigma^2} \sim \chi^2(n-r)$.

如果假设 H_0 成立,则有 $E(S_A) = (r-1)\sigma^2$,即 $\frac{S_A}{r-1}$ 也是 σ^2 的一个无偏估计,且 $\frac{S_A}{\sigma^2} \sim \chi^2(r-1)$,并且 S_E 和 S_A 独立.因此,当假设 H_0 成立时,有

$$F = \frac{S_A/(r-1)}{S_E/(n-r)} \sim F(r-1, n-r). \tag{6.1.6}$$

于是 F 可以作为 H_0 的检验统计量.对于给定的显著性水平 α,用 $F_\alpha(r-1,$

$n-r$) 表示 F 分布的上 α 分位点.若 $F > F_{\alpha}(r-1, n-r)$,则拒绝原假设,认为因素 A 的 r 个水平有显著差异.可以通过计算 p 值的方法来决定是接受还是拒绝 H_0.其中 p 值为 $P\{F(r-1, n-r) > F\}$,它表示的是服从自由度为 $(r-1, n-r)$ 的 F 分布的随机变量取值大于 F 的概率.显然,p 值小于 α 等价于 $F > F_{\alpha}(r-1, n-r)$,表示在显著性水平 α 下的小概率事件发生了,这意味着应该拒绝原假设 H_0.当 p 值大于 α,则不能拒绝原假设,所以应接受原假设 H_0.

通常将计算结果列成表 6-2 的形式,称为方差分析表.

表 6-2　　单因素方差分析表

方差来源	自由度	平方和	均值	F 比	p 值
因素 A	$r-1$	S_A	$MS_A = \dfrac{S_A}{r-1}$	$F = \dfrac{MS_A}{MS_E}$	p
误差	$n-r$	S_E	$MS_E = \dfrac{S_E}{n-r}$		
总和	$n-1$	S_T			

6.1.3 均值的多重比较

如果 F 检验的结论是拒绝 H_0,则说明因素 A 的 r 个水平有显著差异,也就是说,r 个均值之间有显著差异.但这并不意味着所有均值之间都有显著差异,这时还需要对每一对 μ_i 和 μ_j 作一一比较.

通常采用多重 t 检验方法进行多重比较.这种方法本质上就是针对每组数据进行 t 检验,只不过估计方差时利用的是全部数据,因而自由度变大.具体地说,要比较第 i 组和第 j 组均值,即检验

$$H_0: \mu_i = \mu_j, \; i \neq j, \; i, j = 1, 2, \cdots, r.$$

以下采用两个正态总体均值的 t 检验,取检验统计量

$$t_{ij} = \frac{\bar{x}_{i\cdot} - \bar{x}_{j\cdot}}{\sqrt{MS_E\left(\dfrac{1}{n_i} + \dfrac{1}{n_j}\right)}}, \; i \neq j; \; i, j = 1, 2, \cdots, r. \tag{6.1.7}$$

当 H_0 成立时,$t_{ij} \sim t(n-r)$,所以当

$$|t_{ij}| > t_{\frac{\alpha}{2}}(n-r) \tag{6.1.8}$$

时,说明 μ_i 和 μ_j 差异显著.定义相应的 p 值为

$$p_{ij} = P\{t(n-r) > |t_{ij}|\}, \tag{6.1.9}$$

即服从自由度为 $n-r$ 的 t 分布的随机变量大于 $|t_{ij}|$ 的概率.若 p 值小于指定的 α 值,则认为 μ_i 和 μ_j 有显著差异.

多重 t 检验方法的优点是使用方便,但在均值的多重检验中,如果因素的水平较多,而检验又是同时进行的,则多次重复使用 t 检验会增加犯第一类错误的概率,所得到的"有显著差异"的结论不一定可靠.

为了克服多重 t 检验方法的缺点,统计学家们提出了许多更有效的方法来调整 p 值.由于这些方法涉及较深的统计知识,这里只作简单的说明.具体调整方法的名称和参数见表 6-3.调用函数"p.adjust.methods"可以得到这些参数(详见原教材的例 6.1.6).

表 6-3　p 值的调整方法

调整方法	R 软件中的参数
Bonferroni	bonferroni
Holm(1979)	holm
Hochberg(1988)	hochberg
Hommel(1988)	hommel
Benjamini 和 Hochberg(1995)	BH
Benjamini 和 Yekutieli(2001)	BY

R 中函数"aov( )"提供了(单因素)方差分析的计算与检验,其调用格式为

```
aov( formula, data = NULL, projections = FALSE, qr = TRUE, contrasts =
NULL, ...)
```

说明:formula 是方差分析的公式,在单因素方差分析中它表示为 $x \sim A$, data 是数据框.

6.2 双因素方差分析

在许多实际问题中,需要考虑影响试验数据的因素多于一个的情形.例如,在化学试验中,几种原料的用量、反应时间、温度的控制等都可能影响试验结果,这就构成了多因素试验问题.

设有 A, B 两个因素,因素 A 有 r 个水平 $A_1, A_2, \cdots, A_r$,因素 B 有 s 个水平 $B_1, B_2, \cdots, B_s$.

6.2.1 不考虑交互作用

因素 A, B 的每一个水平组合 (A_i, B_j) 下进行一次独立试验得到观测值

$x_{ij}(i=1, 2, \cdots, r; j=1, 2, \cdots, s)$. 观测数据见表 6-4.

表 6-4 无重复试验的双因素方差分析数据

	B_1	B_2	$\cdots$	B_s
A_1	x_{11}	x_{12}	$\cdots$	x_{1s}
A_2	x_{21}	x_{22}	$\cdots$	x_{2s}
$\vdots$	$\vdots$	$\vdots$	$\cdots$	$\vdots$
A_r	x_{r1}	x_{r2}	$\cdots$	x_{rs}

假定 $x_{ij} \sim N(\mu_{ij}, \sigma^2)(i=1, 2, \cdots, r; j=1, 2, \cdots, s)$ 且各 x_{ij} 相互独立.不考虑两因素的交互作用,因此模型可以归结为

$$\begin{cases} x_{ij} = \mu + \alpha_i + \beta_j + \varepsilon_{ij}, \ i=1, 2, \cdots, r; \ j=1, 2, \cdots, s, \\ \varepsilon_{ij} \sim N(0, \sigma^2) \text{ 且各 } \varepsilon_{ij} \text{ 相互独立}, \\ \sum_{i=1}^{r} \alpha_i = 0, \ \sum_{j=1}^{s} \beta_j = 0, \end{cases} \tag{6.2.1}$$

其中,$\mu = \frac{1}{rs} \sum_{i=1}^{r} \sum_{j=1}^{s} \mu_{ij}$ 为总平均;α_i 为因素 A 第 i 个水平的效应;β_j 为因素 B 第 j 个水平的效应.

在线性模型(6.2.1)下,方差分析的主要任务是系统分析因素 A 和因素 B 对试验指标影响的大小.因此,在给定显著性水平 α 下,提出以下统计假设:

对于因素 A,"因素 A 对试验指标影响不显著"等价于

$$H_{01}: \alpha_1 = \alpha_2 = \cdots = \alpha_r = 0.$$

对于因素 B,"因素 B 对试验指标影响不显著"等价于

$$H_{02}: \beta_1 = \beta_2 = \cdots = \beta_s = 0.$$

双因素方差分析与单因素方差分析的统计原理基本相同,也是基于平方和分解公式

$$S_T = S_E + S_A + S_B,$$

其中,

$$S_T = \sum_{i=1}^{r} \sum_{j=1}^{s} (x_{ij} - \bar{x})^2, \quad \bar{x} = \frac{1}{rs} \sum_{i=1}^{r} \sum_{j=1}^{s} x_{ij},$$

$$S_A = s \sum_{i=1}^{r} (\bar{x}_{i\cdot} - \bar{x})^2, \quad \bar{x}_{i\cdot} = \frac{1}{s} \sum_{j=1}^{s} x_{ij}, \ i=1, 2, \cdots, r,$$

$$S_B = r\sum_{j=1}^{s}(\bar{x}_{\cdot j}-\bar{x})^2,\quad \bar{x}_{\cdot j}=\frac{1}{r}\sum_{i=1}^{r}x_{ij},\ j=1,2,\cdots,s,$$

$$S_E=\sum_{i=1}^{r}\sum_{j=1}^{s}(x_{ij}-\bar{x}_{i\cdot}-\bar{x}_{\cdot j}+\bar{x})^2.$$

S_T 为总离差平方和，S_E 为误差平方和，S_A 为由因素 A 的不同水平所引起的离差平方和(称为因素 A 的平方和).类似地，S_B 称为因素 B 的平方和.可以证明，当 H_{01} 成立时，

$$\frac{S_A}{\sigma^2}\sim\chi^2(r-1),$$

且与 S_E 相互独立,而

$$\frac{S_E}{\sigma^2}\sim\chi^2((r-1)(s-1)).$$

于是当 H_{01} 成立时，

$$F_A=\frac{S_A/(r-1)}{S_E/[(r-1)(s-1)]}\sim F(r-1,(r-1)(s-1)).$$

类似地,当 H_{02} 成立时，

$$F_B=\frac{S_B/(r-1)}{S_E/[(r-1)(s-1)]}\sim F(s-1,(r-1)(s-1)).$$

分别以 F_A 和 F_B 作为 H_{01} 和 H_{02} 的检验统计量,把计算结果列成方差分析表,见表 6-5.

表 6-5 双因素方差分析表

方差来源	自由度	平方和	均方	F 比	p 值
因素 A	$r-1$	S_A	$MS_A=\frac{S_A}{r-1}$	$F=\frac{MS_A}{MS_E}$	p_A
因素 B	$s-1$	S_B	$MS_B=\frac{S_B}{s-1}$	$F=\frac{MS_B}{MS_E}$	p_B
误差	$(r-1)(s-1)$	S_E	$MS_E=\frac{S_E}{(r-1)(s-1)}$		
总和	$rs-1$	S_T			

6.2.2 考虑交互作用

设有 A, B 两个因素,因素 A 有 r 个水平 A_1, A_2, $\cdots$, A_r,因素 B 有 s 个水平

B_1, B_2, …, B_s.每一个水平组合(A_i, B_j)下重复试验 t 次.记录第 k 次的观测值为 x_{ijk},把观测数据列表,见表 6-6.

表 6-6　　双因素重复试验数据

	B_1				B_2				…	B_s			
A_1	x_{111}	x_{112}	…	x_{11t}	x_{121}	x_{122}	…	x_{12t}	…	x_{1s1}	x_{1s2}	…	x_{1st}
A_2	x_{211}	x_{212}	…	x_{21t}	x_{221}	x_{222}	…	x_{22t}	…	x_{2s1}	x_{2s2}	…	x_{2st}
⋮	⋮	⋮		⋮	⋮	⋮		⋮		⋮	⋮		⋮
A_r	x_{r11}	x_{r12}	…	x_{r2t}	x_{r21}	x_{r22}	…	x_{r2t}	…	x_{rs1}	x_{rs2}	…	x_{rst}

假定 $x_{ijk} \sim N(\mu_{ij}, \sigma^2)(i=1, 2, \cdots, r;\ j=1, 2, \cdots, s;\ k=1, 2, \cdots, t)$ 且各 x_{ijk} 相互独立,因此模型可以归结为

$$\begin{cases} x_{ijk} = \mu + \alpha_i + \beta_j + \delta_{ij} + \varepsilon_{ijk}, \\ \varepsilon_{ijk} \sim N(0, \sigma^2) \text{ 且各 } \varepsilon_{ijk} \text{ 相互独立}, \\ i=1, 2, \cdots, r;\ j=1, 2, \cdots, s;\ k=1, 2, \cdots, t, \end{cases} \tag{6.2.2}$$

其中,α_i 为因素 A 第 i 个水平的效应,β_j 为因素 B 第 j 个水平的效应,δ_{ij} 为 A_i 和 B_j 的交互效应.因此有 $\mu = \frac{1}{rs}\sum_{i=1}^{r}\sum_{j=1}^{s}\mu_{ij}$, $\sum_{i=1}^{r}\alpha_i = 0$, $\sum_{j=1}^{s}\beta_j = 0$, $\sum_{i=1}^{r}\delta_{ij} = \sum_{j=1}^{s}\delta_{ij} = 0$.

此时,判断因素 A, B 交互效应的影响是否显著等价于下列检验假设:

$$H_{01}: \alpha_1 = \alpha_2 = \cdots = \alpha_r = 0,$$
$$H_{02}: \beta_1 = \beta_2 = \cdots = \beta_s = 0,$$
$$H_{03}: \delta_{ij} = 0,\ i=1, 2, \cdots, r;\ j=1, 2, \cdots, s.$$

在这种情况下,方差分析法与前面的方法类似,有以下计算公式:

$$S_T = S_E + S_A + S_B + S_{A\times B},$$

其中,

$$S_T = \sum_{i=1}^{r}\sum_{j=1}^{s}\sum_{k=1}^{t}(x_{ijk} - \bar{x})^2,\ \bar{x} = \frac{1}{rst}\sum_{i=1}^{r}\sum_{j=1}^{s}\sum_{k=1}^{t}x_{ijk},$$

$$S_E = \sum_{i=1}^{r}\sum_{j=1}^{s}\sum_{k=1}^{t}(x_{ijk} - \bar{x}_{ij\cdot})^2,\ \bar{x}_{ij\cdot} = \frac{1}{t}\sum_{k=1}^{t}x_{ijk},\ i=1, 2, \cdots, r;\ j=1, 2, \cdots, s,$$

$$S_A = st\sum_{i=1}^{r}(\bar{x}_{i\cdot\cdot} - \bar{x})^2,\ \bar{x}_{i\cdot\cdot} = \frac{1}{st}\sum_{j=1}^{s}\sum_{k=1}^{t}x_{ijk},\ i = 1, 2, \cdots, r,$$

$$S_B = rt\sum_{j=1}^{s}(\bar{x}_{\cdot j\cdot} - \bar{x})^2,\ \bar{x}_{\cdot j\cdot} = \frac{1}{rt}\sum_{i=1}^{r}\sum_{k=1}^{t}x_{ijk},\ j = 1, 2, \cdots, s,$$

$$S_{A\times B} = t\sum_{i=1}^{r}\sum_{j=1}^{s}(\bar{x}_{ij\cdot} - \bar{x}_{i\cdot\cdot} - \bar{x}_{\cdot j\cdot} + \bar{x})^2.$$

S_T 为总离差平方和，S_E 为误差平方和，S_A 为由因素 A 的平方和，S_B 称为 B 的平方和，$S_{A\times B}$ 交互平方和.可以证明，当 H_{01} 成立时，

$$F_A = \frac{S_A/(r-1)}{S_E/[rs(t-1)]} \sim F(r-1,\ rs(t-1)).$$

当 H_{02} 成立时，

$$F_B = \frac{S_B/(s-1)}{S_E/[rs(t-1)]} \sim F(s-1,\ rs(t-1)).$$

当 H_{03} 成立时，

$$F_{A\times B} = \frac{S_{A\times B}/[(r-1)(s-1)]}{S_E/[rs(t-1)]} \sim F((r-1)(s-1),\ rs(t-1)).$$

分别以 F_A，F_B，$F_{A\times B}$ 作为 H_{01}，H_{02}，H_{03} 的检验统计量，把检验结果列成方差分析表，见表 6-7.

表 6-7　有交互效应的双因素方差分析表

方差来源	自由度	平方和	均方	F 比	p 值
因素 A	$r-1$	S_A	$MS_A = \frac{S_A}{r-1}$	$F = \frac{MS_A}{MS_E}$	p_A
因素 B	$s-1$	S_B	$MS_B = \frac{S_B}{s-1}$	$F = \frac{MS_B}{MS_E}$	p_B
交互效应 $A\times B$	$(r-1)(s-1)$	$S_{A\times B}$	$MS_{A\times B} = \frac{S_{A\times B}}{(r-1)(s-1)}$	$F = \frac{MS_{A\times B}}{MS_E}$	$p_{A\times B}$
误差	$rs(t-1)$	S_E	$MS_E = \frac{S_E}{rs(t-1)}$		
总和	$rst-1$	S_T			

在 R 软件中，方差分析函数“aov( )”既适合于单因素方差分析，也同样适用于双因素方差分析，其中方差模型公式为 $x \sim A + B$，加号表示两个因素是可加的.

R 软件中仍用函数“aov( )”进行有交互作用的方差分析，但其中的方差模型格式为 $x \sim A + B + A : B$.

6.3 多元方差分析

单变量方差分析可以直接推广到向量变量情形，即一元方差分析可以直接推广到多元方差分析.当因变量不止一个时，可用多元方差分析(MANOVA)对它们同时进行分析.

结合具体数据的多元方差分析问题，详见本章后面的实验.

6.4 实　　验

实验目的: 通过实验学会单因素方差分析、双因素方差分析和多元方差分析.

6.4.1 实验 6.4.1 cholesterol 数据集的方差分析

multcomp 包中的 cholesterol 数据集，有 50 个患者均接受降低胆固醇药物治疗(trt)五种方法对患者的效果.五种方法分别是：20 mg 一天一次(1time)、10 mg 一天两次(2times)和 5 mg 一天四次(4times)，其中前三种所用药物相同，剩下的 drugD 和 drugE 是候选药物.哪种药物疗法降低胆固醇最多？以下对这五种治疗方法进行方差分析.

(1) 首先查看五种治疗方法的分组情况

```
> library(multcomp)
> attach(cholesterol)
> table(trt)
trt
```

结果如下：

```
1time   2times   4times   drugD   drugE
   10       10       10      10      10
```

以上结果说明，五种治疗方法的每组各有 10 个患者.

(2) 计算每组的均值

```
> aggregate(response,by=list(trt),FUN=mean)
```

结果如下：

```
  Group.1        x
1   1time  5.78197
2  2times  9.22497
3  4times 12.37478
4   drugD 15.36117
5   drugE 20.94752
```

（3）计算每组的标准差

```
> aggregate(response,by=list(trt),FUN=sd)
```

结果如下：

```
  Group.1        x
1   1time 2.878113
2  2times 3.483054
3  4times 2.923119
4   drugD 3.454636
5   drugE 3.345003
```

（4）检验组间差异

```
> fit<-aov(response~trt)
> summary(fit)
```

结果如下：

```
            Df Sum Sq Mean Sq F value   Pr(>F)
trt          4 1351.4   337.8   32.43 9.82e-13 ***
Residuals   45  468.8    10.4
---

Signif. codes: 0 '***' 0.001 '**' 0.01 '*' 0.05 '.' 0.1 ' ' 1
```

（5）画各组均值及其置信区间的图

```
> library(gplots)
> plotmeans(response~trt,xlab="Treatment",ylab="Response",main="Mean plot\nwith 95% CI")
```

```
> detach(cholesterol)
```

结果如图 6-1 所示.

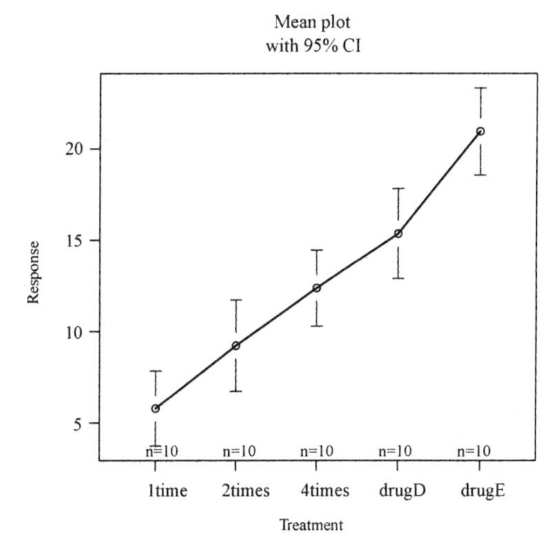

图 6-1 五种治疗方式的效果图

从以上结果我们看到,每组 10 个患者接受一种药物疗法;均值显示 drugE 降低胆固醇最多,而 1time 降低胆固醇最少;各组的标准差相对稳定,在 2.878113～3.345003 内;对五种治疗方式(trt)的 F 检验非常显著,说明五种治疗方式的效果不同.

从图 6-2 可以清楚地看到五种治疗方式之间的差异.

(6) 多重比较

对以上所得结果进行多重比较.

从以上的分析中虽然我们得到了五种治疗方式的效果不同,但是并没有明确哪些疗法与其他疗法不同.

```
> TukeyHSD(fit)
```

结果如下:

```
  Tukey multiple comparisons of means
    95% family-wise confidence level


Fit: aov(formula = response~ trt)


$trt
```

```
                  diff         lwr        upr      p adj
2times-1time   3.44300  -0.6582817   7.544282  0.1380949
4times-1time   6.59281   2.4915283  10.694092  0.0003542
drugD-1time    9.57920   5.4779183  13.680482  0.0000003
drugE-1time   15.16555  11.0642683  19.266832  0.0000000
4times-2times  3.14981  -0.9514717   7.251092  0.2050382
drugD-2times   6.13620   2.0349183  10.237482  0.0009611
drugE-2times  11.72255   7.6212683  15.823832  0.0000000
drugD-4times   2.98639  -1.1148917   7.087672  0.2512446
drugE-4times   8.57274   4.4714583  12.674022  0.0000037
drugE-drugD    5.58635   1.4850683   9.687632  0.0030633
```

从以上结果考到，1time 和 2times 的均值的差异不显著($p=0.1380949$)，而 1time 和 4times 的均值的差异非常显著($p<0.001$).

(7) 用“TukeyHSD( )”函数画成对比较图

```
> par(las=2)
> par(mar=c(5,8,4,2))
> plot(TukeyHSD(fit))
```

结果如图 6-2 所示.

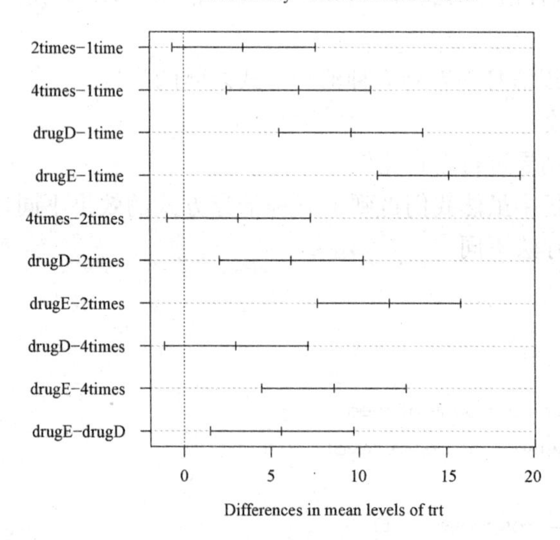

图 6-2 均值成对比较图

(8) 多重比较对结果的可视化

multcomp 包中的"glht( )"函数提供了多重比较更为全面的方法,并可以用一个图形对结果进行展示.代码如下:

```
> library(multcomp)
> par(mar=c(5,4,6,2))
> tuk<-glht(fit,linfct=mcp(trt="Tukey"))
> plot(cld(tuk,level=0.05),col="lightgrey")
```

结果如图 6-3 所示.

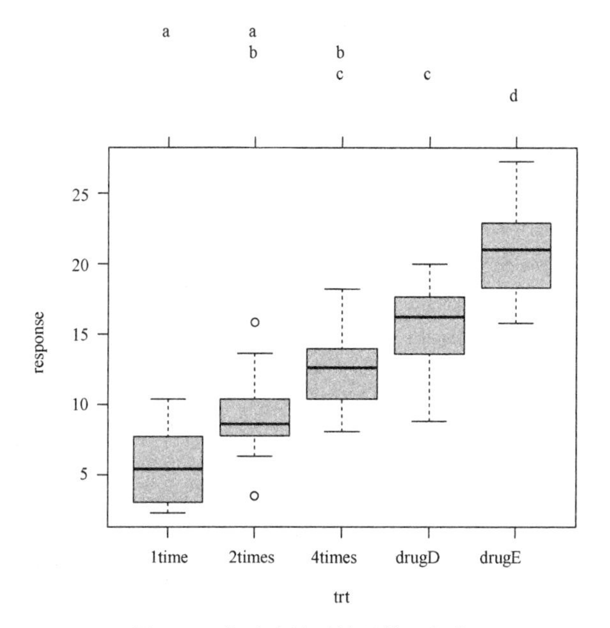

图 6-3 多重比较对结果的可视化

在上面的代码中,为适应字母阵列摆放,par 语句增大了顶部边界面积."cld( )" 函数中的"level"选项设置了使用的显著性水平.

有相同字母的组(用箱线图表示)说明均值的差异不显著.从图 6-3 中我们看到,1time 和 2times 的均值的差异不显著,2time 和 4times 的均值的差异也不显著,而 1time 和 4times 的均值的差异显著(它们没有相同字母).

6.4.2 实验 6.4.2 果汁含铅比实验数据的方差分析

原来检验果汁中含铅量有三种方法 A_1, A_2, A_3, 现研究出另一种快速检验法 A_4, 能否用 A_4 代替前三种方法,需要通过实验考察.观察的对象是果汁,不同的果汁当做不同的水平：B_1 为苹果，B_2 为葡萄汁，B_3 为西红柿汁，B_4 为苹果饮料汁，B_5 桔子汁，B_6 菠萝柠檬汁.现进行双因素交错搭配试验，即用四种方法同时检验每一种果汁，其检验结果见表 6-8.问因素 A(检验方法)和 B(果汁品种)对果汁的含铅量是否有显著影响？

表 6-8　　果汁含铅比实验数据

因素 A	因素 B						X_i
	B_1	B_2	B_3	B_4	B_5	B_6	
A_1	0.05	0.46	0.12	0.16	0.84	1.30	2.93
A_2	0.08	0.38	0.40	0.10	0.92	1.57	3.45
A_3	0.11	0.43	0.05	0.10	0.94	1.10	2.73
A_4	0.11	0.44	0.08	0.03	0.93	1.15	2.74
$A_{.j}$	0.35	1.71	0.65	0.39	3.63	5.12	$X_{..}$ = 11:85

(1) 首先根据表 6-8 建立数据框

```
juice<-data.frame(
X = c(0.05, 0.46, 0.12, 0.16, 0.84, 1.30, 0.08, 0.38, 0.4,
0.10, 0.92, 1.57, 0.11, 0.43, 0.05, 0.10, 0.94, 1.10,
0.11, 0.44, 0.08, 0.03, 0.93, 1.15),
A = gl(4, 6),
B = gl(6, 1, 24)
)
```

注：这里函数“gl( )”用来给出因子水平，其调用格式为

```
gl(n, k, length=n*k, labels=1: n, ordered=FALSA)
```

说明：n 是水平数，k 是每一水平上的重复次数，length 是总观测值数，ordered 指明各水平是否先排序.

(2) 作双因素方差分析

```
> juice.aov<-aov(X~A+B, data=juice)
> summary(juice.aov)
```

结果如下：

```
            Df   Sum Sq   Mean Sq   F value   Pr(>F)
A            3    0.057    0.0190     1.629    0.225
B            5    4.902    0.9804    83.976    2e-10   ***
Residuals   15    0.175    0.0117
---
Signif. codes: 0 '***' 0.001 '**' 0.01 '*' 0.05 '.' 0.1 ' ' 1
```

以上 p 值说明果汁品种(因素 B)对含铅量有显著影响,而没有充分理由说明检验方法(因素 A)对含铅量有显著影响.

(3) 用函数“bartlett.test( )”分别对因素 A 和因素 B 作方差的齐性检验

```
> bartlett.test(X~A, data=juice)
```

结果如下:

```
        Bartlett test of homogeneity of variances


data: X by A
Bartlett's K-squared = 0.26802, df = 3, p-value = 0.9659
```

```
> bartlett.test(X~B, data=juice)
```

结果如下:

```
        Bartlett test of homogeneity of variances


data: X by B
Bartlett's K-squared = 17.422, df = 5, p-value = 0.003766
```

以上结果说明:对因素 A, p 值(0.966)远大于 0.05,接受原假设,认为因素 A 的各水平下的数据是等方差的;对因素 B, p 值(0.003766)小于 0.05,拒绝原假设,即认为因素 B 不满足方差齐性要求.

6.4.3 实验 6.4.3 老鼠存活时间的方差分析

有一个关于检验毒药强弱的实验,给 48 只老鼠注射 I, II, III 三种毒药(因素 A),同时有 A, B, C 和 D 四种治疗方案(因素 B),这样的试验在每一种因素组合下都重复四次测试老鼠的存活时间,数据见表 6-9.试分析毒药和治疗方案以及它们的交互作用对老鼠存活时间有无显著影响.

表 6-9 老鼠存活时间(年)的实验数据

	A		B		C		D	
I	0.31	0.45	0.82	1.10	0.43	0.45	0.45	0.71
	0.46	0.43	0.88	0.72	0.63	0.76	0.66	0.62
II	0.36	0.29	0.92	0.61	0.44	0.35	0.56	1.02
	0.40	0.23	0.49	1.24	0.31	0.40	0.71	0.38
III	0.22	0.21	0.30	0.37	0.23	0.25	0.30	0.36
	0.18	0.23	0.38	0.29	0.24	0.22	0.31	0.33

(1) 根据表 6-9 以数据框形式导入数据,并用函数"plot( )"作图

```
> rats<-data.frame(
+ Time=c(0.31, 0.45, 0.46, 0.43, 0.82, 1.10, 0.88, 0.72, 0.43, 0.45,
+ 0.63, 0.76, 0.45, 0.71, 0.66, 0.62, 0.38, 0.29, 0.40, 0.23,
+ 0.92, 0.61, 0.49, 1.24, 0.44, 0.35, 0.31, 0.40, 0.56, 1.02,
+ 0.71, 0.38, 0.22, 0.21, 0.18, 0.23, 0.30, 0.37, 0.38, 0.29,
+ 0.23, 0.25, 0.24, 0.22, 0.30, 0.36, 0.31, 0.33),
+ Toxicant=gl(3, 16, 48, labels = c("I", "II", "III")),
+ Cure=gl(4, 4, 48, labels = c("A", "B", "C", "D"))
+ )
>   op<-par(mfrow=c(1, 2))
> plot(Time~Toxicant+Cure, data=rats)
```

结果如图 6-4 所示.

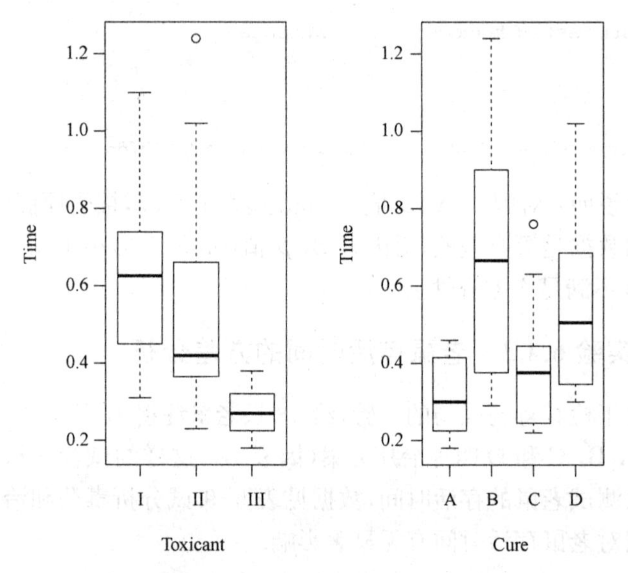

图 6-4 毒药和治疗方案两因素的各自效应分析

图 6-4 显示两因素的各水平均存在较大差异.

(2) 再用函数"interaction.plot( )"作出交互效应图,以考查因素之间交互作用是否存在

```
> with(rats, interaction.plot(Toxicant, Cure, Time, trace.label="Cure"))
```

结果如图 6-5 和图 6-6 所示.

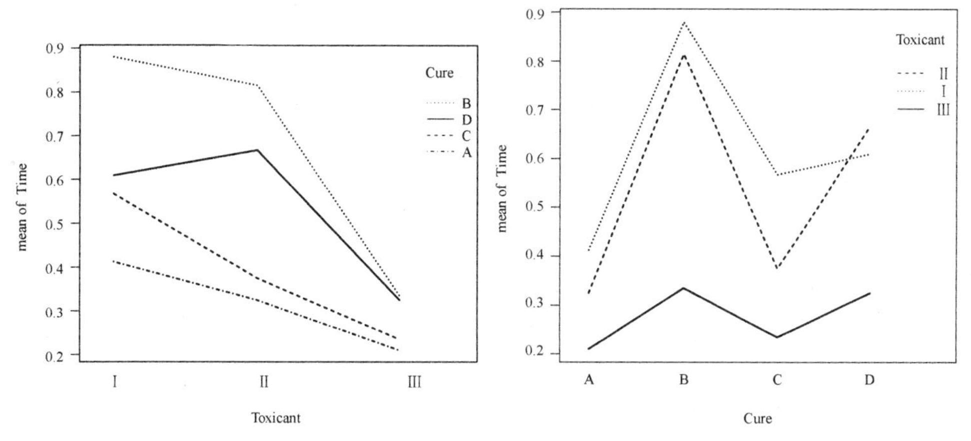

图 6-5 以治疗方案为跟踪变量

图 6-6 以毒药为跟踪变量

(3) 有交互作用的方差分析

```
> rats.aov<-aov(Time~Toxicant*Cure, data=rats)
> summary(rats.aov)
```

结果如下：

```
              Df  Sum Sq  Mean Sq  F value   Pr(>F)
Toxicant       2  1.0356   0.5178   23.225  3.33e-07  ***
Cure           3  0.9146   0.3049   13.674  4.13e-06  ***
Toxicant:Cure  6  0.2478   0.0413    1.853     0.116
Residuals     36  0.8026   0.0223
---

Signif. codes: 0 '***' 0.001 '**' 0.01 '*' 0.05 '.' 0.1 ' ' 1
```

根据 p 值知，因素 Toxicant 和 Cure 对 Time 的影响是高度显著的，而交互作用对 Time 的影响却是不显著的.

(4) 再进一步使用前面的 Bartlett 和 Levene 两种方法检验因素 Toxicant 和 Cure 下的数据是否满足方差齐性的要求

```
> library(car)
> levene.test(rats$Time, rats$Toxicant)
Levene's Test for Homogeneity of Variance (center = median)
      Df  F value   Pr(>F)
group  2   4.1196  0.02275  *
      45
```

```
---

Signif. codes: 0 '***' 0.001 '**' 0.01 '*' 0.05 '.' 0.1 ' ' 1

Warning message:
'levene.test' is deprecated.
Use 'leveneTest' instead.
See help("Deprecated") and help("car-deprecated").
> levene.test(rats$Time, rats$Cure)
Levene's Test for Homogeneity of Variance (center = median)
        Df  F value   Pr(>F)
group    3   5.8248   0.001926  **
        44
---

Signif. codes: 0 '***' 0.001 '**' 0.01 '*' 0.05 '.' 0.1 ' ' 1

Warning message:
'levene.test' is deprecated.
Use 'leveneTest' instead.
See help("Deprecated") and help("car-deprecated").
> bartlett.test(Time~Toxicant, data=rats)

      Bartlett test of homogeneity of variances

data: Time by Toxicant
Bartlett's K-squared = 25.806, df = 2, p-value = 2.49e-06

> bartlett.test(Time~Cure, data=rats)

      Bartlett test of homogeneity of variances

data: Time by Cure
Bartlett's K-squared = 13.055, df = 3, p-value = 0.004519
```

从以上结果可以看到,各 p 值均小于 0.05,这表明在显著性水平 0.05 下两因素下的方差不满足齐性的要求,这与图 6-4 是一致的.

6.4.4 实验 6.4.4 UScereal 数据集的方差分析

用 MASS 包中的 UScereal 数据集,我们研究美国谷物中的卡路里、脂肪和糖含量是否会因为储存架位置的不同而发生变化.其中 1 代表底层货架,2 代表中层货架,3 代表顶层货架.卡路里(calories)、脂肪(fat)和糖(sugars)含量是因变量,货架是 3 水平(1, 2, 3)的自变量.

(1) 单因素多元方差分析

```
> library(MASS)
> attach(UScereal)
> y<-cbind(calories, fat, sugars)
> aggregate(y,by=list(shelf),FUN=mean)

  Group.1 calories       fat    sugars
1       1 119.4774 0.6621338  6.295493
2       2 129.8162 1.3413488 12.507670
3       3 180.1466 1.9449071 10.856821

> cov(y)

           calories       fat     sugars
calories 3895.24210 60.674383 180.380317
fat        60.67438  2.713399   3.995474
sugars    180.38032  3.995474  34.050018
> fit<-manova(y~ shelf)
> summary(fit)

          Df  Pillai approx F num Df den Df  Pr(>F)
shelf      1 0.19594    4.955      3     61 0.00383 **
Residuals 63

Signif. codes: 0 '***' 0.001 '**' 0.01 '*' 0.05 '.' 0.1 ' ' 1

> summary.aov(fit)
Response calories:
          Df Sum Sq Mean Sq F value    Pr(>F)
shelf      1  45313   45313  13.995 0.0003983 ***
Residuals 63 203982    3238
---

Signif. codes: 0 '***' 0.001 '**' 0.01 '*' 0.05 '.' 0.1 ' ' 1
```

```
Response fat:
            Df  Sum Sq  Mean Sq  F value  Pr(>F)
shelf        1  18.421  18.4214    7.476  0.008108  * *
Residuals   63 155.236   2.4641
---

Signif. codes: 0  '* * *'  0.001  '* *'  0.01  '*'  0.05  '.'  0.1  ' '  1

Response sugars:
            Df  Sum Sq  Mean Sq  F value  Pr(>F)
shelf        1  183.34   183.34    5.787  0.01909  *
Residuals   63 1995.87    31.68
---

Signif. codes: 0  '* * *'  0.001  '* *'  0.01  '*'  0.05  '.'  0.1  ' '  1
```

在以上代码中,“cbind( )”函数将三个变量(calories, fat, sugars)合并成一个矩阵.“aggregate( )”函数可获取货架的各个均值,“cov( )”函数则输出个谷物间的方差和协方差.“manova( )”函数能对组间差异进行多元检验.上面的结果 F 值显著,说明三个组的营养成分的观测值不同.由于多元检验是显著地,因此可以用“summary.aov( )”函数对每一个变量作单因素方差分析.从上述结果可以看出,三组的营养成分的观测值都是不同的.

(2) 评估假设检验

单因素多元方差分析有两个前提假设,一个是多元正态性,另一个是方向-协方差矩阵同质性.第一个假设是指因变量组成合成的向量服从一个多元正态分布,可用 QQ 图来验证该假设条件.

如果有 $p \times 1$ 的多元正态随机向量 $\boldsymbol{x}$,均值为 u,协方差矩阵为$\boldsymbol{W}$,那么 $\boldsymbol{x}$ 与 u 的马氏距离的平方服从自由度为 p 的卡方分布.Q-Q 图展示卡方分布的分位数,横、纵坐标分别表示样本量和马氏距离的平方值.如果全部点落在斜率为 1、截距为 0 的直线上,则表明数据服从多元正态分布.

检验多元正态性,其代码如下:

```
> center<-colMeans(y)
> n<-nrow(y)
> p<-ncol(y)
> cov<- cov(y)
```

```
> d<-mahalanobis(y, center, cov)
> coord<-qqplot(qchisq(ppoints(n),df=p),
+ d, main="Q-Q plot Assessing Multivariate Normality",
+ ylab=" mahalanobis D2")
> abline(a=0,b=1)
> identify(coord$x, coord$y, labels=row.names(UScereal))
```

结果如图 6-7 所示.

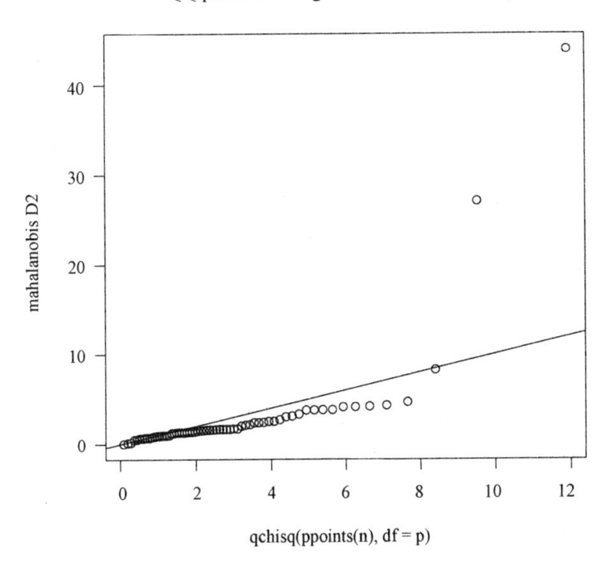

图 6-7 检验多元正态性的 QQ 图

使用 mvoutlier 包中的“aq.plot( )”函数来检验多元离群点,其代码如下:

```
> library(mvoutlier)
> outliers<-aq.plot(y)
> outliers
```

结果如图 6-8 所示.

从图 6-8 可以看到,数据中有离群点.

(3) 稳健多元方差分析

如果多元正态性或者方差-协方差均值假设都不满足,又或者担心多元离群点,那么可以考虑用稳健检验.稳健单因素 MANOVA 可通过 rrcov 包中的“Wilks.test( )”函数实现.代码如下:

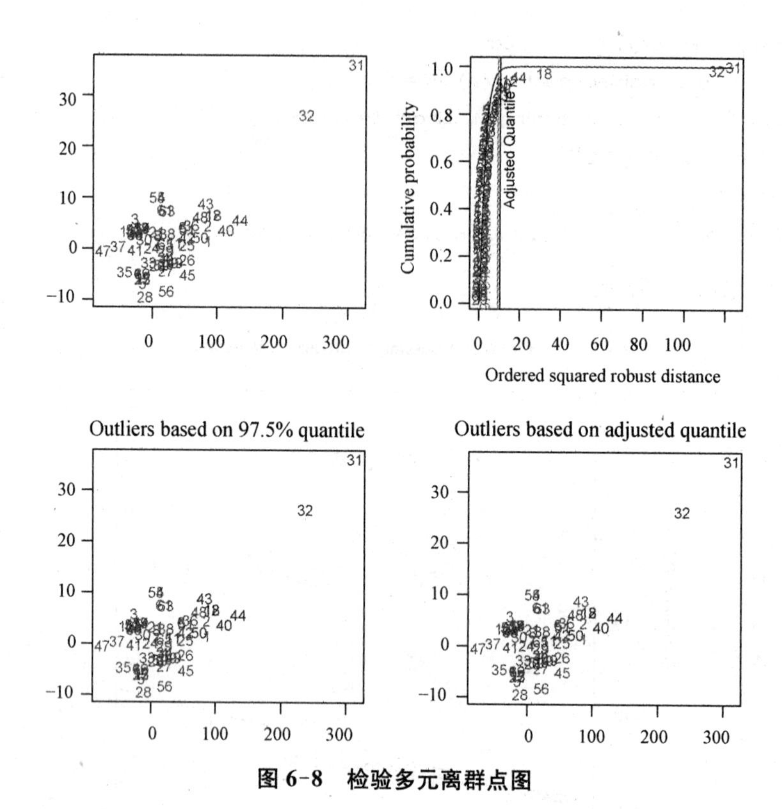

图 6-8 检验多元离群点图

```
> library(rrcov)
> Wilks.test(y, shelf, method = "mcd")
```

结果如下：

```
        Robust One-way MANOVA(Bartlett Chi2)
data: x
Wilks' Lambda = 0.51073, Chi2-Value = 23.8410, DF = 4.8595, p-value
= 0.0002041
sample estimates:
   calories        fat     sugars
1  119.8210  0.7010828   5.663143
2  128.0407  1.1849576  12.537533
3  160.8604  1.6524559  10.352646
```

从以上结果来看，稳健检验对离群点和违反 MANOVA 假设的情况不敏感，而且再一次验证了储存在货架顶部、中部和底部的谷物营养成分含量不同.

7 聚类分析

将认识对象进行分类是人类认识世界的一种重要方法,比如有关世界的时间进程的研究,就形成了历史学,有关世界空间地域的研究,则形成了地理学.又如在生物学中,为了研究生物的演变,需要对生物进行分类,生物学家根据各种生物的特征,将它们归属于不同的界、门、纲、目、科、属、种之中.事实上,分门别类地对事物进行研究,要远比在一个混杂多变的集合中更清晰、明了和细致,这是因为同一类事物会具有更多的近似特性.在企业的经营管理中,为了确定其目标市场,首先要进行市场细分.因为无论一个企业多么庞大和成功,它也无法满足整个市场的各种需求.而市场细分,可以帮助企业找到适合自己特色,并使企业具有竞争力的分市场,将其作为自己的重点开发目标.

俗话说"物以类聚,人以群分".那么什么是分类的根据呢?比如,要想把中国的县分成若干类,就有很多种分类法,可以按照自然条件来分,比如考虑降水、土地、日照等各方面;也可以考虑收入、教育水平、医疗条件、基础设施等指标;既可以用某一项来分类,也可以同时考虑多项指标来分类.

通常,人们可以凭经验和专业知识来实现分类.本章要介绍的分类的方法称为聚类分析(cluster analysis).聚类分析作为一种定量方法,将从数据分析的角度给出一个更准确、细致的分类工具.通常把对样品的聚类称为称为 Q 型聚类,对变量(指标)的聚类称为 R 型聚类.

7.1 聚类分析的基本思想与意义

聚类分析的基本思想是在样品之间定义距离,在变量之间定义相似系数,距离或相似系数代表样品或变量之间的相似程度.按照相似程度的大小,将样品(或变量)逐一归类,关系密切的类聚集到一个小的分类单位,然后逐步扩大,使得关系疏远的聚合到一个大的分类单位,直到所有的样品(或变量)都聚集完毕,形成一个表示亲疏关系的聚类图,依次按照某些要求对样品(或变量)进行分类.

按照远近程度来聚类需要明确两个概念:一个是点和点之间的距离,一个是类和类之间的距离.点间距离有很多定义方式,最简单的是欧氏距离,当然还有许多其他的距离.根据距离来决定两点间的远近是最自然不过了.当然还有一些和距离不同但起类似作用的概念,比如相似性等,两点越相似,就相当于距离越近.

由一个点组成的类是最基本的类,如果每一类都由一个点组成,那么点间的距离就是类间距离.但是如果某一类包含不止一个点,那么就要确定类间距离.类间距离是基于点间距离定义的,它也有许多定义的方法,比如两类之间最近点之间的距离可以作为这两类之间的距离,也可以用两类中最远点之间的距离作为这两类之间的距离,当然也可以用各类的中心之间的距离来作为类间距离.在计算时,各种点间距离和类间距离的选择一般是通过软件实现的(除一些比较简单的问题外),选择不同的距离结果可能会不同.

7.2 Q型聚类分析

如何度量距离远近?首先要定义两点之间的距离或相似度量,再根据点之间的距离定义类间距离.

7.2.1 两点之间的距离

设有 n 个样品的多元观测数据 $\boldsymbol{x}_i=(x_{i1}, x_{i2}, \cdots, x_{ip})^{\mathrm{T}}$, $i=1, 2, \cdots, n$.此时,每个样品可以看成 p 维空间的一个点,n 个样品组成 p 维空间的 n 个点.我们自然用各点之间的距离来衡量各样品之间的相似性程度(或靠近程度).

设 $d(\boldsymbol{x}_i, \boldsymbol{x}_j)$ 是样品 $\boldsymbol{x}_i$ 和 $\boldsymbol{x}_j$ 之间的距离,一般要求它满足下列条件:

(1) $d(\boldsymbol{x}_i, \boldsymbol{x}_j)\geqslant 0$,且 $d(\boldsymbol{x}_i, \boldsymbol{x}_j)=0$ 当且仅当 $\boldsymbol{x}_i=\boldsymbol{x}_j$;

(2) $d(\boldsymbol{x}_i, \boldsymbol{x}_j)=d(\boldsymbol{x}_j, \boldsymbol{x}_i)$;

(3) $d(\boldsymbol{x}_i, \boldsymbol{x}_j)\leqslant d(\boldsymbol{x}_i, \boldsymbol{x}_k)+d(\boldsymbol{x}_k, \boldsymbol{x}_j)$.

在聚类分析中,有些距离不满足(3),我们在广义的意义下仍然称它为距离.

以下介绍聚类分析中常用的距离.常用的距离有欧氏(Euclidean)距离、绝对距离、马氏(Mahalanobis)距离等.

假定有 n 个样品的多元数据,对于 $i, j=1, 2, \cdots, n$, $d(\boldsymbol{x}_i, \boldsymbol{x}_j)$ 为 p 维点(向量) $\boldsymbol{x}_i=(x_{i1}, x_{i2}, \cdots, x_{ip})^{\mathrm{T}}$ 和 $\boldsymbol{x}_j=(x_{j1}, x_{i2}, \cdots, x_{jp})^{\mathrm{T}}$ 之间的距离,记为 $d_{ij}=d(\boldsymbol{x}_i, \boldsymbol{x}_j)$.

(1) 欧氏距离

$$d_{ij}=\sqrt{\sum_{k=1}^{p}(x_{ik}-y_{jk})^2}$$

欧氏距离是最常用的，它的主要优点是当坐标轴进行旋转时，欧氏距离是保持不变的.因此，如果对原坐标系进行平移和旋转变换，则变换后样本点间的距离和变换前完全相同.

称

$$\boldsymbol{D}=(d_{ij})_{n\times n}=\begin{pmatrix} 0 & d_{12} & \cdots & d_{1n} \\ d_{21} & 0 & \cdots & d_{2n} \\ \vdots & \vdots & \ddots & \vdots \\ d_{n1} & d_{n2} & \cdots & 0 \end{pmatrix}$$

为距离矩阵，其中 $d_{ij}=d_{ji}$（这说明距离矩阵是对称矩阵）.

(2) 绝对距离

$$d_{ij}=\sum_{k=1}^{p}|x_{ik}-y_{jk}|.$$

(3) 马氏距离

$$d_{ij}=\sqrt{(\boldsymbol{x}_i-\boldsymbol{x}_j)^{\mathrm{T}}\boldsymbol{S}^{-1}(\boldsymbol{x}_i-\boldsymbol{x}_j)},$$

其中，$\boldsymbol{S}$ 是由 $x_1, x_2, \cdots, x_n$ 得到的协方差矩阵 $\boldsymbol{S}=\frac{1}{n-1}\sum_{i=1}^{n}(\boldsymbol{x}_i-\bar{\boldsymbol{x}})(\boldsymbol{x}_i-\bar{\boldsymbol{x}})^{\mathrm{T}}$，$\bar{\boldsymbol{x}}=\frac{1}{n}\sum_{i=1}^{n}\boldsymbol{x}_i$.

显然，当 $\boldsymbol{S}$ 为单位矩阵时，马氏距离即化简为欧氏距离.在实际问题中协方差矩阵 $\boldsymbol{S}$ 往往是未知的，常需要用样本协方差矩阵来估计.需要说明的是，马氏距离对一切线性变换都是不变的，所以不受量纲的影响.

值得注意的是，当变量的量纲不同时，观测值的变异范围相差悬殊时，一般首先对数据进行标准化处理，然后再计算距离.

7.2.2 两类之间的距离

开始时每个对象自成一类，然后每次将最相似的两类合并，合并后重新计算新类与其他类的距离或相似程度.

常用的类间距离主要有最短距离法、最长距离法、重心法、类平均法等.

设有两个样品类 G_1 和 G_2，用 $D(G_1, G_2)$ 表示在属于 G_1 的样品 $\boldsymbol{x}_i$ 和属于 G_2 的样品 $\boldsymbol{y}_i$ 之间的距离，那么下面就是一些类间距离的定义.

(1) 最短距离法

$$D(G_1, G_2)=\min_{\boldsymbol{x}_i\in G_1,\ \boldsymbol{y}_j\in G_2}\{d(\boldsymbol{x}_i, \boldsymbol{y}_j)\}.$$

(2) 最长距离法

$$D(G_1, G_2) = \max_{x_i \in G_1, y_j \in G_2} \{d(\boldsymbol{x}_i, \boldsymbol{y}_j)\}.$$

(3) 重心法

$$D(G_1, G_2) = d(\bar{\boldsymbol{x}}, \bar{\boldsymbol{y}}),$$

其中，$\bar{\boldsymbol{x}}$，$\bar{\boldsymbol{y}}$ 分别为 G_1 和 G_2 的重心，$\bar{\boldsymbol{x}} = \frac{1}{n}\sum_{i=1}^{n}\boldsymbol{x}_i$.

(4) 类平均法

$$D(G_1, G_2) = \frac{1}{n_1 n_2}\sum_{x_i \in G_1}\sum_{y_j \in G_2} d(\boldsymbol{x}_i, \boldsymbol{y}_j),$$

其中，n_1，n_2 分别为 G_1，G_2 中样品的个数.

7.2.3 系统聚类法

确定了两点之间的距离和两类之间的距离后就要对研究对象进行分类.最常用的一种聚类方法是分层聚类(hierarchical cluster)法，也称为系统聚类法.

首先将所有样品各自作为一类，并规定样品间的距离和类间的距离，然后将距离最近的两类合并成一类，计算新类与其他类间的距离.重复进行两个最近类的合并，每次减少一类，直到所有样品合并为一类，并把这个过程画成一张聚类图.因为聚类图像一张系统图，所以这种聚类方法也叫系统聚类法.

在 R 软件中，“hclust( )”函数提供了聚类分析的计算，用“plot( )”函数画出聚类图.

“hclust( )”函数的调用格式为

```
hclust(d, method = "complete", ... )
```

其中，“d”是由“dist”构成的距离结构，method 是系统聚类的方法(默认是最长距离法)，如 single(最短距离法)，complete(最长距离法)，centroid(重心法)，average(类平均法)等.

7.2.4 *k* 均值聚类

系统聚类法的每一步都要计算“类间距离”，计算量比较大，特别是当样品量比较大时，系统聚类法需要占很大内存空间，计算也比较费时间.为了克服这个不足，Mac Queen(1967)提出了一种动态快速聚类方法——k 均值聚类(k-means cluster)法.其基本思想是：根据规定的参数 k，先把所有对象粗略地分为 k 类，然后按照某种最优原则(可以表示为一个准则函数)修改不合理的分类,直到准则函数收敛为止,这样就给出了最终的分类结果.

在 R 软件中,“kmeans( )”函数提供了 k 均值聚类,调用格式为

```
kmeans(x, centers, iter.max = 10, nstart = 1, algorithm = c(" Hartigan - Wong",
"Llogd", "Fotgy","MacQueen"))
```

其中,“x”为数据矩阵或数据框,centers 为聚类数或初始类的中心,iter.max 为最大迭代次数(缺省值为 10),nstart 是随机集的个数(当 centers 为聚类数时),algorithm 为动态聚类的算法(缺省值为 Hartigan-Wong 方法).

7.3 R 型聚类分析

在实际工作中,变量聚类法的应用也是十分重要的.在系统分析或评估过程中,为避免遗漏某些重要因素,往往在一开始选取指标时,尽可能多地考虑所有的相关因素.而这样做的结果,则是变量过多,变量间的相关度高,给系统分析与建模带来很大的不便.因此,人们常常希望能研究变量间的相似关系,按照变量的相似关系把它们聚合成若干类,进而找出影响系统的主要因素.

7.3.1 变量相似性度量

在对变量进行聚类分析时,首先要确定变量的相似性度量,常用的变量相似性度量有以下两种.

(1) 相关系数

记变量 $\boldsymbol{x}_j$ 的取值 $(x_{1j}, x_{2j}, \cdots, x_{nj})^{\mathrm{T}} \in \mathbf{R}^n (j=1, 2, \cdots, n)$,则可以用两变量 x_j 与 x_k 的样本相关系数作为它们的相似性度量,即

$$r_{jk}=\frac{\sum_{i=1}^{n}(x_{ij}-\bar{x}_j)(x_{ik}-\bar{x}_k)}{\sqrt{\sum_{i=1}^{n}(x_{ij}-\bar{x}_j)^2\sum_{i=1}^{n}(x_{ik}-\bar{x}_k)^2}},$$

其中,$\bar{x}_j=\dfrac{1}{n}\sum_{i=1}^{n}x_{ij}, j=1, 2, \cdots, n.$

在对变量进行聚类分析时,利用相关系数矩阵 $(r_{jk})_{n\times n}$ 是最多的.

(2) 夹角余弦

可以直接利用两个变量 $\boldsymbol{x}_j$ 与 $\boldsymbol{x}_k$ 的夹角余弦 r_{jk} 来定义它们的相似性度量,有

$$r_{jk}=\frac{\sum_{i=1}^{n}x_{ij}x_{ik}}{\sqrt{\sum_{i=1}^{n}x_{ij}^{2}\sum_{i=1}^{n}x_{ik}^{2}}}.$$

这是解析几何中两个向量夹角余弦的概念在 n 维空间的推广.

在对变量进行聚类分析时,也常利用夹角余弦矩阵 $(r_{jk})_{n\times n}$.

各种定义的相似度量均应具有以下两个性质:

(1) $|r_{jk}|\leqslant 1$, 对于一切 j, k;

(2) $r_{jk}=r_{kj}$, 对于一切 j, k.

$|r_{jk}|$ 越接近于 1, x_j 与 x_k 越相关或越相似; $|r_{jk}|$ 越接近于 0, x_j 与 x_k 的相似性越弱.

7.3.2 变量聚类法

类似于样本集合聚类分析中最常用的最短距离法、最长距离法等,在变量聚类分析中,常用的有最长距离法、最短距离法、类平均法等.

设有两类变量 G_1 和 G_2, 用 $R(G_1, G_2)$ 表示它们之间的距离.

(1) 最长距离法

定义两类变量的距离为

$$R(G_1, G_2)=\max_{x_i\in G_1,\ y_k\in G_2}\{d_{ik}\},$$

即用两类中样品之间的距离最长者作为两类之间的距离.

(2) 最短距离法

定义两类变量的距离为

$$R(G_1, G_2)=\min_{x_i\in G_1,\ y_k\in G_2}\{d_{ik}\},$$

即用两类中样品之间的距离最短者作为两类之间的距离.

(3) 类平均法

定义两类变量的距离为

$$R(G_1, G_2)=\frac{1}{n_1 n_2}\sum_{x_i\in G_1}\sum_{y_k\in G_2}\{d_{ik}\},$$

其中, n_1, n_2 分别为 G_1, G_2 中样品的个数.即用两类中所有样品之间的距离的平均作为两类之间的距离.

7.4 实　　验

实验目的：通过实验学会聚类分析.

7.4.1 实验 7.4.1 iris 数据集的聚类分析

在实验 2.3.2 中曾对 iris 数据集进行描述和展示，在实验 2.3.4 中曾对 iris 数据集进行可视化.以下将对 iris 数据集进行进行聚类分析.

根据实验 2.3.4，我们只知道数据集内有三个品种鸢尾花而不知道每朵花的真正分类，只能凭借花萼及花瓣的长度和宽度分类.

以下对鸢尾花 iris 数据集进行聚类分析，代码如下：

```
> data(iris); attach(iris)
> iris.hc1<-hclust(dist(iris[,1:4]))
> # plot(iris.hc1, hang = -1)
> plclust(iris.hc1,labels = FALSE, hang= -1)
> re<-rect.hclust(iris.hc1,k=3)
> iris.id <- cutree(iris.hc1,3)
> table(iris.id,Species)
```

结果如图 7-1 所示.

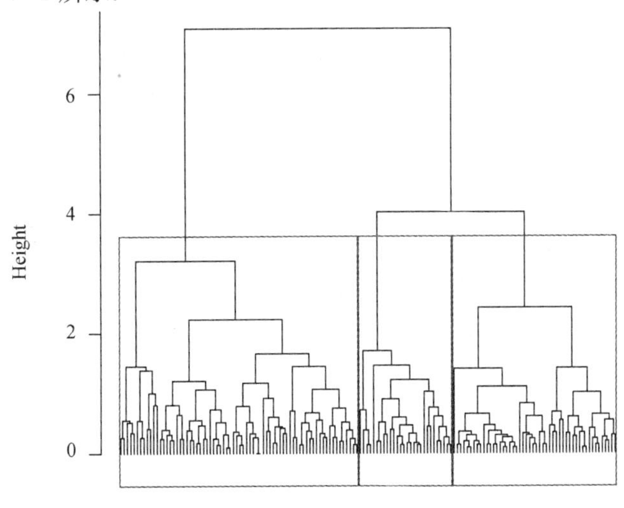

图 7-1 聚类图

在以上代码中,用函数“hclust( )”进行聚类分析,输出结果保存在“iris.hc1”中,用函数“rect.hclust( )”按给定的类的个数(或阈值)进行聚类,并用函数“plclust( )”代替“plot( )”绘制聚类图(两者使用方法基本相同),各类用边框界定,选项“labels=FALSE”只是为了省去数据的标签.函数“cuttree( )”将“iris.hc1”输出编制成 3 组.

图 7-1 是将两相近(距离最短)的数据向量连接在一起,然后进一步组合,直至所有数据都连接在一起;函数“cuttree( )”将数据 iris 分类结果“iris.hc”编为三组,分别以 1, 2, 3 表示,保存在“iris.id”中.将“iris.id”与 iris 中 Species 作比较发现,1 应该是 setosa 类,2 应该是 virginica 类,3 是 versicolor.

7.4.2 实验 7.4.2 城镇居民消费性支出的聚类分析

表 7-1 给出了我国 31 个省、市、自治区 1999 年城镇居民家庭平均每人全年消费支出的 8 个指标:

x_1:人均食品支出(元、人);

x_2:人均衣着商品支出(元、人);

x_3:人均家庭设备用品及服务支出(元、人);

x_4:人均医疗保健支出(元、人);

x_5:人均交通和通讯支出(元、人);

x_6:人均娱乐教育文化服务支出(元、人);

x_7:人均居住支出(元、人);

x_8:人均杂项商品和服务支出(元、人).

表 7-1　全国城镇居民平均每人全年消费性支出的数据

序号	x_1	x_2	x_3	x_4	x_5	x_6	x_7	x_8
1	2 959.19	730.79	749.41	513.34	467.87	1 141.82	478.42	457.64
2	2 459.77	495.47	697.33	302.87	284.19	735.97	570.84	305.08
3	1 495.63	515.90	362.37	285.32	272.95	540.58	364.91	188.63
4	1 046.33	477.77	290.15	208.57	201.50	414.72	281.84	212.10
5	1 303.97	524.29	254.83	192.17	249.81	463.09	287.87	192.96
6	1 730.84	553.90	246.91	279.81	239.18	445.20	330.24	163.86
7	1 561.86	492.42	200.49	218.36	220.69	459.62	360.48	147.76
8	1 410.11	510.71	211.88	277.11	224.65	376.82	317.61	152.85
9	3 712.31	550.74	893.37	346.93	527.00	1 034.98	720.33	462.03
10	2 207.58	449.37	572.40	211.92	302.09	585.23	429.77	252.54

(续表)

序号	x_1	x_2	x_3	x_4	x_5	x_6	x_7	x_8
11	2 629.16	557.32	689.73	435.69	514.66	795.87	575.76	323.36
12	1 844.78	430.29	271.28	126.33	250.56	513.18	314.00	151.39
13	2 709.46	428.11	334.12	160.77	405.14	461.67	535.13	232.29
14	1 563.78	303.65	233.81	107.90	209.70	393.99	509.39	160.12
15	1 675.75	613.32	550.71	219.79	272.59	599.43	371.62	211.84
16	1 427.65	431.79	288.55	208.14	217.00	337.76	421.31	165.32
17	1 783.43	511.88	282.84	201.01	237.60	617.74	523.52	182.52
18	1 942.23	512.27	401.39	206.06	321.29	697.22	492.60	226.45
19	3 055.17	353.23	564.56	356.27	811.88	873.06	1 082.82	420.81
20	2 033.87	300.82	338.65	157.78	329.06	621.74	587.02	218.27
21	2 057.86	186.44	202.72	171.79	329.65	477.17	312.93	279.19
22	2 303.29	589.99	516.21	236.55	403.92	730.05	438.41	225.80
23	1 974.28	507.76	344.79	203.21	240.24	575.10	430.36	223.46
24	1 673.82	437.75	461.61	153.32	254.66	445.59	346.11	191.48
25	2 194.25	537.01	369.07	249.54	290.84	561.91	407.70	330.95
26	2 646.61	839.70	204.44	209.11	379.30	371.04	269.59	389.33
27	1 472.95	390.89	447.95	259.51	230.61	490.90	469.10	191.34
28	1 525.57	472.98	328.90	219.86	206.65	449.69	249.66	228.19
29	1 654.69	437.77	258.78	303.00	244.93	479.53	288.56	236.51
30	1 375.46	480.99	273.84	317.32	251.08	424.75	228.73	195.93
31	1 608.82	536.05	432.46	235.82	250.28	541.30	344.85	214.40

说明：在表 7-1 中，序号 1—31，分别代表：北京，天津，河北，山西，内蒙古，辽宁，吉林，黑龙江，上海，江苏，浙江，安徽，福建，江西，山东，河南，湖北，湖南，广东，广西，海南，重庆，四川，贵州，云南，西藏，陕西，甘肃，青海，宁夏，新疆.

以下根据表 7-1 导入数据并画聚类图，其代码如下：

```
> x1 = c(2959.19, 2459.77, 1495.63, 1046.33, 1303.97, 1730.84,
+ 1561.86, 1410.11, 3712.31, 2207.58, 2629.16, 1844.78,
+ 2709.46, 1563.78, 1675.75, 1427.65, 1783.43, 1942.23,
+ 3055.17, 2033.87, 2057.86, 2303.29, 1974.28, 1673.82,
+ 2194.25, 2646.61, 1472.95, 1525.57, 1654.69, 1375.46,
+ 1608.82)
> x2 = c(730.79, 495.47, 515.90, 477.77, 524.29, 553.90, 492.42,
```

```
+ 510.71, 550.74, 449.37, 557.32, 430.29, 428.11, 303.65,
+ 613.32, 431.79, 511.88, 512.27, 353.23, 300.82, 186.44,
+ 589.99, 507.76, 437.75, 537.01, 839.70, 390.89, 472.98,
+ 437.77, 480.99, 536.05)
> x3 = c(749.41, 697.33, 362.37, 290.15, 254.83, 246.91, 200.49,
+ 211.88, 893.37, 572.40, 689.73, 271.28, 334.12, 233.81,
+ 550.71, 288.55, 282.84, 401.39, 564.56, 338.65, 202.72,
+ 516.21, 344.79, 461.61, 369.07, 204.44, 447.95, 328.90,
+ 258.78, 273.84, 432.46)
> x4 = c(513.34, 302.87, 285.32, 208.57, 192.17, 279.81, 218.36,
+ 277.11, 346.93, 211.92, 435.69, 126.33, 160.77, 107.90,
+ 219.79, 208.14, 201.01, 206.06, 356.27, 157.78, 171.79,
+ 236.55, 203.21, 153.32, 249.54, 209.11, 259.51, 219.86,
+ 303.00, 317.32, 235.82)
> x5 = c(467.87, 284.19, 272.95, 201.50, 249.81, 239.18, 220.69,
+ 224.65, 527.00, 302.09, 514.66, 250.56, 405.14, 209.70,
+ 272.59, 217.00, 237.60, 321.29, 811.88, 329.06, 329.65,
+ 403.92, 240.24, 254.66, 290.84, 379.30, 230.61, 206.65,
+ 244.93, 251.08, 250.28)
> x6 = c(1141.82, 735.97, 540.58, 414.72, 463.09, 445.20, 459.62,
+ 376.82, 1034.98, 585.23, 795.87, 513.18, 461.67, 393.99,
+ 599.43, 337.76, 617.74, 697.22, 873.06, 621.74, 477.17,
+ 730.05, 575.10, 445.59, 561.91, 371.04, 490.90, 449.69,
+ 479.53, 424.75, 541.30)
> x7 = c(478.42, 570.84, 364.91, 281.84, 287.87, 330.24, 360.48,
+ 317.61, 720.33, 429.77, 575.76, 314.00, 535.13, 509.39,
+ 371.62, 421.31, 523.52, 492.60, 1082.82, 587.02, 312.93,
+ 438.41, 430.36, 346.11, 407.70, 269.59, 469.10, 249.66,
+ 288.56, 228.73, 344.85)
> x8 = c(457.64, 305.08, 188.63, 212.10, 192.96, 163.86, 147.76,
+ 152.85, 462.03, 252.54, 323.36, 151.39, 232.29, 160.12,
+ 211.84, 165.32, 182.52, 226.45, 420.81, 218.27, 279.19,
+ 225.80, 223.46, 191.48, 330.95, 389.33, 191.34, 228.19,
+ 236.51, 195.93, 214.40)
> X = data.frame(x1, x2,x3,x4,x5,x6,x7,x8)
> row.names = c("1","2","3","4","5","6","7","8","9","10",
+ "11","12","13","14","15","16","17","18","19","20",
```

```
+ "21","22","23","24","25","26","27","28","29","30","31"),
> hc1 <- hclust(d); hc2 <- hclust(d, "average")
> hc3 <- hclust(d, "complete")
> opar<-par(mfrow=c(2,1), mar=c(5.2,4,0,0))
> plot (hc1, hang=-1); re1<-rect.hclust(hc1, k=4, border="red")
> plot (hc2, hang=-1); re2<-rect.hclust(hc2, k=4, border="red")
> par(opar)
```

结果如图 7-2 所示.

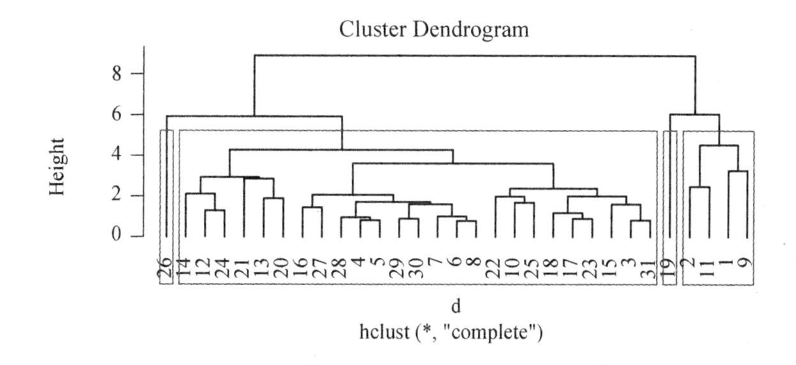

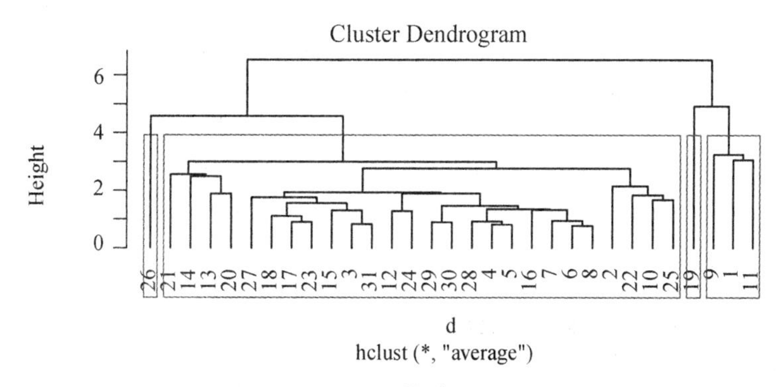

图 7-2 聚类图

根据图 7-2,按照最长距离法(complete),分为四类:

第一类:西藏(序号:26)

第二类:广东(序号:19)

第三类:天津(序号:2),浙江(序号:11),北京(序号:1),上海(序号:9)

第四类:除上述第一,二,三类的其他省、市、自治区

根据图 7-3,按照类平均法(average),分为四类:

第一类:西藏(序号:26)

第二类：广东(序号：19)

第三类：上海(序号：9)，北京(序号：1)，浙江(序号：11)

第四类：除上述第一，二，三类的其他省、市、自治区

以上两种聚类法的结果基本相同，只是天津有所不同(在最长距离法中，天津在第三类；而在类平均法中天津在第四类).

7.4.3 实验7.4.3 城镇居民消费性支出的 k 均值聚类

在实验7.4.2中，对城镇居民消费性支出进行了聚类分析.现在进行 k 均值聚类，类的个数为5，动态聚类的算法为缺省值(Hartigan-Wong方法)，其代码如下：

```
> km <- kmeans(scale(X), 5, nstart = 20); km
```

结果如下：

```
K-means clustering with 5 clusters of sizes 1, 1, 10, 3, 16

Cluster means:
         x1          x2         x3         x4          x5         x6
1  1.1255255  2.91079330 -1.0645632 -0.4082114  0.53291392 -1.0476079
2  1.8042004 -1.12776493  0.9368961  1.2959544  3.90904835  1.6014419
3  0.2646918  0.04585518  0.2487958 -0.3405821 -0.01812541  0.2587437
4  1.8790347  1.02836873  2.1203833  2.1727806  1.49972764  2.2232050
5 -0.7008593 -0.33291790 -0.5450901 -0.2500165 -0.54749319 -0.6131804
         x7          x8
1 -0.9562089  1.66126641
2  3.8803141  2.01876530
3  0.2874133 -0.02413414
4  0.9583064  1.94532737
5 -0.5420723 -0.57966702

Clustering vector:
[1] 4 3 5 5 5 5 5 5 4 3 4 5 3 5 3 5 3 3 2 3 5 3 3 5 3 1 5 5 5 5 5
```

其中，size表示各类的个数，means表示各类的均值，Clustering表示聚类后的分类情况.

把最后分类序号与各地区名称列表，见表7-2.

表 7-2 聚类结果列表

地区名称	北京	天津	河北	山西	内蒙古	辽宁	吉林	黑龙江	上海	江苏	浙江
分类序号	4	3	5	5	5	5	5	5	4	3	4
地区名称	安徽	福建	江西	山东	河南	湖北	湖南	广东	广西	海南	重庆
分类序号	5	3	5	3	5	3	3	2	3	5	3
地区名称	四川	贵州	云南	西藏	陕西	甘肃	青海	宁夏	新疆		
分类序号	3	5	3	1	5	5	5	5	5		

表 7-2 的结果说明如下(第一至第五类包含地区个数分别为 1，1，10，3，16)：

第一类:西藏;

第二类:广东;

第三类:天津,江苏,福建,山东,湖北,湖南,广西,重庆,四川,云南;

第四类:北京,上海,浙江;

第五类:河北,山西,内蒙古,辽宁,吉林,黑龙江,安徽,江西,河南,海南,贵州,陕西,甘肃,青海,宁夏,新疆.

以上聚类结果与实验 7.4.2(按照最长距离法和类平均法)的聚类结果相比,第一类和第二类相同,第四类与实验 7.4.2 中的类平均法的第三类相同,第三类和第五类合并在一起与实验 7.2.2 中的类平均法的第四类相同.

7.4.4 实验 7.4.4 城镇居民消费性支出中 8 个变量的聚类分析

在实验 7.4.2 中 31 个样品(省市和自治区)进行了聚类分析.现在对实验 7.4.2 中的 8 个变量进行聚类分析.

(1) 在实验 7.4.2 的基础上,先求相关矩阵

```
> cor(X)
```

结果如下:

	x1	x2	x3	x4	x5	x6	x7	x8
x1	1.0000000	0.24297082	0.6920383	0.4642851	0.82409962	0.7656344	0.6708148	0.8621872
x2	0.2429708	1.00000000	0.2578347	0.4233231	0.08588395	0.2551645	−0.2011818	0.3492593
x3	0.6920383	0.25783471	1.0000000	0.6208010	0.58531622	0.8564272	0.5685944	0.6674249
x4	0.4642851	0.42332308	0.6208010	1.0000000	0.53125636	0.6836116	0.3139745	0.6282224
x5	0.8240996	0.08588395	0.5853162	0.5312564	1.00000000	0.7081234	0.8004255	0.7762909
x6	0.7656344	0.25516453	0.8564272	0.6836116	0.70812343	1.0000000	0.6472009	0.7448869
x7	0.6708148	−0.20118179	0.5685944	0.3139745	0.80042554	0.6472009	1.0000000	0.5250327
x8	0.8621872	0.34925934	0.6674249	0.6282224	0.77629090	0.7448869	0.5250327	1.0000000

(2) 根据(1)的相关矩阵画8个变量的聚类图

```
> names<-c("x1", "x2", "x3", "x4", "x5", "x6", "x7", "x8")
> r<-matrix(cor(X), nrow=8, dimnames= list(names, names))
> d<-as.dist(1-r); hc<-hclust(d); dend<-as.dendrogram(hc)
> nP<-list(col=3:2, cex=c(2.0, 0.75), pch= 21:22,
+ bg= c("light blue", "pink"),
+ lab.cex = 1.0, lab.col = "tomato")
> addE <- function(n){
+ if(! is.leaf(n)){
+ attr(n,"edgePar")<-list(p.col="plum")
+ attr(n,"edgetext")<-paste(attr(n,"members"),"members")
+ }
+ n
+ }
> de <- dendrapply(dend, addE); plot(de, nodePar= nP)
```

结果如图7-3所示.

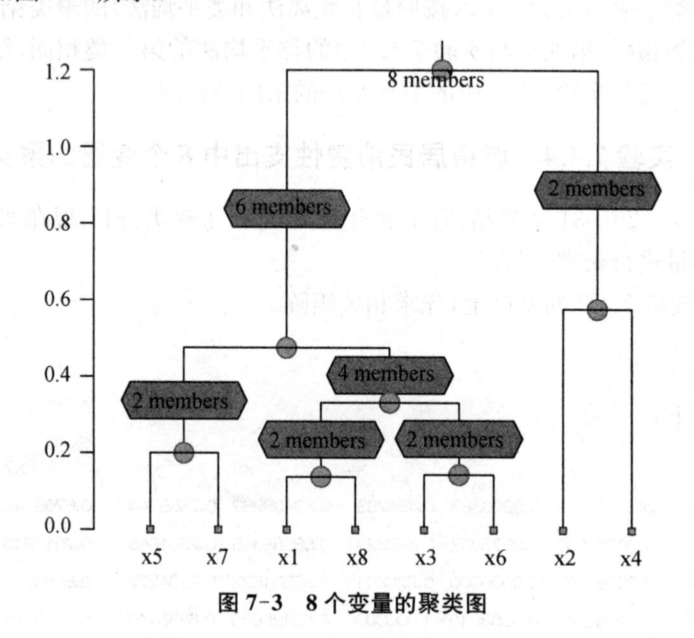

图7-3 8个变量的聚类图

从图7-3可以看出，x_1，x_8 先并为一类，其次是 x_3，x_6 并为一类，再合并就是新得到的两类合并为一类，然后合并就是 x_5，x_7 合并为一类，再往下合并就是 x_2，x_4 最后合并为一类.

在聚类过程中类的个数如何确定才适宜呢？至今没有令人满意的方法.在R软件中，与确定类的个数有关的函数是“rect.hclust( )”，它本质上是由类的个数或阈值来确定聚类的情况，其调用格式为

```
rect.hclust(tree, k = NULL, which = NULL, x = NULL, h = NULL, border = 2,
cluster = NULL)
```

其中，“tree”是由 hclust 生成的结构；k 是类的个数；h 是聚类图中的阈值；border 是数或向量，标明矩形框的颜色.

在前面的问题中，如果分为 2 类，即 $k=2$，其 R 代码如下：

```
plclust(hc, hang=-1); re<-rect.hclust(hc, k=2)
```

结果如图 7-4 所示.

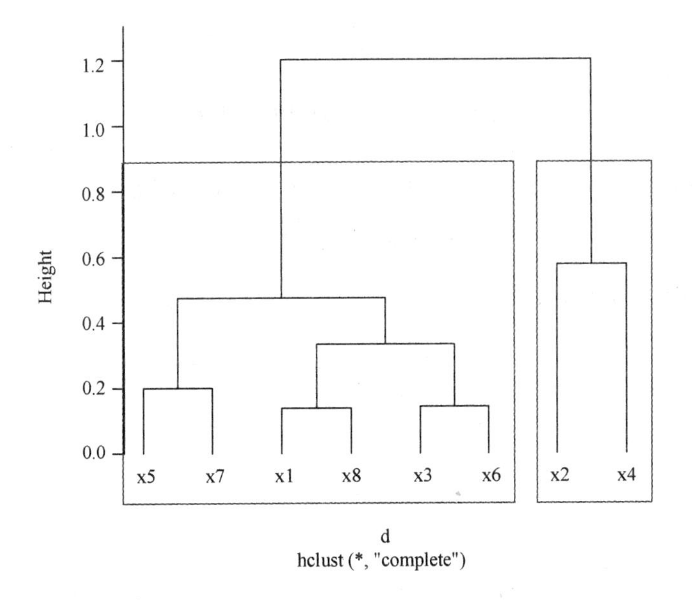

图 7-4　8 个变量的聚类图($k=2$)

从图 7-4 可以看出，x_5，x_7，x_1，x_8，x_3，x_6 为第一类；x_2，x_4 为第二类.

在前面的问题中，如果分为 3 类，即 $k=3$，其 R 代码如下：

```
plclust(hc, hang=-1); re<-rect.hclust(hc, k=3)
```

结果如图 7-5 所示.

以图 7-5 可以看出，x_5，x_7，x_1，x_8，x_3，x_6 为第一类；x_2 为第二类；x_4 为第三类.

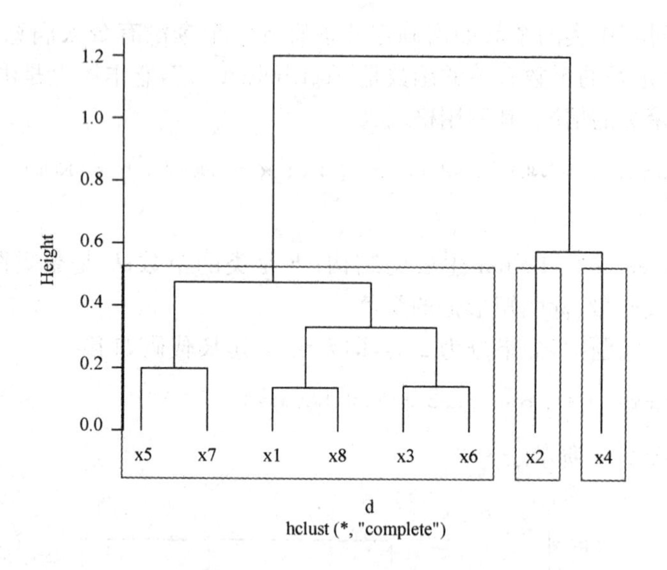

图 7-5 8 个变量的聚类图($k=3$)

在前面的问题中,如果分为 4 类,即 $k=4$,其 R 代码如下:

```
plclust(hc, hang= - 1); re<-rect.hclust(hc, k=4)
```

结果如图 7-6 所示.

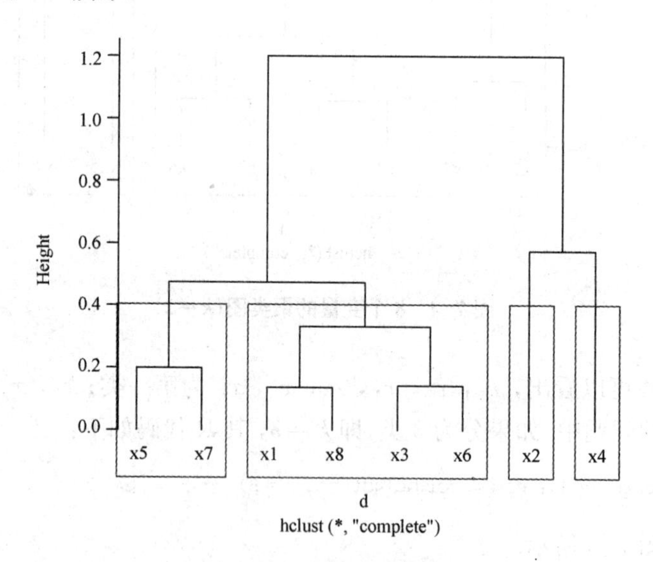

图 7-6 8 个变量的聚类图($k=4$)

从图 7-6 可以看出，x_5，x_7 为第一类；x_1，x_8，x_3，x_6 为第二类；x_2 为第三类；x_4 为第四类.

在前面的问题中，如果分为 5 类，即 $k=5$，其 R 代码如下：

```
plclust(hc, hang= -1); re<-rect.hclust(hc, k=5)
```

结果如图 7-7 所示.

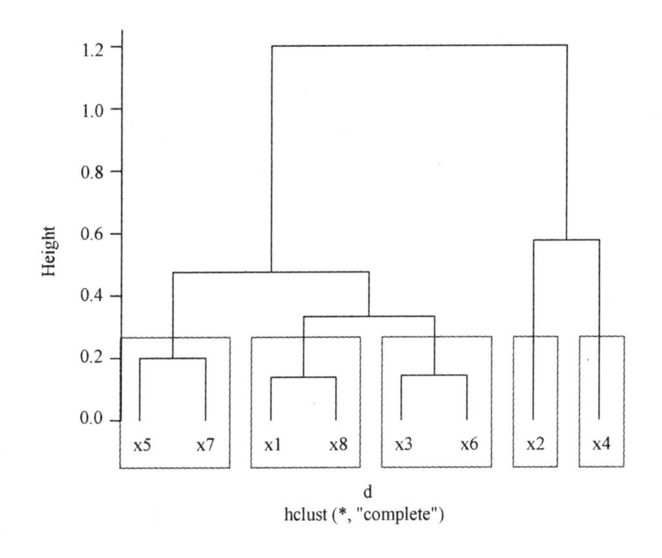

图 7-7　8 个变量的聚类图($k=5$)

从图 7-7 可以看出，x_5，x_7 为第一类；x_1，x_8 为第二类；x_3，x_6 为第三类；x_2 为第四类；x_4 为第五类.

8 判别分析

在自然科学和社会科学的研究中,研究对象用某种方法已划分为若干类型.当得到一个新的样本数据(通常为多元数据),要确定该样品属于已知类型中哪一类,这类问题属于判别分析(discriminate analysis).判别分析是以判别个体所属群体的一种统计方法,它产生于20世纪30年代.近些年来,判别分析在许多领域中得到广泛应用.

人们常说"像诸葛亮那么神机妙算""像泰山那么稳固""如钻石那样坚硬"等等.看来,一些判别标准都是有原型的,而不是凭空想出来的.虽然这些判别的标准并不全是那么精确或严格,但大都是根据一些现有的模型得到的.有一些昆虫的性别很难看出,只有通过解剖才能够判别;但是雄性和雌性昆虫在若干体表度量上有些综合的差异.于是统计学家就根据已知雌雄的昆虫体表度量(这些用作度量的变量亦称为预测变量)得到一个标准,并且利用这个标准来判别其他未知性别的昆虫.这样的判别虽然不能保证百分之百准确,但至少大部分判别都是对的,而且用不着杀死昆虫来进行判别了.这种判别的方法就是本章要介绍的判别分析.

判别分析和前面的聚类分析有什么不同呢?主要不同点就是,在聚类分析中一般人们事先并不知道或一定要明确应该分成几类,完全根据数据来确定.而在判别分析中,至少有一个已经明确知道类别的"训练样本",利用这些数据,就可以建立判别准则,并通过预测变量来为未知类别的观测值进行判别了.和聚类分析相同的是,判别分析也是利用距离远近来将对象归类的.

在实际问题中,判别分析具有重要意义.例如,在寿命试验中,只有在被试样品用坏时寿命才能得到.而判别分析可以根据某些非破坏性测量指标,便可将产品质量分出等级.又如在医学诊断中,可以通过某些便于观测的指标,对疾病的类型做出诊断.利用计算机对某人是否有心脏病进行诊断时,可以选取一批没有心脏病的人,测量其 p 个指标的数据,然后再选取一批有心脏病的人,同样也测量这 p 个指标的数据,利用这些数据建立一个判别函数,并求出相应的临界值.这时,对于需要进行诊断的人,也同样测量这 p 个指标的数据,将其代入判别函数,求得判别得分,再根据判别临界值就可以判断此人是否属于有心脏病的那一群体.又如,在考古学中,对化石及文物年代的判断;在地质学中,判断是有矿还是无矿;在质量管理中，判断某种产品是合格品，还是不合格品；在植物学中，对于新发现的植物，判断其属于哪一科.总之，判别分析方法在很多学科中都有着广泛的应用.

通常各个总体的分布是未知的，它需要由各总体取得的样本数据来估计.一般，先要估计各个总体的均值向量与协方差矩阵.从每个总体取得的样本叫训练样本，判别分析从各训练样本中提取总体的信息，构造一定的判别准则，判断新样品属于哪个总体.从统计学的角度，要求判别在某种准则下最优，例如错判（或误判）的概率最小或错判的损失最小等.由于判别准则不同，有各种不同的判别方法.

8.1 距离判别

所谓判别问题，就是将 p 维欧氏(Euclid)空间 $\mathbf{R}^p$ 化分成 k 个互不相交的区域 $R_1, R_2, \cdots, R_k$，即 $R_i \cap R_j = \varnothing (i \neq j;\ i, j = 1, 2, \cdots, k)$，$\bigcup\limits_{i=1}^{k} R_i = \mathbf{R}^p$. 当 $x \in R_i (i = 1, 2, \cdots, k)$ 时，就判定 x 属于总体 $X_i (i = 1, 2, \cdots, k)$. 特别地，当 $k = 2$ 时，就是两个总体的判别问题.

距离判别是最简单、直观的一种判别方法，该方法适用于连续型随机变量的判别类，对变量的概率分布没有限制.

8.1.1 马氏距离

在通常情况下，所说的距离一般是指欧氏距离，即若 $\boldsymbol{x}, \boldsymbol{y}$ 是 $\mathbf{R}^p$ 中的两个点，则 $\boldsymbol{x}$ 与 $\boldsymbol{y}$ 的距离为

$$d(\boldsymbol{x}, \boldsymbol{y}) = \sqrt{(\boldsymbol{x} - \boldsymbol{y})^{\mathrm{T}} (\boldsymbol{x} - \boldsymbol{y})}.$$

人们经研究发现，在判别分析中采用欧氏距离是不适合的，其原因是它没有从统计学角度考虑问题.在判别分析中采用的距离是马氏距离(Mahalanobis distance).

定义 8.1.1 设 $\boldsymbol{x}, \boldsymbol{y}$ 是从均值为 $\boldsymbol{\mu}$，协方差矩阵为 $\boldsymbol{\Sigma}(>0)$ 的总体 $\boldsymbol{X}$ 中抽取的两个样本，则总体 $\boldsymbol{X}$ 内两点 $\boldsymbol{x}$ 与 $\boldsymbol{y}$ 的马氏距离为

$$d(\boldsymbol{x}, \boldsymbol{y}) = \sqrt{(\boldsymbol{x} - \boldsymbol{y})^{\mathrm{T}} \boldsymbol{\Sigma}^{-1} (\boldsymbol{x} - \boldsymbol{y})}. \tag{8.1.1}$$

样本 $\boldsymbol{x}$ 与总体 $\boldsymbol{X}$ 的马氏距离为

$$d(\boldsymbol{x}, \boldsymbol{X}) = \sqrt{(\boldsymbol{x} - \boldsymbol{\mu})^{\mathrm{T}} \boldsymbol{\Sigma}^{-1} (\boldsymbol{x} - \boldsymbol{\mu})}. \tag{8.1.2}$$

8.1.2 判别准则与判别函数

以下我们来讨论两个总体的距离判别，分别讨论两个总体协方差矩阵相同和不同的情况.

设总体 $\boldsymbol{X}_1$ 和 $\boldsymbol{X}_2$ 的均值向量分别为 $\boldsymbol{\mu}_1$ 和 $\boldsymbol{\mu}_2$，协方差矩阵分别为 $\boldsymbol{\Sigma}_1$ 和 $\boldsymbol{\Sigma}_2$. 给定一个样本 $\boldsymbol{x}$，要判断 $\boldsymbol{x}$ 来自哪个总体.

首先考虑两个总体 $\boldsymbol{X}_1$ 和 $\boldsymbol{X}_2$ 的协方差矩阵相同的情况，即

$$\boldsymbol{\mu}_1 \neq \boldsymbol{\mu}_2, \quad \boldsymbol{\Sigma}_1 = \boldsymbol{\Sigma}_2 = \boldsymbol{\Sigma}.$$

要判断 $\boldsymbol{x}$ 来自哪个总体，需要计算 $\boldsymbol{x}$ 到总体 $\boldsymbol{X}_1$ 和 $\boldsymbol{X}_2$ 的马氏距离的平方 $d^2(\boldsymbol{x}, \boldsymbol{X}_1)$ 和 $d^2(\boldsymbol{x}, \boldsymbol{X}_2)$，然后进行比较.若 $d^2(\boldsymbol{x}, \boldsymbol{X}_1) \leqslant d^2(\boldsymbol{x}, \boldsymbol{X}_2)$，则判定 $\boldsymbol{x}$ 属于 $\boldsymbol{X}_1$；否则，则判定 $\boldsymbol{x}$ 属于 $\boldsymbol{X}_2$. 由此得到如下判别准则：

$$R_1 = \{\boldsymbol{x} : d^2(\boldsymbol{x}, \boldsymbol{X}_1) \leqslant d^2(\boldsymbol{x}, \boldsymbol{X}_2)\}, \ R_2 = \{\boldsymbol{x} : d^2(\boldsymbol{x}, \boldsymbol{X}_1) > d^2(\boldsymbol{x}, \boldsymbol{X}_2)\}. \tag{8.1.3}$$

以下引进判别函数的表达式，考虑 $d^2(\boldsymbol{x}, \boldsymbol{X}_1)$ 和 $d^2(\boldsymbol{x}, \boldsymbol{X}_2)$ 的关系，则有

$$\begin{aligned}
d^2(\boldsymbol{x}, \boldsymbol{X}_2) - d^2(\boldsymbol{x}, \boldsymbol{X}_1) &= (\boldsymbol{x} - \boldsymbol{\mu}_2)^{\mathrm{T}} \boldsymbol{\Sigma}^{-1} (\boldsymbol{x} - \boldsymbol{\mu}_2) - (\boldsymbol{x} - \boldsymbol{\mu}_1)^{\mathrm{T}} \boldsymbol{\Sigma}^{-1} (\boldsymbol{x} - \boldsymbol{\mu}_1) \\
&= (\boldsymbol{x}^{\mathrm{T}} \boldsymbol{\Sigma}^{-1} \boldsymbol{x} - 2\boldsymbol{x}^{\mathrm{T}} \boldsymbol{\Sigma}^{-1} \boldsymbol{\mu}_2 + \boldsymbol{\mu}_2^{\mathrm{T}} \boldsymbol{\Sigma}^{-1} \boldsymbol{\mu}_2) - \\
&\quad (\boldsymbol{x}^{\mathrm{T}} \boldsymbol{\Sigma}^{-1} \boldsymbol{x} - 2\boldsymbol{x}^{\mathrm{T}} \boldsymbol{\Sigma}^{-1} \boldsymbol{\mu}_1 + \boldsymbol{\mu}_1^{\mathrm{T}} \boldsymbol{\Sigma}^{-1} \boldsymbol{\mu}_1) \\
&= 2\boldsymbol{x}^{\mathrm{T}} \boldsymbol{\Sigma}^{-1} (\boldsymbol{\mu}_1 - \boldsymbol{\mu}_2) + (\boldsymbol{\mu}_1 + \boldsymbol{\mu}_2)^{\mathrm{T}} \boldsymbol{\Sigma}^{-1} (\boldsymbol{\mu}_2 - \boldsymbol{\mu}_1) \\
&= 2\left(\boldsymbol{x} - \frac{\boldsymbol{\mu}_1 + \boldsymbol{\mu}_2}{2}\right)^{\mathrm{T}} \boldsymbol{\Sigma}^{-1} (\boldsymbol{\mu}_1 - \boldsymbol{\mu}_2) \\
&= 2(\boldsymbol{x} - \bar{\boldsymbol{\mu}})^{\mathrm{T}} \boldsymbol{\Sigma}^{-1} (\boldsymbol{\mu}_1 - \boldsymbol{\mu}_2),
\end{aligned} \tag{8.1.4}$$

其中，$\bar{\boldsymbol{\mu}} = \dfrac{\boldsymbol{\mu}_1 + \boldsymbol{\mu}_2}{2}$ 为两个总体均值的平均.

令

$$\omega(\boldsymbol{x}) = (\boldsymbol{x} - \bar{\boldsymbol{\mu}})^{\mathrm{T}} \boldsymbol{\Sigma}^{-1} (\boldsymbol{\mu}_1 - \boldsymbol{\mu}_2), \tag{8.1.5}$$

称 $\omega(\boldsymbol{x})$ 为两个总体的距离判别函数.

因此，判别准则(8.1.3)变为

$$R_1 = \{\boldsymbol{x} : \omega(\boldsymbol{x}) \geqslant 0\}, \ R_2 = \{\boldsymbol{x} : \omega(\boldsymbol{x}) < 0\}. \tag{8.1.6}$$

在实际计算中，总体的均值 $\boldsymbol{\mu}_1$，$\boldsymbol{\mu}_2$ 和协方差矩阵 $\boldsymbol{\Sigma}$ 均未知，因此需要用样本均值和样本协方差矩阵来代替.设 $\boldsymbol{x}_1^{(1)}$，$\boldsymbol{x}_1^{(1)}$，…，$\boldsymbol{x}_{n1}^{(1)}$ 是来自总体 $\boldsymbol{X}_1$ 样本，$\boldsymbol{x}_1^{(2)}$，$\boldsymbol{x}_1^{(2)}$，…，$\boldsymbol{x}_{n2}^{(2)}$ 是来自总体 $\boldsymbol{X}_2$ 样本，则样本均值和样本协方差矩阵分别为

$$\hat{\boldsymbol{\mu}}_i=\overline{\boldsymbol{x}^{(i)}}=\frac{1}{n_i}\sum_{j=1}^{n_i}\boldsymbol{x}_j^{(i)},\ i=1,\ 2,$$

$$\hat{\boldsymbol{\Sigma}}=\frac{1}{n_1+n_2-2}\sum_{i=1}^{2}\sum_{j=1}^{n_i}\left(\boldsymbol{x}_j^{(i)}-\overline{\boldsymbol{x}^{(i)}}\right)\left(\boldsymbol{x}_j^{(i)}-\overline{\boldsymbol{x}^{(i)}}\right)^{\mathrm{T}}=\frac{1}{n_1+n_2-2}(S_1+S_2), \tag{8.1.7}$$

其中，

$$S_i=\sum_{j=1}^{n_i}\left(\boldsymbol{x}_j^{(i)}-\overline{\boldsymbol{x}^{(i)}}\right)\left(\boldsymbol{x}_j^{(i)}-\overline{\boldsymbol{x}^{(i)}}\right)^{\mathrm{T}},\ i=1,\ 2. \tag{8.1.8}$$

对于待判样本 $\boldsymbol{x}$，其判别函数定义为

$$\hat{\omega}(\boldsymbol{x})=(\boldsymbol{x}-\bar{\boldsymbol{x}})^{\mathrm{T}}\hat{\boldsymbol{\Sigma}}^{-1}\left(\overline{\boldsymbol{x}^{(1)}}-\overline{\boldsymbol{x}^{(2)}}\right), \tag{8.1.9}$$

其中，$\bar{\boldsymbol{x}}=\dfrac{\overline{\boldsymbol{x}^{(1)}}-\overline{\boldsymbol{x}^{(2)}}}{2}$. 其判别准则为

$$R_1=\{\boldsymbol{x}:\hat{\omega}(\boldsymbol{x})\geqslant 0\},\ R_2=\{\boldsymbol{x}:\hat{\omega}(\boldsymbol{x})<0\}. \tag{8.1.10}$$

注意到判别函数(8.1.9)是线性函数，因此，在两个总体的协方差矩阵相同的情况下，距离判别属于线性判别，称 $a=\hat{\boldsymbol{\Sigma}}^{-1}\left(\overline{\boldsymbol{x}^{(1)}}-\overline{\boldsymbol{x}^{(2)}}\right)$ 为判别系数.从几何角度上来看，$\hat{\omega}(\boldsymbol{x})=0$ 表示一张超平面，将整个空间分成 R_1，R_2 两个半空间.

再考虑两个总体 $\boldsymbol{X}_1$ 和 $\boldsymbol{X}_2$ 的协方差矩阵不同的情况，即

$$\boldsymbol{\mu}_1\neq\boldsymbol{\mu}_2,\quad \boldsymbol{\Sigma}_1\neq\boldsymbol{\Sigma}_2.$$

对于样本 $\boldsymbol{x}$，在协方差矩阵不同的情况，判别函数为

$$\omega(\boldsymbol{x})=(\boldsymbol{x}-\boldsymbol{\mu}_2)^{\mathrm{T}}\boldsymbol{\Sigma}_2^{-1}(\boldsymbol{x}-\boldsymbol{\mu}_2)-(\boldsymbol{x}-\boldsymbol{\mu}_1)^{\mathrm{T}}\boldsymbol{\Sigma}_1^{-1}(\boldsymbol{x}-\boldsymbol{\mu}_1). \tag{8.1.11}$$

与前面讨论的情况相同，在实际计算中，总体均值和协方差矩阵未知，同样需要用样本的均值和样本协方差矩阵来代替.因此，对于对于待判样本 $\boldsymbol{x}$，其判别函数定义为

$$\hat{\omega}(\boldsymbol{x})=\left(\boldsymbol{x}-\overline{\boldsymbol{x}^{(2)}}\right)^{\mathrm{T}}\hat{\boldsymbol{\Sigma}}_2^{-1}\left(\boldsymbol{x}-\overline{\boldsymbol{x}^{(2)}}\right)-\left(\boldsymbol{x}-\overline{\boldsymbol{x}^{(1)}}\right)^{\mathrm{T}}\hat{\boldsymbol{\Sigma}}_1^{-1}\left(\boldsymbol{x}-\overline{\boldsymbol{x}^{(1)}}\right). \tag{8.1.12}$$

其中，

$$\hat{\boldsymbol{\Sigma}}_i=\frac{1}{n_i-1}\sum_{j=1}^{n_i}\left(\boldsymbol{x}_j^{(i)}-\overline{\boldsymbol{x}^{(i)}}\right)\left(\boldsymbol{x}_j^{(i)}-\overline{\boldsymbol{x}^{(i)}}\right)^{\mathrm{T}}=\frac{1}{n_i-1}S_i,\ i=1,\ 2. \tag{8.1.13}$$

其判别准则与式(8.1.10)的形式相同.

由于 $\hat{\boldsymbol{\Sigma}}_1$ 和 $\hat{\boldsymbol{\Sigma}}_2$ 一般不会相同，所以函数(8.1.12)是二次函数.因此，在两个总体的协方差矩阵不相同的情况下，距离判别属于二次判别.从几何角度上来看，$\hat{\omega}(\boldsymbol{x})=0$ 表示一张二次曲面.

8.1.3 多总体情形

(1) 协方差矩阵相同

设有 k 个总体 $\boldsymbol{X}_1$, $\boldsymbol{X}_2$, …, $\boldsymbol{X}_k$，它们的均值别为 $\boldsymbol{\mu}_1$, $\boldsymbol{\mu}_2$, …, $\boldsymbol{\mu}_k$，它们有相同的协方差矩阵 $\boldsymbol{\Sigma}$. 对于任意一个样本观测指标 $\boldsymbol{x}=(x_1,\ x_2,\ \cdots,\ x_p)^{\mathrm{T}}$，计算其到第 i 类的马氏距离(的平方)：

$$\begin{aligned}\boldsymbol{D}(\boldsymbol{x},\ \boldsymbol{X}_i)&=(\boldsymbol{x}-\boldsymbol{\mu}_i)^{\mathrm{T}}\boldsymbol{\Sigma}^{-1}(\boldsymbol{x}-\boldsymbol{\mu}_i)\\&=\boldsymbol{x}^{\mathrm{T}}\boldsymbol{\Sigma}^{-1}\boldsymbol{x}-2\boldsymbol{\mu}_i{}^{\mathrm{T}}\boldsymbol{\Sigma}^{-1}\boldsymbol{x}+\boldsymbol{\mu}_i{}^{\mathrm{T}}\boldsymbol{\Sigma}^{-1}\boldsymbol{\mu}_i\\&=\boldsymbol{x}^{\mathrm{T}}\boldsymbol{\Sigma}^{-1}\boldsymbol{x}-2(b_0+b_i\boldsymbol{x})\\&=\boldsymbol{x}^{\mathrm{T}}\boldsymbol{\Sigma}^{-1}\boldsymbol{x}-2\boldsymbol{Z}_i.\end{aligned}$$

于是得到线性判别函数 $\boldsymbol{Z}_i=b_0+b_i\boldsymbol{x}(i=1,\ 2,\ \cdots,\ k)$，其中 $b_0=-\frac{1}{2}\boldsymbol{\mu}_i^{\mathrm{T}}\boldsymbol{\Sigma}^{-1}\boldsymbol{\mu}_i$ 为常数项，$\boldsymbol{b}_i=\boldsymbol{\mu}_i^{\mathrm{T}}\boldsymbol{\Sigma}^{-1}$ 为线性判别系数.

相应的判别规则为：

当 $\boldsymbol{Z}_i=\max(Z_j)$, $1\leqslant j\leqslant k$，则 $\boldsymbol{x}\in\boldsymbol{X}_i$.

当 $\boldsymbol{\mu}_1$, $\boldsymbol{\mu}_2$, …, $\boldsymbol{\mu}_k$ 和 $\boldsymbol{\Sigma}$ 未知时，可用样本均值向量和样本合并方差矩阵 $\boldsymbol{S}_p$ 估计，其中

$$\hat{\boldsymbol{\Sigma}}=\boldsymbol{S}_p=\sum_{k=1}^{k}A_i,\ A_i=\sum_{k=1}^{n}(\boldsymbol{X}_i-\bar{\boldsymbol{x}})(\boldsymbol{X}_i-\bar{\boldsymbol{x}})^{\mathrm{T}}(i=1,\ 2,\ \cdots,\ k).$$

(2) 协方差矩阵不同

设有 k 个总体 $\boldsymbol{X}_1$, $\boldsymbol{X}_2$, …, $\boldsymbol{X}_k$，它们的均值别为 $\boldsymbol{\mu}_1$,$\boldsymbol{\mu}_2$, …, $\boldsymbol{\mu}_k$，它们的协方差矩阵 $\boldsymbol{\Sigma}_i$ 不全相同，对于任意一个样本观测指标 $\boldsymbol{x}=(\boldsymbol{x}_1,\ \boldsymbol{x}_2,\ \cdots,\ \boldsymbol{x}_p)^{\mathrm{T}}$，计算其到第 i 类的马氏距离(的平方)：$D(\boldsymbol{x},\ \boldsymbol{X}_i)=(\boldsymbol{x}-\boldsymbol{\mu}_i)^{\mathrm{T}}\boldsymbol{\Sigma}_i^{-1}(\boldsymbol{x}-\boldsymbol{\mu}_i)$, $i=1$,

2, …, k. 由于各 $\boldsymbol{\Sigma}_i$ 不全相同,所以从该式推不出线性判别函数,其本身是一个二次函数.

相应的判别规则为:

当 $D(\boldsymbol{x}, \boldsymbol{X}_i)=\min D(\boldsymbol{x}, \boldsymbol{X}_j), 1 \leqslant j \leqslant k$, 则 $\boldsymbol{x} \in \boldsymbol{X}_i$.

当 $\boldsymbol{\mu}_1, \boldsymbol{\mu}_2, \cdots, \boldsymbol{\mu}_k$ 和 $\boldsymbol{\Sigma}_1, \boldsymbol{\Sigma}_2, \cdots, \boldsymbol{\Sigma}_k$ 未知时,同样可用样本来估计(同前).

在 R 软件中,函数"lda( )"和函数"qda( )"提供了对于数据进行线性判别分析和二次判别分析的工具.这两种函数的使用方法如下:

```
lda(formula, data, …, subset, na.action)
lda(x, grouping, prior = proportions, tol = 1.0e - 4,
method, CV = FALSE, NU,…)

qda(formula, data, …, subset, na.action)
qda(x, grouping, prior = proportions,
method, CV = FALSE, NU,…)
```

在以上函数中,参数 formula 是因子或分组形如 $\sim x_1 + x_2 + \cdots$ 的公式.data 是包含模型变量的数据框.subset 是观察值的子集. x 是由数据构成的数据框或矩阵.grouping 是由样本分类构成的因子向量.prior 是先验概率,缺省时按输入数据的比例给出.

通常预测函数"predict( )"会与函数 "dla( )"或函数 "qla( )"一起使用,其使用方法如下:

```
predict (object, newdata, prior = object $ prior,dimen,
      method = c( 'plug - in', 'predictive', 'debiased'), …)
```

在函数中,参数 object 是由函数"dla( )"或函数"qla( )"生成的对象.newdata 是由预测数据构成的数据框,如果函数"dla( )"或函数"qla( )"用公式形式计算;或者是向量,如果用矩阵与因子形式计算.prior 是先验概率,缺省时按输入数据的比例给出.dimen 是使用空间的维数.

注意:以上三个函数(predict 函数在作判别分析预测时)不是基本函数.因此在调用使用前需要载入 MASS 程序包,其具体命令为 library(MASS)或用 Window 窗口加载.

8.2 Fisher 判 别

Fisher 判别是按类内方差尽量小,类间方差尽量大的准则来求判别函数的.以下只介绍两个总体的判别方法.

8.2.1 判别准则

设两个总体 X_1 和 X_2 的均值向量分别为 $\boldsymbol{\mu}_1$ 和 $\boldsymbol{\mu}_2$，协方差矩阵分别为 $\boldsymbol{\Sigma}_1$ 和 $\boldsymbol{\Sigma}_2$，对于任意的一个样本 $\boldsymbol{x}$，考虑它的判别函数

$$u=u(\boldsymbol{x}), \tag{8.2.1}$$

并假设

$$\boldsymbol{u}_1=E[u(\boldsymbol{x}) \mid \boldsymbol{x} \in X_1],\ \boldsymbol{u}_2=E[u(\boldsymbol{x}) \mid \boldsymbol{x} \in X_2], \tag{8.2.2}$$

$$\sigma_1^2=\operatorname{Var}[u(\boldsymbol{x}) \mid \boldsymbol{x} \in X_1],\ \sigma_2^2=\operatorname{Var}[u(\boldsymbol{x}) \mid \boldsymbol{x} \in X_2]. \tag{8.2.3}$$

Fisher 判别准则就是要寻找判别函数 $u(\boldsymbol{x})$，使类内偏差平方和

$$W_0=\sigma_1^2+\sigma_2^2$$

最小，而类间偏差平方和

$$\boldsymbol{B}_0=(\boldsymbol{u}_1-\boldsymbol{u})^2-(\boldsymbol{u}_2-\boldsymbol{u})^2$$

最大，其中 $\boldsymbol{u}=\dfrac{1}{2}(\boldsymbol{u}_1+\boldsymbol{u}_2)$.

将上面两个要求结合在一起，Fisher 判别准则就是要求 $u(\boldsymbol{x})$，使得

$$I=\frac{B_0}{W_0} \tag{8.2.3}$$

达到最大.因此，判别准则为

$$\begin{aligned} R_1&=\{\boldsymbol{x}:\ |u(\boldsymbol{x})-\boldsymbol{u}_1| \leqslant |u(\boldsymbol{x})-\boldsymbol{u}_2|\},\\ R_2&=\{\boldsymbol{x}:\ |u(\boldsymbol{x})-\boldsymbol{u}_1| > |u(\boldsymbol{x})-\boldsymbol{u}_2|\}. \end{aligned} \tag{8.2.4}$$

8.2.2 判别函数中系数的确定

从理论上说，$u(\boldsymbol{x})$ 可以是任意函数，但对于任意函数 $u(\boldsymbol{x})$，使式(8.2.3)中的 I 达到最大是很困难的.因此，通常取 $u(\boldsymbol{x})$ 为线性函数，即令

$$u(\boldsymbol{x})=\boldsymbol{a}^{\mathrm{T}}\boldsymbol{x}=a_1\boldsymbol{x}_1+a_2\boldsymbol{x}_2+\cdots+a_p\boldsymbol{x}_p. \tag{8.2.5}$$

因此，问题就转化为求 $u(\boldsymbol{x})$ 的系数 $\boldsymbol{a}$，使得目标函数 I 达到最大.

与距离判别一样，在实际计算中，总体的均值与协方差矩阵是未知的.因此，需

要用样本的均值与协方差矩阵来替换.设 $\boldsymbol{x}_1^{(1)}$, $\boldsymbol{x}_1^{(1)}$, …, $\boldsymbol{x}_{n_1}^{(1)}$ 是来自总体 X_1 样本, $\boldsymbol{x}_1^{(2)}$, $\boldsymbol{x}_1^{(2)}$, …, $\boldsymbol{x}_{n_1}^{(2)}$ 是来自总体 X_2 样本,用这些样本得到 $\boldsymbol{u}_1$, $\boldsymbol{u}_2$, $\boldsymbol{u}$ 和 $\boldsymbol{\sigma}_1$, $\boldsymbol{\sigma}_2$ 的估计:

$$\hat{u}_i = \overline{u_i} = \frac{1}{n_i}\sum_{j=1}^{n_i} u(\boldsymbol{x}_j^{(i)}) = \frac{1}{n_i}\sum_{j=1}^{n_i} \boldsymbol{a}^{\mathrm{T}} u(\boldsymbol{x}_j^{(i)}) = \boldsymbol{a}^{\mathrm{T}}\overline{\boldsymbol{x}^{(i)}},\ i=1,\ 2, \tag{8.2.6}$$

$$\hat{u} = \bar{u} = \frac{1}{n}\sum_{i=1}^{2}\sum_{j=1}^{n_i} u(\boldsymbol{x}_j^{(i)}) = \frac{1}{n}\sum_{i=1}^{2}\sum_{j=1}^{n_i}\boldsymbol{a}^{\mathrm{T}}\boldsymbol{x}_j^{(i)} = \boldsymbol{a}^{\mathrm{T}}\bar{\boldsymbol{x}}, \tag{8.2.7}$$

$$\begin{aligned}\hat{\sigma}_i^2 &= \frac{1}{n_i-1}\sum_{j=1}^{n_i}\left[u(\boldsymbol{x}_j^{(i)}) - \overline{\boldsymbol{u}_i}\right]^2 \\ &= \frac{1}{n_i-1}\sum_{j=1}^{n_i}\left[\boldsymbol{a}^{\mathrm{T}}\left(\boldsymbol{x}_j^{(i)} - \overline{\boldsymbol{x}^{(i)}}\right)\right]^2 \\ &= \frac{1}{n_i-1}\boldsymbol{a}^{\mathrm{T}}\left[\sum_{j=1}^{n_i}\left(\boldsymbol{x}_j^{(i)} - \overline{\boldsymbol{x}^{(i)}}\right)\left(\boldsymbol{x}_j^{(i)} - \overline{\boldsymbol{x}^{(i)}}\right)^{\mathrm{T}}\right]\boldsymbol{a} \\ &= \frac{1}{n_i-1}\boldsymbol{a}^{\mathrm{T}}\boldsymbol{S}_i\boldsymbol{a},\ i=1,\ 2.\end{aligned} \tag{8.2.8}$$

其中, $n = n_1 + n_2$, $S_i = \sum_{j=1}^{n_i}\left(\boldsymbol{x}_j^{(i)} - \overline{\boldsymbol{x}^{(i)}}\right)\left(\boldsymbol{x}_j^{(i)} - \overline{\boldsymbol{x}^{(i)}}\right)^{\mathrm{T}}$, $i=1,\ 2$.

因此,将类内偏差的平方和 W_0 与类间偏差平方和 B_0 改为组内离差平方和 $\widehat{W}_0$ 与组间离偏差平方和 $\widehat{B}_0$,即

$$\widehat{W}_0 = \sum_{i=1}^{2}(n_i-1)\hat{\sigma}_i^2 = \boldsymbol{a}^{\mathrm{T}}(\boldsymbol{S}_1+\boldsymbol{S}_2)\boldsymbol{a} = \boldsymbol{a}^{\mathrm{T}}\boldsymbol{S}\boldsymbol{a}, \tag{8.2.9}$$

$$\widehat{B}_0 = \sum_{i=1}^{2} n_i(\hat{u}_i - \hat{u})^2 = \boldsymbol{a}^{\mathrm{T}}\left[\sum_{i=1}^{2} n_i\left(\overline{\boldsymbol{x}^{(i)}} - \bar{\boldsymbol{x}}\right)\left(\overline{\boldsymbol{x}^{(i)}} - \bar{\boldsymbol{x}}\right)^{\mathrm{T}}\right]\boldsymbol{a} = \frac{n_1 n_2}{n}\boldsymbol{a}^{\mathrm{T}}(\boldsymbol{d}\boldsymbol{d}^{\mathrm{T}})\boldsymbol{a}, \tag{8.2.10}$$

其中, $\boldsymbol{S} = \boldsymbol{S}_1 + \boldsymbol{S}_2$, $\boldsymbol{d} = \left(\overline{\boldsymbol{x}^{(2)}} - \overline{\boldsymbol{x}^{(1)}}\right)$. 因此,求 $I = \dfrac{\widehat{B}_0}{\widehat{W}_0}$ 最大,等价于求

$$\frac{\boldsymbol{a}^{\mathrm{T}}(\boldsymbol{d}\boldsymbol{d}^{\mathrm{T}})\boldsymbol{a}}{\boldsymbol{a}^{\mathrm{T}}\boldsymbol{S}\boldsymbol{a}}$$

最大.这个解不是唯一的,因为对任意的 $a \neq 0$, 它的任意非零倍均保持其值不变.

不失一般性，把最大问题转化为约束优化问题

$$\max \boldsymbol{a}^{\mathrm{T}}(\boldsymbol{d}\boldsymbol{d}^{\mathrm{T}})\boldsymbol{a}, \tag{8.2.11}$$

$$\text{s.t. } \boldsymbol{a}^{\mathrm{T}}\boldsymbol{S}\boldsymbol{a}=1. \tag{8.2.12}$$

根据约束问题的一阶必要条件，得到

$$\boldsymbol{a}=\boldsymbol{S}^{-1}\boldsymbol{d}. \tag{8.2.13}$$

8.2.3 确定判别函数

对于一个新样本 x，现在要确定 x 属于哪一类.为方便起见，不妨设 $\bar{u}_1<\bar{u}_2$. 因此，根据判别准则(8.2.4)，当 $u(x)<\bar{u}_1$ 时，判 $x\in X_1$；当 $u(x)>\bar{u}_2$ 时，判 $x\in X_2$；那么当 $\bar{u}_1<u(x)<\bar{u}_2$ 时，x 属于哪一个总体呢？应该找 $\bar{u}_1$，$\bar{u}_2$ 的均值 $\bar{u}=\dfrac{n_1}{n}\bar{u}_1+\dfrac{n_2}{n}\bar{u}_2$.

当 $u(x)<\bar{u}$ 时，判 $x\in X_1$；否则判 $x\in X_2$. 由于

$$\begin{aligned} u(x)-\bar{u} &= u(x)-\left(\frac{n_1}{n}\bar{u}_1+\frac{n_2}{n}\bar{u}_2\right)=a^{\mathrm{T}}\left(x-\frac{n_1}{n}\overline{x^{(1)}}-\frac{n_2}{n}\overline{x^{(2)}}\right) \\ &= \boldsymbol{a}^{\mathrm{T}}(x-\bar{x})=\boldsymbol{d}^{\mathrm{T}}\boldsymbol{S}^{-1}(x-\bar{x}), \end{aligned} \tag{8.2.14}$$

其中

$$\overline{x^{(i)}}=\frac{1}{n_i}\sum_{j=1}^{n_i}x_j^{(i)},\ i=1,\ 2,$$

$$\bar{x}=\frac{n_1}{n}\overline{x^{(1)}}+\frac{n_2}{n}\overline{x^{(2)}}=\frac{1}{n}\sum_{i=1}^{2}\sum_{j=1}^{n_i}x_j^{(i)},$$

所以由上式可知，$\bar{x}$ 就是样本均值.因此构造判别函数

$$\omega(x)=\boldsymbol{d}^{\mathrm{T}}\boldsymbol{S}^{-1}(x-\bar{x}), \tag{8.2.15}$$

此时，判别准则(8.2.4)等价为

$$R_1=\{x:\omega(x)\leqslant 0\},\quad R_2=\{x:\omega(x)>0\}. \tag{8.2.16}$$

函数(8.2.15)是线性函数，因此 Fisher 判别属于线性判别，称 $\boldsymbol{a}=\boldsymbol{S}^{-1}\boldsymbol{d}$ 为判别系数.

8.3 Bayes 判别

Bayes 统计是现代统计学的重要分支,其基本思想是:假定对所研究的对象(总体)在抽样前已有一定的认识,常用先验分布来描述这种认识,然后基于抽取的样本再对先验认识做修正,得到后验分布,而各种统计推断均基于后验分布进行.将 Bayes 统计的思想用于判别分析,就得到 Bayes 判别.关于 Bayes 统计,感兴趣的读者可参考《贝叶斯统计——基于 R 和 BUGS 的应用》(韩明,2017).

8.3.1 误判概率与误判损失

设有两个总体 X_1 和 X_2,根据某一个判别规则,把实际上为 X_1 的个体判为 X_2 或者把实际上为 X_2 的个体判为 X_1 的概率称为误判(或错判)概率.

一个好的判别规则应该使误判概率最小.除此之外还有一个误判损失问题,如果把 X_1 的个体判到 X_2 的损失比 X_2 的个体判到 X_1 严重得多,则人们在作前一种判断时就要特别谨慎.比如,在药品检验中把有毒的样品判为无毒比把无毒判为有毒严重得多,因此一个好的判别规则还必须使误判损失最小.

以下讨论两个总体的情况.设所考虑的两个总体 X_1 和 X_2 分别具有密度函数 $f_1(\boldsymbol{x})$ 与 $f_2(\boldsymbol{x})$,其中 $\boldsymbol{x}$ 为 p 维向量.记 Ω 为 $\boldsymbol{x}$ 的所有可能观察值的全体,称它为样本空间,R_1 为根据要判为 X_1 的那些 $\boldsymbol{x}$ 的全体,而 $R_2=\Omega-R_1$ 为根据要判为 X_2 的那些 $\boldsymbol{x}$ 的全体.

某样本实际上是来自 X_1,但判为 X_2 的概率为

$$P(2\mid 1)=P(\boldsymbol{x}\in R_2\mid X_1)=\int_{R_2}\cdots\int f_1(\boldsymbol{x})\mathrm{d}\boldsymbol{x}.$$

来自 X_2,但判为 X_1 的概率为

$$P(1\mid 2)=P(\boldsymbol{x}\in R_1\mid X_2)=\int_{R_1}\cdots\int f_2(\boldsymbol{x})\mathrm{d}\boldsymbol{x}.$$

类似地,来自 X_1 判为 X_1 的概率,来自 X_2 判为 X_2 的概率分别为

$$P(1\mid 1)=P(\boldsymbol{x}\in R_1\mid X_1)=\int_{R_1}\cdots\int f_1(\boldsymbol{x})\mathrm{d}\boldsymbol{x},$$

$$P(2\mid 2)=P(\boldsymbol{x}\in R_2\mid X_2)=\int_{R_2}\cdots\int f_2(\boldsymbol{x})\mathrm{d}\boldsymbol{x}.$$

设 p_1，p_2 分别表示某样本来自总体 X_1 和 X_2 的先验概率，且 $p_1+p_2=1$，于是，有

$$P\,(\text{正确地判为 } X_1) = P\,(\text{来自 } X_1,\text{被判为 } X_1) = P(x \in R_1 \mid X_1)P(X_1) = P(1 \mid 1)p_1,$$

$$P\,(\text{误判到 } X_1) = P\,(\text{来自 } X_2,\text{被判为 } X_1) = P(x \in R_1 \mid X_2)P(X_2) = P(1 \mid 2)p_2.$$

类似地有

$$P\,(\text{正确地判为 } X_2) = P(2 \mid 2)p_2,\ P\,(\text{误判到 } X_2) = P(2 \mid 1)p_1.$$

设 $L(1 \mid 2)$ 表示来自 X_2 误判为 X_1 引起的损失，$L(2 \mid 1)$ 表示来自 X_1 误判为 X_2 引起的损失，并规定 $L(1 \mid 1) = L(2 \mid 2) = 0$.

把上述误判概率与误判损失结合起来，定义平均误判损失 ECM(expected cost of misclassification)如下：

$$ECM(R_1,R_2) = L(2 \mid 1)P(2 \mid 1)p_1 + L(1 \mid 2)P(1 \mid 2)p_2, \tag{8.3.1}$$

一个合理的判别规则应使 ECM 达到最小.

8.3.2 两总体的 Bayes 判别

根据上面的叙述，要选择样本空间 Ω 的一个划分 R_1 和 $R_2 = \Omega - R_1$，使得平均误判损失 ECM 达到极小.

定理 8.3.1 极小化平均误判损失式(8.3.1)的区域 R_1 和 R_2 为

$$R_1 = \left\{\boldsymbol{x}:\ \frac{f_1(\boldsymbol{x})}{f_2(\boldsymbol{x})} \geqslant \frac{L(1 \mid 2)}{L(2 \mid 1)} \cdot \frac{p_2}{p_1}\right\},$$

$$R_2 = \left\{\boldsymbol{x}:\ \frac{f_1(\boldsymbol{x})}{f_2(\boldsymbol{x})} < \frac{L(1 \mid 2)}{L(2 \mid 1)} \cdot \frac{p_2}{p_1}\right\}.$$

说明：当 $\dfrac{f_1(\boldsymbol{x})}{f_2(\boldsymbol{x})} = \dfrac{L(1 \mid 2)}{L(2 \mid 1)} \cdot \dfrac{p_2}{p_1}$ 时，即 $\boldsymbol{x}$ 为边界点，它可以归入 R_1 和 R_2 中的任何一个，为了方便就将它归入 R_1.

根据定理 8.3.1，得到两总体的 Bayes 判别准则：

$$\begin{cases} \boldsymbol{x} \in X_1, & \dfrac{f_1(\boldsymbol{x})}{f_2(\boldsymbol{x})} \geqslant \dfrac{L(1 \mid 2)}{L(2 \mid 1)} \cdot \dfrac{p_2}{p_1}, \\ \boldsymbol{x} \in X_2, & \dfrac{f_1(\boldsymbol{x})}{f_2(\boldsymbol{x})} < \dfrac{L(1 \mid 2)}{L(2 \mid 1)} \cdot \dfrac{p_2}{p_1}. \end{cases}$$

应用此准则时仅需要计算：

(1) 新样本点 $\boldsymbol{x}_0=(x_{01}, x_{02}, \cdots, x_{0p})^{\mathrm{T}}$ 的密度函数比 $\dfrac{f_1(\boldsymbol{x}_0)}{f_2(\boldsymbol{x}_0)}$；

(2) 损失比 $\dfrac{L(1\mid 2)}{L(2\mid 1)}$；

(3) 先验概率比 $\dfrac{p_2}{p_1}$.

损失和先验概率以比值的形式出现是很重要的，因为确定两种损失的比值（或两总体的先验概率的比值）往往比确定损失本身（或先验概率本身）要容易.以下看三种特殊情况：

(1) 当 $\dfrac{p_2}{p_1}=1$ 时，有

$$\begin{cases} \boldsymbol{x}\in X_1, & \dfrac{f_1(\boldsymbol{x})}{f_2(\boldsymbol{x})}\geqslant\dfrac{L(1\mid 2)}{L(2\mid 1)}, \\ \boldsymbol{x}\in X_2, & \dfrac{f_1(\boldsymbol{x})}{f_2(\boldsymbol{x})}<\dfrac{L(1\mid 2)}{L(2\mid 1)}. \end{cases}$$

(2) $\dfrac{L(1\mid 2)}{L(2\mid 1)}=1$ 时，有

$$\begin{cases} \boldsymbol{x}\in X_1, & \dfrac{f_1(\boldsymbol{x})}{f_2(\boldsymbol{x})}\geqslant\dfrac{p_2}{p_1}, \\ \boldsymbol{x}\in X_2, & \dfrac{f_1(\boldsymbol{x})}{f_2(\boldsymbol{x})}<\dfrac{p_2}{p_1}. \end{cases}$$

(3) 当 $\dfrac{p_2}{p_1}=\dfrac{L(1\mid 2)}{L(2\mid 1)}=1$ 时，有

$$\begin{cases} \boldsymbol{x}\in X_1, & \dfrac{f_1(\boldsymbol{x})}{f_2(\boldsymbol{x})}\geqslant 1, \\ \boldsymbol{x}\in X_2, & \dfrac{f_1(\boldsymbol{x})}{f_2(\boldsymbol{x})}<1. \end{cases}$$

把上述的两总体的 Bayes 判别应用于正态总体 $X_i\sim N_p(\boldsymbol{\mu}_i, \boldsymbol{\Sigma}_i)$，$i=1, 2$，分两种情况讨论.

(1) $\boldsymbol{\Sigma}_1=\boldsymbol{\Sigma}_2=\boldsymbol{\Sigma}$，$\boldsymbol{\Sigma}>\boldsymbol{0}$

此时 X_i 的密度函数为

$$f_i(\boldsymbol{x})=(2\pi)^{-p/2}|\boldsymbol{\Sigma}|^{-1/2}\exp\left[-\frac{1}{2}(\boldsymbol{x}-\boldsymbol{\mu}_i)^{\mathrm{T}}(\boldsymbol{x}-\boldsymbol{\mu}_i)\right].$$

定理 8.3.2 设总体 $X_i \sim N_p(\boldsymbol{\mu}_i, \boldsymbol{\Sigma}_i)$，$i=1, 2$，其中 $\boldsymbol{\Sigma}>\boldsymbol{0}$，则使平均误判损失极小的划分为

$$\begin{cases}R_1=\{\boldsymbol{x}: W(\boldsymbol{x})\geqslant\beta\},\\ R_2=\{\boldsymbol{x}: W(\boldsymbol{x})<\beta\}.\end{cases}$$

其中，$W(\boldsymbol{x})=\left[\boldsymbol{x}-\frac{1}{2}(\boldsymbol{\mu}_1+\boldsymbol{\mu}_2)\right]^{\mathrm{T}}\boldsymbol{\Sigma}^{-1}(\boldsymbol{\mu}_1-\boldsymbol{\mu}_2)$，$\beta=\ln\frac{L(1\mid 2)\cdot p_2}{L(2\mid 1)\cdot p_1}$.

如果 $\boldsymbol{\mu}_1$，$\boldsymbol{\mu}_2$ 和 $\boldsymbol{\Sigma}$ 未知，用样本的均值与协方差矩阵来(估计)代替：

$$\hat{\boldsymbol{\mu}}_i=\overline{\boldsymbol{x}^{(i)}}=\frac{1}{n_i}\sum_{j=1}^{n_i}\boldsymbol{x}_j^{(i)},\ i=1, 2,$$

$$\hat{\boldsymbol{\Sigma}}=\frac{1}{n_1+n_2-2}\sum_{i=1}^{2}\sum_{j=1}^{n_i}\left(\boldsymbol{x}_j^{(i)}-\overline{\boldsymbol{x}^{(i)}}\right)\left(\boldsymbol{x}_j^{(i)}-\overline{\boldsymbol{x}^{(i)}}\right)^{\mathrm{T}}=\frac{1}{n_1+n_2-2}(S_1+S_2),$$

其中，

$$S_i=\sum_{j=1}^{n_i}\left(\boldsymbol{x}_j^{(i)}-\overline{\boldsymbol{x}^{(i)}}\right)\left(\boldsymbol{x}_j^{(i)}-\overline{\boldsymbol{x}^{(i)}}\right)^{\mathrm{T}},\ i=1, 2.$$

对于待判样本 $\boldsymbol{x}$，其判别函数定义为

$$\hat{\omega}(\boldsymbol{x})=(\boldsymbol{x}-\bar{\boldsymbol{x}})^{\mathrm{T}}\hat{\boldsymbol{\Sigma}}^{-1}\left(\overline{\boldsymbol{x}^{(1)}}-\overline{\boldsymbol{x}^{(2)}}\right),$$

其中，$\bar{\boldsymbol{x}}=\frac{\overline{\boldsymbol{x}^{(1)}}-\overline{\boldsymbol{x}^{(2)}}}{2}$.

得到的判别函数

$$W(\boldsymbol{x})=\left[\boldsymbol{x}-\frac{1}{2}(\hat{\boldsymbol{\mu}}_1+\hat{\boldsymbol{\mu}}_2)\right]^{\mathrm{T}}\hat{\boldsymbol{\Sigma}}^{-1}(\hat{\boldsymbol{\mu}}_1-\hat{\boldsymbol{\mu}}_2)$$

称为 Anderson 线性判别函数，判别的规则为

$$\begin{cases}\boldsymbol{x}\in X_1,\ W(\boldsymbol{x})\geqslant\beta,\\ \boldsymbol{x}\in X_2,\ W(\boldsymbol{x})<\beta,\end{cases}$$

其中，$\beta=\ln\frac{L(1\mid 2)\cdot p_2}{L(2\mid 1)\cdot p_1}$.

(2) $\boldsymbol{\Sigma}_1 \neq \boldsymbol{\Sigma}_2$, $\boldsymbol{\Sigma}_1 > \boldsymbol{0}$, $\boldsymbol{\Sigma}_1 > \boldsymbol{0}$

由于误判损失极小化的划分依赖于密度函数之比 $\dfrac{f_1(\boldsymbol{x})}{f_2(\boldsymbol{x})}$ 或等价于 $\ln\left[\dfrac{f_1(\boldsymbol{x})}{f_2(\boldsymbol{x})}\right]$,把协方差矩阵不等的两个多元正态密度函数代入这个比值后,包含 $|\boldsymbol{\Sigma}_i|^{1/2}(i=1, 2)$ 的因子不能消去,而且 $f_i(\boldsymbol{x})$ 的指数部分也不能组合成简单的表达式,因此,$\boldsymbol{\Sigma}_1 \neq \boldsymbol{\Sigma}_2$ 时,根据定理 8.3.1 可以得到判别区域:

$$\begin{cases} R_1 = \{\boldsymbol{x}: W(\boldsymbol{x}) \geqslant K\}, \\ R_2 = \{\boldsymbol{x}: W(\boldsymbol{x}) < K\}, \end{cases}$$

其中,

$$W(\boldsymbol{x}) = -\frac{1}{2}\boldsymbol{x}^{\mathrm{T}}\left(\boldsymbol{\Sigma}_1^{-1} - \boldsymbol{\Sigma}_2^{-1}\right)\boldsymbol{x} + \left(\boldsymbol{\mu}_1^{\mathrm{T}}\boldsymbol{\Sigma}_1^{-1} - \boldsymbol{\mu}_2^{\mathrm{T}}\boldsymbol{\Sigma}_2^{-1}\right)\boldsymbol{x},$$

$$K = \ln\left[\ln\frac{L(1\mid 2)\cdot p_2}{L(2\mid 1)\cdot p_1}\right] + \frac{1}{2}\ln\frac{|\boldsymbol{\Sigma}_1|}{|\boldsymbol{\Sigma}_2|} + \frac{1}{2}\left(\boldsymbol{\mu}_1^{\mathrm{T}}\boldsymbol{\Sigma}_1^{-1}\boldsymbol{\mu}_1 - \boldsymbol{\mu}_2^{\mathrm{T}}\boldsymbol{\Sigma}_2^{-1}\boldsymbol{\mu}_2\right).$$

显然,判别函数 $W(\boldsymbol{x})$ 是关于 $\boldsymbol{x}$ 的二次函数,它比 $\boldsymbol{\Sigma}_1 = \boldsymbol{\Sigma}_2$ 的情形要复杂得多. 如果 $\boldsymbol{\mu}_i$ 和 $\boldsymbol{\Sigma}_i$ 未知,仍然可以采用其估计来代替.

对于多总体情形,也要讨论各类的协方差矩阵相等与不等两种情况,与两个总体情形类似.

8.4 实 验

实验目的:通过实验学会距离判别、Fisher 判别和 Bayes 判别.

8.4.1 实验 8.4.1 iris 数据集的判别分析

在实验 2.3.2 中曾对 iris 数据集进行描述和展示,在实验 2.3.4 中曾对 iris 数据集进行可视化,在实验 7.4.1 中曾对 iris 数据集进行聚类分析.

通过实验 2.3.2 对 iris 数据集进行描述和展示,我们知道 iris 数据集是对 3 个品种(species)鸢尾花: setosa、versicolor 和 virginica 各抽取一个容量为 50 的样本,测量其花萼长度(Sepal. Lenth)、花萼宽度(Sepal. Width)、花瓣长度(Petal.

Lenth)、花瓣宽度(Petal.Width).

现在对 iris 数据集进行判别分析，其代码如下：

```
> data(iris)
> attach(iris)
> names(iris)
> library(MASS)
> iris.lda <- lda(Species ~ Sepal.Length + Sepal.Width + Petal.Length + Petal.
Width)
> iris.lda
> iris.pred = predict(iris.lda) $ class
> table(iris.pred, Species)
> detach(iris)
```

结果如下：

```
Call:
lda(Species ~ Sepal.Length + Sepal.Width + Petal.Length + Petal.Width)

Prior probabilities of groups:
   setosa  versicolor  virginica
0.3333333  0.3333333  0.3333333

Group means:
            Sepal.Length  Sepal.Width  Petal.Length  Petal.Width
setosa             5.006        3.428         1.462        0.246
versicolor         5.936        2.770         4.260        1.326
virginica          6.588        2.974         5.552        2.026

Coefficients of linear discriminants:
                    LD1          LD2
Sepal.Length  0.8293776   0.02410215
Sepal.Width   1.5344731   2.16452123
Petal.Length -2.2012117  -0.93192121
Petal.Width  -2.8104603   2.83918785
Proportion of trace:
  LD1     LD2
0.9912  0.008 8
Species
```

```
iris.pred   setosa  versicolor  virginica
 setosa         50           0          0
 versicolor      0          48          1
 virginica       0           2         49
```

以上结果说明:

(1) Group means:包含了每组的均值向量;

(2) Coefficients of linear discriminants:线性判别系数;

(3) Proportion of trace:表明第 i 判别式对区分各组的贡献大小;

(4) Species:表明将原始数据代入线性判别函数后的判别结果,setosa 是没有错判,versicolor 是有 2 个错判,virginica 是有 1 个错判.

8.4.2 实验 8.4.2 心肌梗塞患者的判别分析

6 名健康人和 6 名心肌梗塞患者的三个心电图指标 x_1, x_2, x_3 分别由表 8-1 和表 8-2 给出.若现有一个人的三项指标分别为 420.50, 32.42, 1.98,请判别该人是健康人还是心肌梗塞患者.

第 1 类,6 名健康人及其数据,见表 8-1.

表 8-1 6 名健康人及其数据

序号	x_1	x_2	x_3
1	436.70	49.59	2.32
2	290.67	30.02	2.46
3	352.53	36.23	2.36
4	340.91	38.28	2.44
5	332.83	41.92	2.28
6	319.97	31.42	2.49

第 2 类,6 名心肌梗塞患者及其数据,见表 8-2.

表 8-2 6 名心肌梗塞患者及其数据

序号	x_1	x_2	x_3
1	510.47	67.64	1.73
2	510.41	62.71	1.58
3	470.30	54.40	1.68
4	364.12	46.26	2.09
5	416.07	45.37	1.90
6	515.70	84.59	1.75

(1) 根据表 8-1 和表 8-2,按矩阵形式导入训练样本和待判样本,调用函数 discriminiant.distance.R(附后),进行距离判别

```
> TrnX1<- matrix(
+     c(436.70,290.67,352.53,340.91,332.83,319.97,
+       49.59,30.02,36.23,38.28,41.92,31.42,
+       1.73, 1.58,1.68,2.09,1.90,1.75),
+     ncol=3)
> TrnX2<- matrix(
+     c(510.47,510.41,470.30,364.12,416.07,515.70,
+       67.64,62.71,54.40,46.26,45.37,84.59,
+       1.73, 1.58,1.68,2.09,1.90,1.75),
+     ncol=3)
> tst<-c(420.50, 32.42, 1.98)
> source('discriminiant.distance.R')
```

说明：discriminiant.distance.R 附后.

(2) 在协方差矩阵相同的情况下作判别

```
> discriminiant.distance(TrnX1, TrnX2, tst, var.equal=T)
      1
blong 2
```

以上结果说明属于 2 类,即此人为心肌梗塞患者.

(3) 在协方差矩阵不相同的情况下作判别

```
> discriminiant.distance(TrnX1, TrnX2, tst)
      1
blong 2
```

以上结果说明属于 2 类,即此人为心肌梗塞患者.

综合以上结果:无论在协方差矩阵相同还是协方差矩阵不相同的情况下,判别的结果都说明属于 2 类,即此人为心肌梗塞患者.

附:discriminiant.distance.R

```
discriminiant.distance <-function
  (TrnX1,TrnX2,TstX=NULL,var.equal=F)
{
  if (is.null(TstX)) TstX=rbind(TrnX1, TrnX2)
  if (is.vector(TstX)) TstX <- t(as.matrix(TstX))
```

```
  if (! is.matrix(TstX)) TstX <- as.matrix(TstX)
  if (! is.matrix(TrnX1)) TrnX1 <- as.matrix(TrnX1)
  if (! is.matrix(TrnX2)) TrnX2 <- as.matrix(TrnX2)
  nx <- nrow(TstX)
  blong <- matrix(rep(0,nx),nrow=1,byrow=T,dimnames=list("blong",1:nx))
  mu1 <- colMeans(TrnX1)
  mu2 <- colMeans(TrnX2)
  if (var.equal == TRUE)
  {
    S <- var(rbind(TrnX1, TrnX2))
    w <- mahalanobis(TstX,mu2,S) - mahalanobis(TstX,mu1,S)
  }
  else
  {
    S1 <- var(TrnX1); S2 <- var(TrnX2)
    w <- mahalanobis(TstX,mu2, S2) - mahalanobis(TstX,mu1,S1)
  }
  for (i in 1:nx)
  {
    if (w[i] > 0) blong[i] <- 1 else blong[i] <- 2
  } blong
}
```

8.4.3 实验 8.4.3 根据人文发展指数的判别分析

人文发展指数是联合国开发计划署于 1990 年 5 月发表的第一份《人类发展报告》中公布的.该报告建议,目前对人文发展的衡量应当以人生的三大要素为重点,衡量人生三大要素的指标分别为出生时的预期寿命、成人识字率和实际人均 GDP,将以上三个指示指标的数值合成为一个复合指数,即为人文发展指数.

从 1995 年世界各国人文发展指数的排序中选取高发展水平、中等发展水平的国家各五个作为两组样品,另选四个国家作为待判样品作距离判别分析(资料来源:UNDP,《人类发展报告》,1995 年).

第 1 类:高发展水平国家,见表 8-3.

表 8-3 第 1 类——高发展水平国家

序号	国家	出生时预期寿命 x_1	成人识字率 x_2	人均 GDP x_3
1	美国	76	99	5 374
2	日本	79.5	99	5 359
3	瑞士	78	99	5 372
4	阿根廷	72.1	95.9	5 242
5	阿联酋	73.8	77.7	5 370

第 2 类:中等发展水平国家,见表 8-4.

表 8-4 第 2 类——中等发展水平国家

序号	国家	出生时预期寿命 x_1	成人识字率 x_2	人均 GDP x_3
1	保加利亚	71.2	93	4 250
2	古巴	75.3	94.9	3 412
3	巴拉圭	70	91.2	3 390
4	格鲁吉亚	72.8	99	2 300
5	南非	62.9	80.6	3 799

待判样本,见表 8-5.

表 8-5 待判样本

序号	国家	出生时预期寿命 x_1	成人识字率 x_2	人均 GDP x_3
1	中国	68.5	79.3	1 950
2	罗马尼亚	69.9	96.9	2840
3	希腊	77.6	93.8	5 233
4	哥伦比亚	69.3	90.3	5 158

以下我们分别应用 Fisher 判别和 Bayes 判别进行判别分析.

(1) Fisher 判别

根据表 8-3,表 8-4 和表 8-5,按矩阵形式导入训练样本和待判样本,调用函数 discriminiant.fisher.R(附后),进行 Fisher 判别,其代码如下:

```
> TrnX1<- matrix(
+     c(76,79.5,78,72.1,73.8,
+ 71.2,75.3,70,72.8,62.9,
```

```
+ 5374,5359,5372,5242,5370),
+     ncol=3)
> TrnX2<- matrix(
+     c(99,99,99,95.9,77.7,
+ 93,94.9,91.2,99,80.6,
+ 4250,3412,3390,2300,3799),
+     ncol=3)
> tst1<- c(68.5, 79.3, 1590)
> tst2<- c(69.9, 96.9, 2840)
> tst3<- c(77.6, 93.8, 5233)
> tst4<- c(69.3, 90.3, 5158)
> source('discriminiant.fisher.R')
```

说明:discriminiant.fisher.R 附后.

协方差矩阵不同时,

```
> discriminiant.fisher(TrnX1, TrnX2)
      1 2 3 4 5 6 7 8 9 10
blong 1 1 1 1 1 2 2 2 2 2
```

全部样本回代正确.

协方差矩阵不同时进行判别:

```
> discriminiant.fisher(TrnX1, TrnX2, tst1)
      1
blong 2
> discriminiant.fisher(TrnX1, TrnX2, tst2)
      1
blong 2
> discriminiant.fisher(TrnX1, TrnX2, tst3)
      1
blong 1
> discriminiant.fisher(TrnX1, TrnX2, tst4)
      1
blong 1
```

结果:

中国、罗马尼亚属于2(中等发展水平国家);希腊、哥伦比亚属于1(高发展水平国家).

附：discriminiant.fisher.R

```
discriminiant.fisher <- function(TrnX1, TrnX2, TstX = NULL){
if (is.null(TstX) == = TRUE) TstX <- rbind(TrnX1,TrnX2)
if (is.vector(TstX) == = TRUE) TstX <- t(as.matrix(TstX))
else if (is.matrix(TstX) ! = TRUE)
TstX <- as.matrix(TstX)
if (is.matrix(TrnX1) ! = TRUE) TrnX1 <- as.matrix(TrnX1)
if (is.matrix(TrnX2) ! = TRUE) TrnX2 <- as.matrix(TrnX2)
nx <- nrow(TstX)
blong <- matrix(rep(0, nx), nrow=1, byrow=TRUE,
dimnames=list("blong", 1:nx))
n1 <- nrow(TrnX1); n2 <- nrow(TrnX2)
mu1 <- colMeans(TrnX1); mu2 <- colMeans(TrnX2)
S <- (n1-1) * var(TrnX1) + (n2-1) * var(TrnX2)
mu <- n1/(n1+n2) * mu1 + n2/(n1+n2) * mu2
w <- (TstX-rep(1,nx) %o% mu) %*% solve(S, mu2-mu1);
for (i in 1:nx){
if (w[i] <= 0)
blong[i] <- 1
else
blong[i] <- 2
}
blong
}
```

(2) Bayes 判别

在(1)的基础上，调用函数“discriminiant.bayes.R”(附后)，进行 Bayes 判别，其代码如下：

```
> source('discriminiant.bayes.R')
> discriminiant.bayes(TrnX1, TrnX2, rate=5/5,var.equal=TRUE)
      1 2 3 4 5 6 7 8 9 10
blong 1 1 1 1 1 2 2 2 2  2
> discriminiant.bayes(TrnX1, TrnX2, rate=5/5)
      1 2 3 4 5 6 7 8 9 10
blong 1 1 1 1 1 2 2 2 2  1
```

协方差矩阵相同和不同时，全部样本回代都正确.

说明：discriminiant.bayes.R 附后.

协方差矩阵相同和不同时进行判别：

```
> discriminiant.bayes(TrnX1, TrnX2, tst1, rate=5/5)
      1
blong 2
> discriminiant.bayes(TrnX1, TrnX2, tst2, rate=5/5)
      1
blong 2
> discriminiant.bayes(TrnX1, TrnX2, tst3, rate=5/5)
      1
blong 1
> discriminiant.bayes(TrnX1, TrnX2, tst4, rate=5/5)
      1
blong 1
> discriminiant.bayes(TrnX1, TrnX2, tst1, rate=5/5, var.equal=TRUE)
      1
blong 2
> discriminiant.bayes(TrnX1, TrnX2, tst2, rate=5/5, var.equal=TRUE)
      1
blong 2
> discriminiant.bayes(TrnX1, TrnX2, tst3, rate=5/5, var.equal=TRUE)
      1
blong 1
> discriminiant.bayes(TrnX1, TrnX2, tst4, rate=5/5, var.equal=TRUE)
      1
blong 1
```

以上结果说明协方差矩阵相同和不同时，都有如下结果：

中国、罗马尼亚属于 2(中等发展水平国家)；希腊、哥伦比亚属于 1(高发展水平国家).

附：discriminiant.bayes.R

```
discriminiant.bayes <- function
(TrnX1, TrnX2, rate = 1, TstX = NULL, var.equal = FALSE){
if (is.null(TstX) = = TRUE) TstX<-rbind(TrnX1,TrnX2)
if (is.vector(TstX) = = TRUE) TstX <- t(as.matrix(TstX))
else if (is.matrix(TstX) ! = TRUE)
TstX <- as.matrix(TstX)
```

```
if (is.matrix(TrnX1)! = TRUE) TrnX1 <- as.matrix(TrnX1)
if (is.matrix(TrnX2)! = TRUE) TrnX2 <- as.matrix(TrnX2)
nx <- nrow(TstX)
blong <- matrix(rep(0, nx), nrow=1, byrow=TRUE,
dimnames=list("blong", 1:nx))
mu1 <- colMeans(TrnX1); mu2 <- colMeans(TrnX2)
if (var.equal == TRUE || var.equal == T){
S <- var(rbind(TrnX1,TrnX2)); beta <- 2 * log(rate)
w <- mahalanobis(TstX, mu2, S)- mahalanobis(TstX, mu1, S)
}
else{
S1 <- var(TrnX1); S2 <- var(TrnX2)
beta <- 2 * log(rate) + log(det(S1)/det(S2))
w <- mahalanobis(TstX, mu2, S2)- mahalanobis(TstX, mu1, S2)
}
for (i in 1:nx){
if (w[i] > beta)
blong[i] <- 1
else
blong[i] <- 2
}
blong
}
```

9 主成分分析

假定你是一个公司的财务经理，掌握了公司的所有主要数据，比如固定资产、流动资金、每一笔借贷的数额和期限、各种税费、工资支出、原料消耗、产值、利润、折旧、职工人数、职工的分工和教育程度等.如果让你向上面介绍公司状况，你能够把这些指标和数字都原封不动地摆出去吗？当然不能.你必须要把各个方面进行高度概括，用一两个指标简单明了地把情况说清楚.其实，每个人都会遇到有很多变量的数据.比如全国或各个地区的带有许多经济和社会变量的数据，各个学校的研究、教学及各类学生人数及科研经费等各种变量的数据等.这些数据的共同特点是变量很多，在如此多的变量之中，有很多是相关的.人们希望能够找出它们的少数“代表”来对它们进行描述.

在实际问题中，往往会涉及众多有关的变量.但是，变量太多不仅会增加计算的复杂性，而且也给合理地分析问题和解释问题带来困难.一般来说，虽然每个变量都提供了一定的信息，但其重要性有所不同，而在很多情况下，变量间有一定的相关性，从而使得这些变量所提供的信息在一定程度上有所重叠.因而人们希望对这些变量加以“改造”，用为数较少的互不相关的新变量来反映原变量所提供的绝大部分信息，通过对新变量的分析达到解决问题的目的.主成分分析便是在这种降维的思想下产生出来的处理高维数据的方法.

本章就介绍把变量维数降低以便于描述、理解和分析问题的方法：主成分分析(principal component analysis).主成分分析是 1901 年 Pearson 对非随机变量引入的，1933 年 Hotelling 将此方法推广到随机向量的情形，主成分分析和聚类分析有很大的不同，它有严格的数学理论作基础.主成分分析的主要目的是希望用较少的变量去解释原来资料中的大部分变异，将我们手中许多相关性很高的变量转化成彼此相互独立或不相关的变量.通常是选出比原始变量个数少，能解释大部分资料中的变异的几个新变量，即所谓主成分，并用以解释资料的综合性指标.由此可见，主成分分析实际上是一种降维方法.

多维变量的情况和二维类似，也有高维的椭球，只不过无法直观地看见罢了.首先把高维椭球的各个主轴找出来，再用代表大多数数据信息的最长的几个轴作为新变量；这样，主成分分析就基本完成了.注意，和二维情况类似，高维椭球的主轴也是互相垂直的.这些互相正交的新变量是原先变量的线性组合,叫做主成分(principal component).

正如二维椭圆有两个主轴,三维椭球有三个主轴一样,有几个变量,就有几个主成分.当然,选择越少的主成分,降维就越好.什么是选择的标准呢?那就是这些被选的主成分所代表的主轴的长度之和占了主轴长度总和的大部分.有些文献建议,所选的主轴总长度占所有主轴长度之和的大约80%(也有的说75%左右等)即可.其实,这只是一个大体的说法;具体选几个,要看实际情况而定.但如果所有涉及的变量都不那么相关,就很难降维.不相关的变量就只有自己代表自己了.

9.1 主成分分析的基本思想及方法

如果用 $x_1, x_2, \cdots, x_p$ 表示 p 门课程, $c_1, c_2, \cdots, c_p$ 表示各门课程的权重,那么加权之和就是

$$s = c_1x_1 + c_2x_2 + \cdots + c_px_p.$$

我们希望选择适当的权重能更好地区分学生的成绩.每个学生都对应一个这样的综合成绩,记为 $s_1, s_2, \cdots, s_n$(n 为学生人数).如果这些值很分散,表明区分得好,就是说,需要寻找这样的加权,能使 $s_1, s_2, \cdots, s_n$ 尽可能的分散,下面来看它的统计定义.设 $X_1, X_2, \cdots, X_p$ 表示以 $x_1, x_2, \cdots, x_p$ 为样本观测值的随机变量,如果能找到 $c_1, c_2, \cdots, c_p$,使得方差

$$\mathrm{Var}(c_1X_1 + c_2X_2 + \cdots + c_pX_p) \tag{9.1.1}$$

的值达到最大,则由于方差反映了数据差异的程度,因此也就表明我们抓住了这 p 个变量的最大变异.当然,式(9.1.1)必须加上某种限制,否则权值可选择无穷大而没有意义,通常规定

$$c_1^2 + c_2^2 + \cdots + c_p^2 = 1.$$

在此约束下,求式(9.1.1)的最优解.由于这个解是 p 维空间的一个单位向量,它代表一个"方向",它就是常说的主成分方向.

一个主成分不足以代表原来的 p 个变量,因此需要寻找第二个乃至第三、第四主成分,第二个主成分不应该再包含第一个主成分的信息,统计上的描述就是让这两个主成分的协方差为零,几何上就是这两个主成分的方向正交.具体确定各个主成分的方法如下.

设 Z_i 表示第 i 个主成分 ($i=1, 2, \cdots, p$),可设

$$\begin{cases} Z_1 = c_{11}X_1 + c_{12}X_2 + \cdots + c_{1p}X_p, \\ Z_2 = c_{21}X_1 + c_{22}X_2 + \cdots + c_{2p}X_p, \\ \vdots \qquad\qquad\qquad\qquad \vdots \\ Z_p = c_{p1}X_1 + c_{p2}X_2 + \cdots + c_{pp}X_p, \end{cases} \tag{9.1.2}$$

其中,对每一个 i,均有 $c_{i1}^2+c_{i2}^2+\cdots+c_{ip}^2=1$,且 $(c_{11}, c_{12}, \cdots, c_{1p})$ 使得 $\mathrm{Var}(Z_1)$ 的值达到最大;$(c_{21}, c_{22}, \cdots, c_{2p})$ 不仅垂直于 $(c_{11}, c_{12}, \cdots, c_{1p})$,而且使 $\mathrm{Var}(Z_2)$ 的值达到最大;$(c_{31}, c_{32}, \cdots, c_{3p})$ 同时垂直于 $(c_{11}, c_{12}, \cdots, c_{1p})$ 和 $(c_{21}, c_{22}, \cdots, c_{2p})$,并使 $\mathrm{Var}(Z_3)$ 的值达到最大;以此类推可以得到全部 p 个主成分,这项工作用手工做是很繁琐的,但借助于计算机很容易完成.剩下的是如何确定主成分的个数,我们总结在下面几个注意事项中.

(1) 主成分分析的结果受量纲的影响,由于各变量的单位可能不一样,如果各自改变量纲,结果会不一样,这是主成分分析的最大问题,回归分析是不存在这种情况的,所以实际中可以先把各变量的数据标准化,然后使用协方差矩阵或相关系数矩阵进行分析.

(2) 使方差达到最大的主成分分析不用转轴(由于统计软件常把主成分分析和因子分析放在一起,后者往往需要转轴,使用时应注意).

(3) 主成分的保留.用相关系数矩阵求主成分时,Kaiser 主张将特征值小于 1 的主成分予以放弃(这也是 SPSS 软件的默认值).

(4) 在实际研究中,由于主成分的目的是为了降维,减少变量的个数,故一般选取少量的主成分(不超过 5 或 6 个),一般只要它们能解释变异的 70%~80%(称累积贡献率)就可以了.

9.2 特征值因子的筛选

设有 p 个指标变量 $x_1, x_2, \cdots, x_p$,它在第 i 次试验中的取值为

$$a_{i1}, a_{i2}, \cdots, a_{ip},\ i=1, 2, \cdots, n,$$

将它们写成矩阵的形式

$$\boldsymbol{A} = \begin{pmatrix} a_{11} & a_{12} & \cdots & a_{1p} \\ a_{21} & a_{22} & \cdots & a_{2p} \\ \vdots & \vdots & & \vdots \\ a_{n1} & a_{n2} & \cdots & a_{np} \end{pmatrix}$$

矩阵 $\mathbf{A}$ 称为设计矩阵.

回到主成分分析,实际中确定式(9.1.2)中的系数就是采用矩阵 $\mathbf{A}^{\mathrm{T}}\mathbf{A}$ 的特征向量.因此,剩下的问题仅仅是将 $\mathbf{A}^{\mathrm{T}}\mathbf{A}$ 的特征值按由大到小的次序排列之后,如何筛选这些特征值? 一个实用的方法是删去 λ_{r+1}, λ_{r+2}, $\cdots$, λ_p 后,这些删去的特征值之和占整个特征值之和 $\sum_{k+1}^{p}\lambda_i$ 的 20%以下,换句话说,余下的特征值所占的比重(定义为累积贡献率)将超过 80%,当然这不是一种严格的规定,近年来文献中关于这方面的讨论很多,有很多比较成熟的方法,这里不一一介绍.

注意:使用 $\widetilde{x}_i=\dfrac{x_i-\mu_i}{\sigma_i}$ 对数据进行标准化后,得到的标准化数据矩阵记为 $\widetilde{\mathbf{A}}$,相关系数矩阵 $\boldsymbol{R}=\widetilde{\mathbf{A}}^{\mathrm{T}}\widetilde{\mathbf{A}}/(n-1)$. 在主成分分析中需要计算相关系数矩阵 $\boldsymbol{R}$ 的特征值和特征向量.

单纯考虑累积贡献率有时是不够的,还需要考虑选择的主成分对原始变量的贡献值.我们用相关系数的平方和来表示,如果选取的主成分为 z_1, z_2, $\cdots$, z_r, 则它们对原变量 x_i 的贡献值为

$$\rho_i=\sum_{j=1}^{r}r^2(z_j,\ x_i),$$

其中, $r(z_j,\ x_i)$ 表示 z_j 与 x_i 的相关系数.

9.3 主成分回归分析

主成分估计(principal component estimate)是 Massy 在 1965 年提出的,它是回归系数参数的一种线性有偏估计(biased estimate),同其他有偏估计,如岭估计(ridge estimate)等一样,是为了克服最小二乘(LS)估计在设计矩阵病态(即存在多重共线性)时表现出的不稳定性而提出的.

主成分回归分析采用的方法是将原来的回归自变量变换到另一组变量,即主成分,选择其中一部分重要的主成分作为新的自变量(此时丢弃了一部分影响不大的自变量,这实际达到了降维的目的),然后用最小二乘法对选取主成分后的模型参数进行估计,最后再变换回原来的模型求出参数的估计.

9.4 实 验

实验目的:通过实验学会主成分分析.

9.4.1 实验 9.4.1 首批沿海开放城市的主成分分析

2009 年 14 个首批沿海开放城市(大连市、秦皇岛市、天津市、烟台市、青岛市、连云港市、南通市、上海市、宁波市、温州市、福州市、广州市、湛江市、北海市)实现地区生产总值达到 60 003.47 亿元,全国国内生产总值为 335 353.00 亿元,首批沿海开放城市地区生产总值占全国的 17.9%,大大高出了人口占全国的比重(7.1%).

在遵循合理性、代表性、系统性、可比性、可操作性及可获得性的原则下,选取了能反映城市综合经济实力的 11 项统计指标,建立起相应的统计指标体系,应用主成分分析的方法对各城市综合实力进行评价.选取反映经济情况的 11 项主要指标:地区生产总值 x_1,人均地区生产总值 x_2,社会消费品零售总额 x_3,地方财政一般预算收入 x_4,工业总产值 x_5,城镇固定资产投资 x_6,农村居民人均纯收入 x_7,进出口总额 x_8,实际外商直接投资 x_9,农林牧渔业总产值 x_{10},城镇居民人均可支配收入 x_{11}. 14 个首批沿海开放城市各评价指标数据见表 9-1.

表 9-1 14 个首批沿海开放城市各评价指标数据

序号	x_1	x_2	x_3	x_4	x_5	x_6	x_7	x_8	x_9	x_{10}	x_{11}
1	941.13	21 144	369.53	90.21	1 314.27	745.59	6 111	38.60	10.40	284.16	16 958
2	14 900.93	65 473	5 173.24	2 450.30	24 091.26	5 273.33	12 324	2 777.31	105.38	283.15	28 838
3	7 521.85	62 574	2 430.83	821.40	13 083.63	4 700.28	10 675	639.44	90.20	281.65	21 402
4	4 348.70	70 768	1 396.70	400.20	6 000.00	2 969.90	10 725	422.41	60.17	570.58	19 014
5	877.01	29 552	283.25	56.33	926.04	327.23	5 516	33.16	4.57	184.05	15 458
6	3 701.79	52 683	1 215.15	189.12	9 077.30	1 852.55	8 642	342.94	10.85	510.89	21 125
7	4 853.87	57 251	1 730.22	376.99	9 378.60	2 458.90	9 249	448.51	18.64	408.61	22 368
8	2 872.80	40 231	1 068.51	198.99	6 042.35	1 048.71	8 696	162.59	20.05	420.58	21 001
9	4 329.30	59 111	1 434.41	432.77	8 152.45	1 557.63	12 641	608.10	22.05	286.37	27 368
10	2 527.88	31 453	1 264.72	195.64	3 648.71	635.04	10 100	132.75	2.34	132.66	28 021
11	2 524.28	36 851	1 335.79	195.26	3 618.29	1 544.60	7 669	178.60	10.32	410.88	20 289
12	9 112.76	88 834	3 647.76	702.65	12 502.08	2 576.38	11 067	767.37	38.75	295.66	27 610
13	1 156.17	16 639	571.71	52.65	1 031.46	282.57	5 895	28.18	0.29	397.70	13 665
14	335.00	20 093	95.20	17.22	236.00	306.61	4 740	8.02	1.31	123.95	15 200

说明:在上表中序号 1—14 分别代表:连云港,上海,天津,大连,秦皇岛,烟台,青岛,南通,宁波,温州,福州,广州,湛江,北海.

(1) 根据表 9-1 导入数据并求相关系数矩阵

```
> x1=c(941.13,14900.93,7521.85,4348.7,877.01,3701.79,4853.87,2872.8,4329.3,2527.88,
2524.28,9112.76,1156.17,335)
> x2=c(21144,65473,62574,70768,29552,52683,57251,40231,59111,31453,36851,88834,
16639,20093)
> x3=c(369.53,5173.24,2430.83,1396.7,283.25,1215.15,1730.22,1068.51,1434.41,1264.72,
1335.79,3647.76,571.71,95.2)
> x4=c(90.21,2450.3,821.4,400.2,56.33,189.12,376.99,198.99,432.77,195.64,195.26,
702.65,52.65,17.22)
> x5=c(1314.27,24091.26,13083.63,6000,926.04,9077.3,9378.6,6042.35,8152.45,3648.71,
3618.29,12502.08,1031.46,236)
> x6=c(745.59,5273.33,4700.28,2969.9,327.23,1852.55,2458.9,1048.71,1557.63,635.04,
1544.6,2576.38,282.57,306.61)
> x7=c(6111,12324,10675,10725,5516,8642,9249,8696,12641,10100,7669,11067,5895,
4740)
> x8=c(38.6,2777.31,639.44,422.41,33.16,342.94,448.51,162.59,608.1,132.75,178.6,
767.37,28.18,8.02)
> x9=c(10.4,105.38,90.2,60.17,4.57,10.85,18.64,20.05,22.05,2.34,10.32,38.75,0.29,
1.31)
> x10=c(284.16,283.15,281.65,570.58,184.05,510.89,408.61,420.58,286.37,132.66,
410.88,295.66,397.7,123.95)
> x11=c(16958,28838,21402,19014,15458,21125,22368,21001,27368,28021,20289,27610,
13665,15200)
> X=data.frame(x1,x2,x3,x4,x5,x6,x7,x8,x9,x10,x11)
> cor(X)
```

结果如下：

```
           x1        x2        x3         x4        x5        x6
x1 1.00000000 0.7617502 0.9881220 0.94700896 0.9785028 0.8974054
x2 0.76175022 1.0000000 0.7506745 0.55016435 0.7489126 0.7542824
x3 0.98812199 0.7506745 1.0000000 0.92099773 0.9501087 0.8487860
x4 0.94700896 0.5501643 0.9209977 1.00000000 0.9258980 0.8424299
x5 0.97850279 0.7489126 0.9501087 0.92589803 1.0000000 0.9063443
x6 0.89740539 0.7542824 0.8487860 0.84242993 0.9063443 1.0000000
x7 0.75924120 0.8264449 0.7482219 0.63772945 0.7719897 0.7181433
```

```
x8   0.93675449   0.5569302 0.9104774   0.99045919  0.9238813 0.8051275
x9   0.86405044   0.6691270 0.8050897   0.85700858  0.8461546 0.9560564
x10  0.06777881   0.3406872 0.0444037  -0.03860995  0.1279014 0.2326146
x11  0.70680144   0.6613873 0.7431497   0.60144169  0.7108765 0.5208197
            x7           x8        x9          x10        x11
x1   0.7592412  0.936754488 0.8640504  0.067778813  0.7068014
x2   0.8264449  0.556930248 0.6691270  0.340687219  0.6613873
x3   0.7482219  0.910477371 0.8050897  0.044403697  0.7431497
x4   0.6377294  0.990459192 0.8570086 -0.038609955  0.6014417
x5   0.7719897  0.923881266 0.8461546  0.127901433  0.7108765
x6   0.7181433  0.805127536 0.9560564  0.232614636  0.5208197
x7   1.0000000  0.643510744 0.6677881  0.193407536  0.8754239
x8   0.6435107  1.000000000 0.8056436 -0.003824759  0.6184071
x9   0.6677881  0.805643593 1.0000000  0.136385061  0.4387356
x10  0.1934075 -0.003824759 0.1363851  1.000000000 -0.1121292
x11  0.8754239  0.618407148 0.4387356 -0.112129168  1.0000000
```

(2) 求特征值、贡献率

```
> x<-cor(X)
> eigen(x)
$values
[1] 8.1332327013 1.2329965765 0.9347879560 0.3506827834 0.2010664631 0.0726607421
[7] 0.0454840898 0.0181607641 0.0104207425 0.0002843778 0.0002228035
$vectors
            [,1]        [,2]         [,3]        [,4]        [,5]        [,6]
 [1,] -0.34570801 -0.06992244 -0.071487607  0.07734061  0.24748281  0.04077064
 [2,] -0.28275251  0.34428564  0.285127636 -0.36444768  0.58159658 -0.37405413
 [3,] -0.33850412 -0.09245039 -0.002568947  0.16066540  0.37315242  0.15513259
 [4,] -0.32447156 -0.22096810 -0.249715977  0.22451260 -0.11671237 -0.23696362
 [5,] -0.34291033 -0.02117866 -0.064364678  0.14241987  0.09263161  0.37538441
 [6,] -0.32383893  0.12830437 -0.237303865 -0.35521383 -0.13531438  0.51203719
 [7,] -0.29535381  0.15927420  0.453832224 -0.10275278 -0.51545591 -0.27441637
 [8,] -0.32124261 -0.20045228 -0.210673985  0.37611745 -0.06816242 -0.43147917
 [9,] -0.31063326  0.04174596 -0.327869798 -0.48436681 -0.32807375 -0.13352040
[10,] -0.04348316  0.84582394 -0.167010930  0.45561558 -0.11452276  0.04897643
[11,] -0.26343218 -0.13994099  0.636421777  0.21046976 -0.17220283  0.30561877
```

```
               [,7]        [,8]        [,9]        [,10]        [,11]
 [1,] -0.148216779  0.27081359 -0.11320803 -0.328299878  0.76530367
 [2,]  0.216436905 -0.17532518  0.12383090  0.125247941 -0.02494956
 [3,] -0.628389179  0.07763818 -0.23779280  0.028096626 -0.47906532
 [4,] -0.036504912 -0.15976597  0.05080653  0.764463151  0.22251024
 [5,]  0.564669182  0.54257900  0.15956906  0.114723081 -0.23701633
 [6,]  0.159067750 -0.50031959 -0.37157571 -0.019467540  0.04018145
 [7,] -0.008545283  0.30056671 -0.48525085  0.043381159 -0.04596967
 [8,]  0.287694450 -0.30617487 -0.04767784 -0.497172181 -0.23235600
 [9,] -0.291070234  0.17309492  0.53156269 -0.156780964 -0.11122704
[10,] -0.119987184 -0.04105908  0.11841288  0.001569552  0.03989819
[11,] -0.094167538 -0.32237474  0.46354100 -0.064448473  0.08256087
> X.pr<-princomp(X,cor=TRUE)
> summary(X.pr,loadings=TRUE)
Importance of components:
                          Comp.1    Comp.2     Comp.3     Comp.4
Standard deviation     2.8518823 1.1104038 0.96684433 0.59218475
Proportion of Variance 0.7393848 0.1120906 0.08498072 0.03188025
Cumulative Proportion  0.7393848 0.8514754 0.93645611 0.96833637
                           Comp.5      Comp.6      Comp.7      Comp.8
Standard deviation     0.44840435 0.269556566 0.213269993 0.134761879
Proportion of Variance 0.01827877 0.006605522 0.004134917 0.001650979
Cumulative Proportion  0.98661513 0.993220657 0.997355574 0.999006552
                             Comp.9      Comp.10      Comp.11
Standard deviation     0.1020820381 1.686350e-02 1.492660e-02
Proportion of Variance 0.0009473402 2.585253e-05 2.025486e-05
Cumulative Proportion  0.9999538926 9.999797e-01 1.000000e+00
Loadings:
   Comp.1 Comp.2 Comp.3 Comp.4 Comp.5 Comp.6 Comp.7 Comp.8 Comp.9 Comp.10 Comp.11
x1 -0.346                       0.247        -0.148  0.271 -0.113 -0.328   0.765 
x2 -0.283  0.344  0.285 -0.364  0.582 -0.374  0.216 -0.175  0.124  0.125         
x3 -0.339                0.161  0.373  0.155 -0.628        -0.238         -0.479 
x4 -0.324 -0.221 -0.250  0.225 -0.117 -0.237        -0.160          0.764   0.223 
x5 -0.343                0.142         0.375  0.565  0.543  0.160  0.115  -0.237 
x6 -0.324  0.128 -0.237 -0.355 -0.135  0.512  0.159 -0.500 -0.372                
x7 -0.295  0.159  0.454 -0.103 -0.515 -0.274         0.301 -0.485                
```

```
x8  -0.321 -0.200 -0.211  0.376        -0.431  0.288 -0.306        -0.497 -0.232
x9  -0.311        -0.328 -0.484 -0.328 -0.134 -0.291  0.173  0.532 -0.157 -0.111
x10         0.846 -0.167  0.456 -0.115        -0.120         0.118
x11 -0.263 -0.140  0.636  0.210 -0.172  0.306        -0.322  0.464
```

以上有关结果见表 9-2.

表 9-2　　特征值、贡献率和累计贡献率

序号	贡献率	累计贡献率	特征值
1	73.938 48	73.938 48	8.133 232 701 3
2	11.209 06	85.147 54	1.232 996 576 5
3	8.498 072	93.645 611	0.934 787 956 0
4	3.188 025	96.833 637	0.350 682 783 4
5	1.827 877	98.661 513	0.201 066 463 1
6	0.660 552 2	99.322 065 7	0.072 660 742 1
7	0.413 491 7	99.735 557 4	0.045 484 089 8
8	0.165 097 9	99.900 655 2	0.018 160 764 1
9	0.094 734 02	99.995 389 26	0.010 420 742 5
10	2.585 253e-03	99.997 97	0.000 284 377 8
11	2.025 486e-03	1.000 000e+00	0.000 222 803 5

从表 9-2 可知，前两个特征值的累计贡献率就达到了 85%以上.

(3) 画碎石图

```
> PCA = princomp(X, cor = T)
> screeplot(PCA, type = 'lines')
```

结果如图 9-1 所示.

从图 9-1 中也可以看出，提取前 2 个主成分是比较合适的.

(4) 计算综合得分并进行排名

```
> zz <- PCA $ scores
> Comp.1 <- PCA $ scores[ ,1]
> Comp.2 <- PCA $ scores[ ,2]
> C <- 0.86835722 * Comp.1 + 0.1316427 * Comp.2
> rank <- rank(C)
> sort <- cbind(Comp.1, Comp.2, C, rank)
```

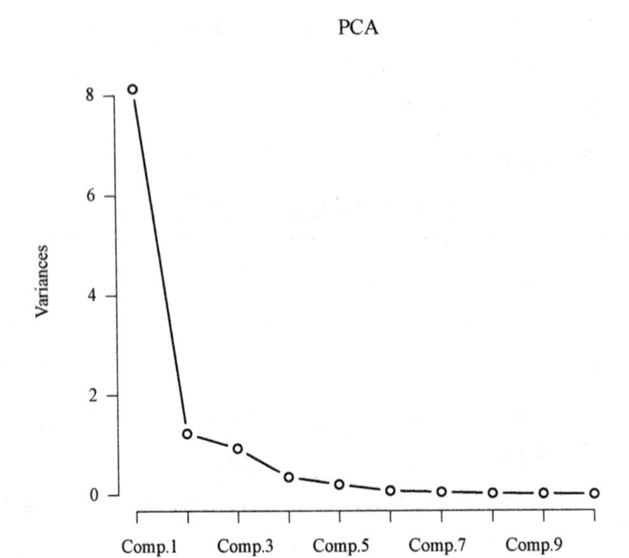

图 9-1 碎石图

```
> sort
        Comp.1      Comp.2          C rank
 [1,]  2.6473296 -0.45799259  2.2385364   11
 [2,] -7.4880354 -1.50884489 -6.7009180    1
 [3,] -2.7356826  0.05800523 -2.3679138    3
 [4,] -0.9002135  2.36452792 -0.4704340    5
 [5,]  2.9344338 -0.99871408  2.4166634   12
 [6,]  0.2929702  1.43599267  0.4434407    7
 [7,] -0.4783704  0.74047951 -0.3179177    6
 [8,]  0.9323170  0.67034375  0.8978301    9
 [9,] -0.8926992 -0.06730956 -0.7840426    4
[10,]  0.9881017 -1.53693438  0.6556991    8
[11,]  1.2213082  0.52694234  1.1298999   10
[12,] -2.9503062  0.07825368 -2.5516182    2
[13,]  3.0370735  0.24828444  2.6699496   13
[14,]  3.3917732 -1.55303404  2.7408252   14
```

根据上面的结果，14 个首批沿海开放城市的主成分得分及排名见表 9-3.

表 9-3　　14 个首批沿海开放城市的主成分得分及排名

地区	上海	广州	天津	宁波	大连	青岛	烟台
名次	1	2	3	4	5	6	7
综合评价值	−6.700 918 0	−2.551 618 2	−2.367 913 8	−0.784 042 6	−0.470 434 0	−0.317 917 7	0.443 440 7
地区	温州	南通	福州	连云港	秦皇岛	湛江	北海
名次	8	9	10	11	12	13	14
综合评价值	0.655 699 1	0.897 830 1	1.129 899 9	2.238 536 4	2.416 663 4	2.669 949 6	2.740 825 2

需要说明,由于以上排名仅根据反映经济情况的 11 项主要指标进行,可能并非全面,其结果仅供参考.

9.4.2 实验 9.4.2 USJudgeRatings 数据集的主成分分析

USJudgeRatings 数据集(R 自带),该数据集来自 psych 包,需加载以及调用 psych 包.

(1) 首先查看 USJudgeRatings 数据集的信息

```
> install.packages("psych")
> library(psych)
> USJudgeRatings
                 CONT INTG DMNR DILG CFMG DECI PREP FAMI ORAL WRIT PHYS RTEN
AARONSON,L.H.     5.7  7.9  7.7  7.3  7.1  7.4  7.1  7.1  7.1  7.0  8.3  7.8
ALEXANDER,J.M.    6.8  8.9  8.8  8.5  7.8  8.1  8.0  8.0  7.8  7.9  8.5  8.7
ARMENTANO,A.J.    7.2  8.1  7.8  7.8  7.5  7.6  7.5  7.5  7.3  7.4  7.9  7.8
BERDON,R.I.       6.8  8.8  8.5  8.8  8.3  8.5  8.7  8.7  8.4  8.5  8.8  8.7
BRACKEN,J.J.      7.3  6.4  4.3  6.5  6.0  6.2  5.7  5.7  5.1  5.3  5.5  4.8
BURNS,E.B.        6.2  8.8  8.7  8.5  7.9  8.0  8.1  8.0  8.0  8.0  8.6  8.6
CALLAHAN,R.J.    10.6  9.0  8.9  8.7  8.5  8.5  8.5  8.5  8.6  8.4  9.1  9.0
COHEN,S.S.        7.0  5.9  4.9  5.1  5.4  5.9  4.8  5.1  4.7  4.9  6.8  5.0
DALY,J.J.         7.3  8.9  8.9  8.7  8.6  8.5  8.4  8.4  8.4  8.5  8.8  8.8
DANNEHY,J.F.      8.2  7.9  6.7  8.1  7.9  8.0  7.9  8.1  7.7  7.8  8.5  7.9
DEAN,H.H.         7.0  8.0  7.6  7.4  7.3  7.5  7.1  7.2  7.1  7.2  8.4  7.7
DEVITA,H.J.       6.5  8.0  7.6  7.2  7.0  7.1  6.9  7.0  7.0  7.1  6.9  7.2
DRISCOLL,P.J.     6.7  8.6  8.2  6.8  6.9  6.6  7.1  7.3  7.2  7.2  8.1  7.7
GRILLO,A.E.       7.0  7.5  6.4  6.8  6.5  7.0  6.6  6.8  6.3  6.6  6.2  6.5
HADDEN,W.L.JR.    6.5  8.1  8.0  8.0  7.9  8.0  7.9  7.8  7.8  7.8  8.4  8.0
HAMILL,E.C.       7.3  8.0  7.4  7.7  7.3  7.3  7.3  7.2  7.1  7.2  8.0  7.6
HEALEY.A.H.       8.0  7.6  6.6  7.2  6.5  6.5  6.8  6.7  6.4  6.5  6.9  6.7
```

HULL,T.C.	7.7	7.7	6.7	7.5	7.4	7.5	7.1	7.3	7.1	7.3	8.1	7.4
LEVINE,I.	8.3	8.2	7.4	7.8	7.7	7.7	7.7	7.8	7.5	7.6	8.0	8.0
LEVISTER,R.L.	9.6	6.9	5.7	6.6	6.9	6.6	6.2	6.0	5.8	5.8	7.2	6.0
MARTIN,L.F.	7.1	8.2	7.7	7.1	6.6	6.6	6.7	6.7	6.8	6.8	7.5	7.3
MCGRATH,J.F.	7.6	7.3	6.9	6.8	6.7	6.8	6.4	6.3	6.3	6.3	7.4	6.6
MIGNONE,A.F.	6.6	7.4	6.2	6.2	5.4	5.7	5.8	5.9	5.2	5.8	4.7	5.2
MISSAL,H.M.	6.2	8.3	8.1	7.7	7.4	7.3	7.3	7.3	7.2	7.3	7.8	7.6
MULVEY,H.M.	7.5	8.7	8.5	8.6	8.5	8.4	8.5	8.5	8.4	8.4	8.7	8.7
NARUK,H.J.	7.8	8.9	8.7	8.9	8.7	8.8	8.9	9.0	8.8	8.9	9.0	9.0
O'BRIEN,F.J.	7.1	8.5	8.3	8.0	7.9	7.9	7.8	7.8	7.8	7.7	8.3	8.2
O'SULLIVAN,T.J.	7.5	9.0	8.9	8.7	8.4	8.5	8.4	8.3	8.3	8.3	8.8	8.7
PASKEY,L.	7.5	8.1	7.7	8.2	8.0	8.1	8.2	8.4	8.0	8.1	8.4	8.1
RUBINOW,J.E.	7.1	9.2	9.0	9.0	8.4	8.6	9.1	9.1	8.9	9.0	8.9	9.2
SADEN.G.A.	6.6	7.4	6.9	8.4	8.0	7.9	8.2	8.4	7.7	7.9	8.4	7.5
SATANIELLO,A.G.	8.4	8.0	7.9	7.9	7.8	7.8	7.6	7.4	7.4	7.4	8.1	7.9
SHEA,D.M.	6.9	8.5	7.8	8.5	8.1	8.2	8.4	8.5	8.1	8.3	8.7	8.3
SHEA,J.F.JR.	7.3	8.9	8.8	8.7	8.4	8.5	8.5	8.5	8.4	8.4	8.8	8.8
SIDOR,W.J.	7.7	6.2	5.1	5.6	5.6	5.9	5.6	5.6	5.3	5.5	6.3	5.3
SPEZIALE,J.A.	8.5	8.3	8.1	8.3	8.4	8.2	8.2	8.1	7.9	8.0	8.0	8.2
SPONZO,M.J.	6.9	8.3	8.0	8.1	7.9	7.9	7.9	7.7	7.6	7.7	8.1	8.0
STAPLETON,J.F.	6.5	8.2	7.7	7.8	7.6	7.7	7.7	7.7	7.5	7.6	8.5	7.7
TESTO,R.J.	8.3	7.3	7.0	6.8	7.0	7.1	6.7	6.7	6.7	6.7	8.0	7.0
TIERNEY,W.L.JR.	8.3	8.2	7.8	8.3	8.4	8.3	7.7	7.6	7.5	7.7	8.1	7.9
WALL,R.A.	9.0	7.0	5.9	7.0	7.0	7.2	6.9	6.9	6.5	6.6	7.6	6.6
WRIGHT,D.B.	7.1	8.4	8.4	7.7	7.5	7.7	7.8	8.2	8.0	8.1	8.3	8.1
ZARRILLI,K.J.	8.6	7.4	7.0	7.5	7.5	7.7	7.4	7.2	6.9	7.0	7.8	7.1

该数据集包含了律师对美国高等法院法官的评分,数据包含 43 个观测值,12 个变量.

12 个变量如下:

CONT:律师与法官的接触次数;

INTG:法官正直程度;

DMNR:风度;

DILG:勤勉度;

CFMG:案例流程管理水平;

DECI:决策效率;

PREP:审理前的准备工作;

FAMI：对法律的熟稔程度；
ORAL：口头裁决的可靠度；
WRIT：书面裁决的可靠度；
PHYS：体能；
RTEN：是否值得保留.

(2) 计算相关系数矩阵

```
> r<-cor(USJudgeRatings)
> r
             CONT        INTG        DMNR       DILG      CFMG       DECI
CONT   1.00000000  -0.1331909  -0.1536885  0.0123920 0.1369123 0.08653823
INTG  -0.13319089   1.0000000   0.9646153  0.8715111 0.8140858 0.80284636
DMNR  -0.15368853   0.9646153   1.0000000  0.8368510 0.8133582 0.80411683
DILG   0.01239200   0.8715111   0.8368510  1.0000000 0.9587988 0.95616608
CFMG   0.13691230   0.8140858   0.8133582  0.9587988 1.0000000 0.98113590
DECI   0.08653823   0.8028464   0.8041168  0.9561661 0.9811359 1.00000000
PREP   0.01146921   0.8777965   0.8558175  0.9785684 0.9579140 0.95708831
FAMI  -0.02563656   0.8688580   0.8412415  0.9573634 0.9354684 0.94280452
ORAL  -0.01199681   0.9113992   0.9067729  0.9544758 0.9505657 0.94825640
WRIT  -0.04381025   0.9088347   0.8930611  0.9592503 0.9422470 0.94610093
PHYS   0.05424827   0.7419360   0.7886804  0.8129211 0.8794874 0.87176277
RTEN  -0.03364343   0.9372632   0.9437002  0.9299652 0.9270827 0.92499241
             PREP        FAMI        ORAL        WRIT       PHYS        RTEN
CONT   0.01146921 -0.02563656 -0.01199681 -0.04381025 0.05424827 -0.03364343
INTG   0.87779650  0.86885798  0.91139915  0.90883469 0.74193597  0.93726315
DMNR   0.85581749  0.84124150  0.90677295  0.89306109 0.78868038  0.94370017
DILG   0.97856839  0.95736345  0.95447583  0.95925032 0.81292115  0.92996523
CFMG   0.95791402  0.93546838  0.95056567  0.94224697 0.87948744  0.92708271
DECI   0.95708831  0.94280452  0.94825640  0.94610093 0.87176277  0.92499241
PREP   1.00000000  0.98986345  0.98310045  0.98679918 0.84867350  0.95029259
             PREP        FAMI        ORAL        WRIT       PHYS        RTEN
FAMI   0.98986345  1.00000000  0.98133905  0.99069557 0.84374436  0.94164495
ORAL   0.98310045  0.98133905  1.00000000  0.99342943 0.89116392  0.98213227
WRIT   0.98679918  0.99069557  0.99342943  1.00000000 0.85594002  0.96755639
PHYS   0.84867350  0.84374436  0.89116392  0.85594002 1.00000000  0.90654782
RTEN   0.95029259  0.94164495  0.98213227  0.96755639 0.90654782  1.00000000
```

(3) 进行主成分分析

```
> PCA<-princomp(USJudgeRatings,cor=TRUE)
> summary(PCA,loadings=TRUE)
Importance of components:
                             Comp.1       Comp.2       Comp.3       Comp.4
Standard deviation        3.1833165   1.05078398    0.5769763   0.50383231
Proportion of Variance    0.8444586   0.09201225    0.0277418   0.02115392
Cumulative Proportion     0.8444586   0.93647089    0.9642127   0.98536661
                             Comp.5       Comp.6       Comp.7       Comp.8
Standard deviation      0.290607615  0.193095982  0.140295449  0.124158319
Proportion of Variance  0.007037732  0.003107172  0.001640234  0.001284607
Cumulative Proportion   0.992404341  0.995511513  0.997151747  0.998436354
                             Comp.9      Comp.10      Comp.11      Comp.12
Standard deviation     0.0885069038 0.0749114592 0.0570804224 0.0453913429
Proportion of Variance 0.0006527893 0.0004676439 0.0002715146 0.0001716978
Cumulative Proportion  0.9990891437 0.9995567876 0.9998283022 1.0000000000
Loadings:
     Comp.1 Comp.2 Comp.3 Comp.4 Comp.5 Comp.6 Comp.7 Comp.8
CONT         0.933 -0.335                                   
INTG -0.289 -0.182 -0.549 -0.174         0.370 -0.450  0.334
DMNR -0.287 -0.198 -0.556  0.124  0.229 -0.395  0.467 -0.247
DILG -0.304         0.164 -0.321  0.302  0.599  0.210 -0.355
CFMG -0.303  0.168  0.207         0.448         0.247  0.714
DECI -0.302  0.128  0.298         0.424 -0.393 -0.536 -0.302
PREP -0.309         0.152 -0.214 -0.203         0.335 -0.154
FAMI -0.307         0.195 -0.201 -0.507 -0.102              
ORAL -0.313                      -0.246 -0.150              
WRIT -0.311                -0.137 -0.306 -0.238         0.126
PHYS -0.281         0.154  0.841 -0.118  0.299              
RTEN -0.310        -0.173  0.184                -0.256 -0.221
     Comp.9 Comp.10 Comp.11 Comp.12
CONT                               
INTG -0.275 -0.109   0.113         
DMNR -0.199         -0.134         
DILG          0.383                
CFMG  0.143         -0.166         
DECI -0.258          0.128         
PREP -0.109 -0.680   0.319   0.273 
```

```
FAMI  -0.223         -0.573 -0.422
ORAL   0.300  0.256   0.639 -0.494
WRIT          0.475          0.696
PHYS  -0.266
RTEN   0.756 -0.250  -0.286
```

Standard deviation 为主成分的标准差，proportion of variance 为贡献率，cumulative of proportion 为累计贡献率.从以上计算结果中可以得出每个成分的贡献率、累计贡献率：对于成分一的贡献率为 0.844 458 6；成分二的贡献率为 0.092 012 25，前两个成分的累计贡献率达 0.936 470 89，因此可以选取两个主成分.

（4）画碎石图

```
> fa.parallel(USJudgeRatings, fa = "pc", n.iter = 100, show.legend = FALSE, main =
"screeplot")
```

结果如图 9-2 所示.

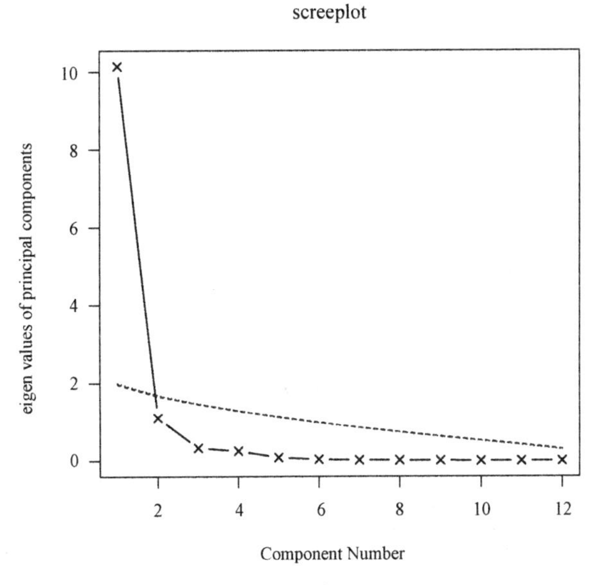

图 9-2　碎石图

从图 9-2(碎石图)也可以看出，选取两个主成分比较合理.

（5）计算特征值以及特征向量

```
> trait<-eigen(r)
```

```
> trait
eigen() decomposition
$values
 [1] 10.133503726  1.104146980  0.332901600  0.253847001  0.084452786
 [6]  0.037286058  0.019682813  0.015415288  0.007833472  0.005611727
[11]  0.003258175  0.002060374
$vectors
              [,1]         [,2]          [,3]         [,4]         [,5]
 [1,]  0.003075143  0.932890644  -0.334756548 -0.058576867 -0.093438368
 [2,] -0.288550775 -0.182040993  -0.549360126 -0.173977074  0.014543880
 [3,] -0.286884206 -0.197565743  -0.556490386  0.124412022  0.228832817
 [4,] -0.304354091  0.036304667   0.163629910 -0.321395544  0.301936920
 [5,] -0.302572733  0.168393523   0.207341904 -0.012949223  0.448430522
 [6,] -0.301891969  0.127877299   0.297902771 -0.030491779  0.424003128
 [7,] -0.309406446  0.032230248   0.151869345 -0.213656069 -0.202853400
 [8,] -0.306679527 -0.001315183   0.195290454 -0.200651140 -0.507470003
 [9,] -0.312708348 -0.003625720   0.002150634  0.007441042 -0.246059421
[10,] -0.311061231 -0.031378756   0.056045596 -0.137104995 -0.305562842
[11,] -0.280723624  0.089037698   0.154000444  0.841266046 -0.118424976
[12,] -0.309790218 -0.039381306  -0.172869757  0.184223629 -0.006717911
              [,6]         [,7]          [,8]         [,9]        [,10]
 [1,] -0.004064432  0.005214784 -6.006597e-02  -0.02514533   0.03038881
 [2,]  0.369937339 -0.449810741  3.341645e-01  -0.27537794  -0.10897641
 [3,] -0.394724667  0.466747889 -2.470974e-01  -0.19910004   0.07241282
 [4,]  0.598676072  0.209710731 -3.548587e-01   0.03977180   0.38339165
 [5,] -0.085728870  0.246903359  7.135261e-01   0.14342471  -0.09850310
 [6,] -0.392609484 -0.536429933 -3.024227e-01  -0.25823773  -0.06743847
 [7,]  0.083216652  0.335390036 -1.536754e-01  -0.10876864  -0.67986284
 [8,] -0.101538704 -0.036378004  2.038889e-02  -0.22306628  -0.04004599
 [9,] -0.150272440  0.057580177  9.062990e-02   0.29951714   0.25599455
[10,] -0.238172386 -0.060899994  1.261203e-01   0.02497324   0.47478254
[11,]  0.299281534  0.024959951 -1.364511e-05  -0.26627286   0.05900837
[12,]  0.036126847 -0.256194180 -2.213898e-01   0.75645893  -0.24993250
```

```
          [,11]        [,12]
 [1,] -0.0145329260  0.007940919
 [2,]  0.1125535650 -0.009848658
 [3,] -0.1343234234 -0.059121657
 [4,] -0.0709517642 -0.053790339
 [5,] -0.1658680927 -0.025082947
 [6,]  0.1284999526 -0.044141604
 [7,]  0.3187612119  0.273286884
 [8,] -0.5733628652 -0.421739844
 [9,]  0.6386061655 -0.494391025
[10,] -0.0004056397  0.696107204
[11,]  0.0181381019  0.053783960
[12,] -0.2855143026  0.080267574
```

可以得到特征值为 10.133 5，1.104 1，0.332 9，0.253 8，0.084 4，0.037 3，0.019 7，0.015 4，0.007 8，0.005 6，0.003 3，0.002 1.

综合前面所选取的主成分个数，可以得出两个主成分，分别为：

$$z_1 = 0.003\,1\tilde{x}_1 - 0.288\,6\tilde{x}_2 - 0.286\,9\tilde{x}_3 - 0.304\,4\tilde{x}_4 - 0.302\,6\tilde{x}_5 - 0.301\,9\tilde{x}_6 - 0.309\,4\tilde{x}_7 - 0.306\,7\tilde{x}_8 - 0.312\,7\tilde{x}_9 - 0.311\,1\tilde{x}_{10} - 0.280\,7\tilde{x}_{11} - 0.309\,8\tilde{x}_{12},$$

$$z_2 = 0.932\,9\tilde{x}_1 - 0.182\,0\tilde{x}_2 - 0.197\,6\tilde{x}_3 + 0.036\,3\tilde{x}_4 + 168\,4\tilde{x}_5 + 0.127\,9\tilde{x}_6 + 0.032\,2\tilde{x}_7 - 0.001\,3\tilde{x}_8 - 0.003\,6\tilde{x}_9 - 0.031\,4\tilde{x}_{10} - 0.089\,0\tilde{x}_{11} - 0.039\,4\tilde{x}_{12}.$$

（6）计算主成分得分及主成分排名

```
> score<-PCA$scores
> C<-(trait$values[1]*score[,1]+trait$values[2]*score[,2])/(trait$values
[1]+trait$values[2])
> rank(C)
AARONSON,L.H.  ALEXANDER,J.M.  ARMENTANO,A.J.    BERDON,R.I.
           27              11              24              3
  BRACKEN,J.J.     BURNS,E.B.  CALLAHAN,R.J.     COHEN,S.S.
           41              10               6             43
     DALY,J.J.  DANNEHY,J.F.      DEAN,H.H.     DEVITA,H.J.
            4              20              26             32
 DRISCOLL,P.J.    GRILLO,A.E.  HADDEN,W.L.JR.    HAMILL,E.C.
           29              38              16             28
   HEALEY.A.H.      HULL,T.C.     LEVINE,I.    LEVISTER,R.L.
           36              30              22             39
```

```
  MARTIN,L.F.    MCGRATH,J.F.  MIGNONE,A.F.        MISSAL,H.M.
           33              37            40                 25
 MULVEY,H.M.        NARUK,H.J.   O'BRIEN,F.J.  O'SULLIVAN,T.J.
            8               2            14                  7
   PASKEY,L.     RUBINOW,J.E.    SADEN.G.A.  SATANIELLO,A.G.
           13               1            19                 23
   SHEA,D.M.      SHEA,J.F.JR.    SIDOR,W.J.     SPEZIALE,J.A.
            9               5            42                 12
  SPONZO,M.J.  STAPLETON,J.F.    TESTO,R.J.  TIERNEY,W.L.JR.
           17              21            34                 18
   WALL,R.A.      WRIGHT,D.B.  ZARRILLI,K.J.
           35              15            31
```

从以上排名结果可以看出：RUBINOW，J.E.排名第一；NARUK，H.J.排名第二；BERDON，R.I.排名第三；COHEN，S.S；遗憾排名最后.

由于判断法官综合能力的变量有限仅为12个变量，排名结果可能不能完全地体现各位法官的综合能力，因此排名可能并非全面，结果仅供参考.

10 因子分析

实际上主成分分析可以说是因子分析(factor analysis)的一个特例.主成分分析从原理上是寻找椭球的所有主轴.因此,原先有几个变量就有几个主成分.而因子分析是事先确定要找几个成分(component),也称为因子(factor)(从数学模型本身来说是事先确定因子个数,但统计软件是事先确定因子个数,或者把符合某些标准的因子都选入).变量和因子个数的不一致使得不仅在数学模型上,而且在计算方法上,因子分析和主成分分析有不少区别.因子分析的计算要复杂一些.根据因子分析模型的特点,它还多一道工序:因子旋转(factor rotation),这个步骤可以使结果更加使人满意.当然,对于计算机来说,因子分析并不比主成分分析多费多少时间(可能多一两个选项罢了).和主成分分析类似,也根据相应特征值大小来选择因子.

因子分析是由英国心理学家 Spearman 在 1904 年提出来的,他成功地解决了智力测验得分的统计分析,长期以来,教育心理学家不断丰富、发展了因子分析理论和方法,并应用这一方法在行为科学领域进行了广泛的研究.因子分析可以看成主成分分析的推广,它也是多元统计分析中常用的一种降维方式,因子分析所涉及的计算与主成分分析也很类似,但差别也是很明显的:

(1) 主成分分析把方差划分为不同的正交成分,而因子分析则把方差划归为不同的起因因子.

(2) 主成分分析仅仅是变量变换,而因子分析需要构造因子模型.

(3) 主成分分析中原始变量的线性组合表示新的综合变量,即主成分.而因子分析中潜在的假想变量和随机影响变量的线性组合表示原始变量.

因子分析与回归分析不同,因子分析中因子是一个比较抽象的概念,而回归变量有非常明确的实际意义.

因子分析有确定的模型,观察数据在模型中被分解为公共因子、特殊因子和误差三部分.

根据研究对象的不同,因子分析可分为 R 型和 Q 型两种.当研究对象是变量时,属于 R 型因子分析;当研究对象是样品时,属于 Q 型因子分析.

10.1 因子分析模型

为了解学生的知识和能力,对学生进行了抽样命题考试,考题包括的面很广,但总的来讲可归结为学生的语文水平、数学推导、艺术修养、历史知识、生活知识等五个方面,我们把每一个方面称为一个(公共)因子,显然每个学生的成绩均可由这五个因子来确定,即可设想第 i 个学生考试的分数 X_i 能用这五个公共因子 F_1, F_2, …, F_5 的线性组合表示出来

$$X_i=\mu_i+a_{i1}F_1+a_{i2}F_2+\cdots+a_{i5}F_5+\varepsilon_i,\ i=1,\ 2,\ \cdots,\ n.$$

线性组合系数 a_{i1}, a_{i2}, …, a_{i5} 称为因子载荷(loadings),它分别表示第 i 个学生在这五个因子方面的能力, μ_i 是总平均, ε_i 是第 i 个学生的能力和知识不能被这五个因子包含的部分,称为特殊因子,常假定 $\varepsilon_i\sim N(0,\ \sigma_i^2)$. 不难发现,这个模型与回归模型在形式上是很相似的,但这里 F_1, F_2, …, F_5 的值却是未知的,有关参数的意义也有很大的差异.

因子分析的首要任务就是估计因子载荷 a_{ij} 和方差 σ_i^2, 然后给因子 F_i 一个合理的解释,若难以进行合理的解释,则需要进一步作因子旋转,希望旋转后能发现比较合理的解释.

特别需要说明的是这里的因子和试验设计里的因子(或因素)是不同的,它比较抽象和概括,往往是不可以单独测量的.

10.1.1 数学模型

设有 p 个原始变量 $X_i(i=1,\ 2,\ \cdots,p)$ 可以表示为

$$X_i=\mu_i+a_{i1}F_1+a_{i2}F_2+\cdots+a_{im}F_m+\varepsilon_i,\ m\leqslant p, \qquad (10.1.1)$$

或

$$\boldsymbol{X}-\boldsymbol{\mu}=\boldsymbol{\Lambda}\boldsymbol{F}+\boldsymbol{\varepsilon},$$

其中

$$\boldsymbol{X}=\begin{pmatrix}X_1\\X_2\\\vdots\\X_p\end{pmatrix},\ \boldsymbol{\mu}=\begin{pmatrix}\mu_1\\\mu_2\\\vdots\\\mu_p\end{pmatrix},\ \boldsymbol{\Lambda}=\begin{pmatrix}a_{11}&a_{12}&\cdots&a_{1m}\\a_{21}&a_{22}&\cdots&a_{2m}\\\vdots&\vdots&&\vdots\\a_{p1}&a_{p2}&\cdots&a_{pm}\end{pmatrix},\ \boldsymbol{F}=\begin{pmatrix}F_1\\F_2\\\vdots\\F_m\end{pmatrix},\ \boldsymbol{\varepsilon}=\begin{pmatrix}\varepsilon_1\\\varepsilon_2\\\vdots\\\varepsilon_p\end{pmatrix}.$$

称 $F_1, F_2, \cdots, F_m$ 为公共因子，是不可观测的变量，它们的系数 a_{ij} 称为载荷因子. ε_i 是一个特殊因子，是不能被前 m 个公共因子包含的部分.并且满足

$$E(\boldsymbol{F})=0,\ E(\boldsymbol{\varepsilon})=0,\ \mathrm{Cov}(\boldsymbol{F})=I_m,$$
$$\mathrm{Var}(\boldsymbol{\varepsilon})=\mathrm{Cov}(\boldsymbol{\varepsilon})=\mathrm{diag}(\sigma_1^2,\ \sigma_2^2,\ \cdots,\ \sigma_m^2),\ \mathrm{Cov}(\boldsymbol{F},\ \boldsymbol{\varepsilon})=0.$$

$\mathrm{Cov}(\boldsymbol{F})=I_m$ 说明 F 的各分量方差为 1，且互不相关.即在因子分析中，要求公共因子彼此不相关且具有单位方差.

10.1.2 因子分析模型的性质

(1) 原始变量 $\boldsymbol{X}$ 协方差矩阵的分解

由 $\boldsymbol{X}-\boldsymbol{\mu}=\boldsymbol{\Lambda F}+\boldsymbol{\varepsilon}$，得 $\mathrm{Cov}(\boldsymbol{X}-\boldsymbol{\mu})=\boldsymbol{\Lambda}\mathrm{Cov}(\boldsymbol{F})\boldsymbol{\Lambda}^{\mathrm{T}}+\mathrm{Cov}(\boldsymbol{\varepsilon})$，即 $\mathrm{Cov}(\boldsymbol{X})=\boldsymbol{\Lambda\Lambda}^{\mathrm{T}}+\mathrm{diag}(\sigma_1^2,\ \sigma_2^2,\ \cdots,\ \sigma_m^2)$. $\sigma_1^2,\ \sigma_2^2,\ \cdots,\ \sigma_m^2$ 的值越小，则公共因子共享的成分越多.

(2) 载荷矩阵 $\boldsymbol{\Lambda}=(a_{ij})_{p\times m}$ 不是唯一的

设 $\boldsymbol{B}$ 是一个 $p\times p$ 正交矩阵，令 $\widetilde{\boldsymbol{\Lambda}}=\boldsymbol{\Lambda B}$，$\widetilde{\boldsymbol{F}}=\boldsymbol{B}^{\mathrm{T}}\boldsymbol{F}$，则有

$$\boldsymbol{X}-\boldsymbol{\mu}=\widetilde{\boldsymbol{\Lambda}}\widetilde{\boldsymbol{F}}+\boldsymbol{\varepsilon}.$$

10.1.3 因子载荷矩阵中的几个统计性质

(1) 因子载荷 a_{ij} 的统计意义

因子载荷 a_{ij} 是第 i 个变量与第 j 个公共因子的相关系数，它反映了第 i 个变量与第 j 个公共因子的相关重要性.绝对值越大，相关的密切程度越高.

(2) 变量共同度的统计意义

变量 X_i 的共同度是因子载荷矩阵的第 i 行的元素的平方和，记为 $h_i^2=\sum_{j=1}^{m}a_{ij}^2$.

对式(10.1.1)两边求方差，得

$$\mathrm{Var}(X_i)=a_{i1}^2\mathrm{Var}(F_1)+a_{i2}^2\mathrm{Var}(F_2)+\cdots+a_{im}^2\mathrm{Var}(F_m)+\mathrm{Var}(\varepsilon_i),$$

即

$$1=\sum_{j=1}^{m}a_{ij}^2+\sigma_i^2,$$

其中特殊因子的方差 $\sigma_i^2(i=1,\ 2,\ \cdots,p)$ 称为特殊方差.

可以看出所有公共因子和特殊因子对变量 X_i 的贡献为 1.如果 $\sum_{j=1}^{m} a_{ij}^2$ 非常接近 1，σ_i^2 非常小，则因子分析的效果好，从原始变量空间的转化效果好.

(3) 公共因子 F_j 方差贡献的统计意义

因子载荷矩阵中各列元素的平方和 $s_j = \sum_{i=1}^{p} a_{ij}^2$ 称为 $F_j (j=1, 2, \cdots, m)$ 对所有的 X_i 的方差贡献和，用于衡量 F_j 的相对重要性.

因子分析的一个基本问题是如何估计因子载荷，即如何求解因子模型(10.1.1).

以下介绍常用的因子载荷矩阵的估计方法.

10.2 因子载荷矩阵的估计方法

10.2.1 主成分分析法

设 $\lambda_1 \geqslant \lambda_2 \geqslant \cdots \geqslant \lambda_p$ 为样本相关系数矩阵 $\boldsymbol{R}$ 的特征值，$\boldsymbol{\eta}_1, \boldsymbol{\eta}_2, \cdots, \boldsymbol{\eta}_p$ 为相应的标准正交化特征向量.设 $m < p$，则样本相关系数矩阵 $\boldsymbol{R}$ 的主成分因子分析的载荷矩阵为

$$\boldsymbol{\Lambda} = (\sqrt{\lambda_1}\eta_1, \sqrt{\lambda_2}\eta_2, \cdots, \sqrt{\lambda_m}\eta_m). \tag{10.1.2}$$

特殊因子的方差用 $\boldsymbol{R} - \boldsymbol{\Lambda}\boldsymbol{\Lambda}^{\mathrm{T}}$ 的对角元来估计，即 $\sigma_i^2 = 1 - \sum_{j=1}^{m} a_{ij}^2$.

10.2.2 主因子法

主因子方法是对主成分方法的修正，假定我们首先对变量进行标准化变换，则

$$\boldsymbol{R} = \boldsymbol{\Lambda}\boldsymbol{\Lambda}^{\mathrm{T}} + \boldsymbol{D},$$

其中，$\boldsymbol{D} = \mathrm{diag}\{\sigma_1^2, \sigma_2^2, \cdots, \sigma_m^2\}$.

称 $\boldsymbol{R}^* = \boldsymbol{\Lambda}\boldsymbol{\Lambda}^{\mathrm{T}} = \boldsymbol{R} - \boldsymbol{D}$ 为约相关系数矩阵，$\boldsymbol{R}^*$ 的对角线上的元素是 h_i^2.

在实际应用中，特殊因子的方差一般都是未知的，可以通过一组样本来估计.估计的方法有如下几种：

(1) 取 $h_i^2 = 1$，在这个情况下主因子解与主成分解等价.

(2) $h_i^2 = \max_{j \neq i} |r_{ij}|$，这意味着取 X_i 与其余的 X_j 的简单相关系数的绝对值最

大者.记

$$
\boldsymbol{R}^{*}=\begin{pmatrix}
\hat{h}_{1}^{2} & r_{12} & \cdots & r_{1p} \\
r_{21} & \hat{h}_{2}^{2} & \cdots & r_{2p} \\
\vdots & \vdots & & \vdots \\
r_{p1} & r_{p2} & \cdots & \hat{h}_{p}^{2}
\end{pmatrix},
$$

直接求 $\boldsymbol{R}^{*}$ 的前 p 个特征值 $\lambda_1^{*}\geqslant\lambda_2^{*}\geqslant\cdots\geqslant\lambda_p^{*}$ 和对应的正交特征向量 $\boldsymbol{u}_1^{*}$，$\boldsymbol{u}_2^{*}$，…，$\boldsymbol{u}_p^{*}$，得到如下的因子载荷矩阵：

$$
\boldsymbol{\Lambda}=\left(\sqrt{\lambda_1^{*}}\,u_1^{*}\quad \sqrt{\lambda_2^{*}}\,u_2^{*}\cdots\sqrt{\lambda_p^{*}}\,u_p^{*}\right). \tag{10.2.1}
$$

10.3 因子旋转

建立因子分析模型的目的不仅仅要找出公共因子以及对变量进行分组，更重要的要知道每个公共因子的意义，以便进行进一步的分析，如果每个公共因子的含义不清，则不便于进行实际背景的解释.由于因子载荷阵是不唯一的，所以应该对因子载荷阵进行旋转.目的是使因子载荷阵的结构简化，使载荷矩阵每列或行的元素平方值向 0 和 1 两级分化.有三种主要的正交旋转法：方差最大法、四次方最大法和等量最大法.

(1) 方差最大法

方差最大法从简化因子载荷矩阵的每一列出发，使和每个因子有关的载荷的平方的方差最大.当只有少数几个变量在某个因子上有较高的载荷时，对因子的解释最简单.方差最大的直观意义是希望通过因子旋转后，使每个因子上的载荷尽量拉开距离，一部分的载荷趋于 ± 1，另一部分趋于 0.

(2) 四次方最大法

四次方最大旋转是从简化载荷矩阵的行出发，通过旋转初始因子，使每个变量只在一个因子上有较高的载荷，而在其他的因子上有尽可能低的载荷.如果每个变量只在一个因子上有非零的载荷，这时的因子解释是最简单的.四次方最大法通过使因子载荷矩阵中每一行的因子载荷平方的方差达到最大.

(3) 等量最大法

等量最大法把四次方最大法和方差最大法结合起来，求它们的加权平均最大.

对两个因子的载荷矩阵

$$\boldsymbol{\Lambda}=(a_{ij})_{p\times 2},\ i=1,\ 2,\ \cdots,\ p;\ j=1,\ 2.$$

取正交矩阵

$$\boldsymbol{B}=\begin{pmatrix}\cos\phi & -\sin\phi\\ \sin\phi & \cos\phi\end{pmatrix},$$

这是逆时针旋转，如果作正时针旋转，只需将矩阵 $\boldsymbol{B}$ 的次对角线上的两个元素对调即可.记 $\widetilde{\boldsymbol{\Lambda}}=\boldsymbol{\Lambda B}$ 为旋转因子的载荷矩阵，此时模型由 $\boldsymbol{X}-\boldsymbol{\mu}=\boldsymbol{\Lambda F}+\boldsymbol{\varepsilon}$ 变为

$$\boldsymbol{X}-\boldsymbol{\mu}=\widetilde{\boldsymbol{\Lambda}}(\boldsymbol{B}^{\mathrm{T}}\boldsymbol{F})+\boldsymbol{\varepsilon},$$

同时公因子 $\boldsymbol{F}$ 也随之变为 $\boldsymbol{B}^{\mathrm{T}}\boldsymbol{F}$，现在希望通过旋转，使因子的含义更加明确.

当公因子数 $m>2$ 时，可以考虑不同的两个因子的旋转，从 m 个因子中每次选取两个旋转，共有 $m(m-1)/2$ 种选择，这样共有 $m(m-1)/2$ 次旋转，做完这 $m(m-1)/2$ 次旋转就完成了一个循环，然后可以重新开始第二次循环，直到每个因子的含义都比较明确为止.

10.4 因子得分

10.4.1 因子得分的概念

前面我们主要解决了用公共因子的线性组合来表示一组观测变量的有关问题.如果要使用这些因子做其他的研究，比如把得到的因子作为自变量来做回归分析，对样本进行分类或评价，这就需要对公共因子进行度量，即给出公共因子的值.前面已给出了因子分析的模型：

$$\boldsymbol{X}=\boldsymbol{\mu}+\boldsymbol{\Lambda F}+\boldsymbol{\varepsilon},$$

其中，

$$\boldsymbol{X}=\begin{pmatrix}X_1\\X_2\\\vdots\\X_p\end{pmatrix},\ \boldsymbol{\mu}=\begin{pmatrix}\mu_1\\\mu_2\\\vdots\\\mu_p\end{pmatrix},\ \boldsymbol{\Lambda}=\begin{pmatrix}a_{11}&a_{12}&\cdots&a_{1m}\\a_{21}&a_{22}&\cdots&a_{2m}\\\vdots&\vdots&&\vdots\\a_{p1}&a_{p2}&\cdots&a_{pm}\end{pmatrix},\ \boldsymbol{F}=\begin{pmatrix}F_1\\F_2\\\vdots\\F_m\end{pmatrix},\ \boldsymbol{\varepsilon}=\begin{pmatrix}\varepsilon_1\\\varepsilon_2\\\vdots\\\varepsilon_p\end{pmatrix}.$$

原变量被表示为公共因子的线性组合，当载荷矩阵旋转之后，公共因子可以作出解释，通常的情况下，我们还想反过来把公共因子表示为原变量的线性组合.因

子得分函数

$$F_j = c_j + b_{j1}X_1 + b_{j2}X_2 + \cdots + b_{jp}X_p,\ j=1,\ 2,\ \cdots,\ m,$$

可见,要求得每个因子的得分,必须求得分函数的系数,而由于 $p > m$,所以不能得到精确的得分,只能通过估计.

10.4.2 加权最小二乘法

把 $X_i - \mu_i$ 看作因变量,把因子载荷矩阵

$$\begin{pmatrix} a_{11} & a_{12} & \cdots & a_{1m} \\ a_{21} & a_{22} & \cdots & a_{2m} \\ \vdots & \vdots & & \vdots \\ a_{p1} & a_{p2} & \cdots & a_{pm} \end{pmatrix},$$

看成自变量的观测.

$$\begin{cases} X_1 - \mu_1 = a_{11}F_1 + a_{12}F_2 + \cdots + a_{1m}F_m + \varepsilon_1, \\ X_2 - \mu_2 = a_{21}F_1 + a_{22}F_2 + \cdots + a_{2m}F_m + \varepsilon_2, \\ \vdots \qquad\qquad\qquad\qquad \vdots \\ X_p - \mu_p = a_{p1}F_1 + a_{p2}F_2 + \cdots + a_{pm}F_m + \varepsilon_p. \end{cases}$$

由于特殊因子的方差相异 $\mathrm{Var}(\varepsilon_i) = \sigma_i^2$,所以用加权最小二乘法求得分,使

$$\sum_{i=1}^{p} \frac{\varepsilon_i^2}{\sigma_i^2} = \sum_{i=1}^{p} [(X_i - \mu_i) - (a_{i1}F_1 + a_{i2}F_2 + \cdots + a_{im}F_m)]^2 / \sigma_i^2$$

最小的 $\hat{F}_1,\ \hat{F}_2,\ \cdots,\ \hat{F}_m$ 是相应的因子得分.

用矩阵表达有

$$\boldsymbol{\varepsilon}^{\mathrm{T}}\boldsymbol{D}^{-1}\boldsymbol{\varepsilon} = \boldsymbol{X} - \boldsymbol{\mu} = \boldsymbol{\Lambda F} + \boldsymbol{\varepsilon},$$

则要使

$$(\boldsymbol{X} - \boldsymbol{\mu} - \boldsymbol{\Lambda F})^{\mathrm{T}}\boldsymbol{D}^{-1}(\boldsymbol{X} - \boldsymbol{\mu} - \boldsymbol{\Lambda F})$$

达到最小,其中 $\boldsymbol{D} = \mathrm{diag}\{\sigma_1^2,\ \sigma_2^2,\ \cdots,\ \sigma_m^2\}$,使上式取得最小值的 $\boldsymbol{F}$ 是相应的因子得分.

则得到 $\boldsymbol{F}$ 的加权最小二乘估计为

$$\hat{\boldsymbol{F}} = (\boldsymbol{\Lambda}^{\mathrm{T}}\boldsymbol{D}^{-1}\boldsymbol{\Lambda})^{-1}\boldsymbol{\Lambda}^{\mathrm{T}}\boldsymbol{D}^{-1}(\boldsymbol{X} - \boldsymbol{\mu}).$$

这个估计也称为巴特莱特因子得分.

10.5 因子分析的步骤

1. 选择分析的变量

用定性分析和定量分析的方法选择变量,因子分析的前提条件是观测变量间有较强的相关性,因为如果变量之间无相关性或相关性较小的话,它们不会有共享因子,所以原始变量间应该有较强的相关性.

2. 计算所选原始变量的相关系数矩阵

相关系数矩阵描述了原始变量之间的相关关系.可以帮助判断原始变量之间是否存在相关关系,这对因子分析是非常重要的,因为如果所选变量之间无关系,作因子分析是不恰当的.并且相关系数矩阵是估计因子结构的基础.

3. 提出公共因子

这一步要确定因子求解的方法和因子的个数.需要根据研究者的设计方案或有关的经验或知识事先确定.因子个数的确定可以根据因子方差的大小.只取方差大于1(或特征值大于1)的那些因子,因为方差小于1的因子其贡献可能很小;按照因子的累计方差贡献率来确定,一般认为至少要达到80%才能符合要求.

4. 因子旋转

通过坐标变换使每个原始变量在尽可能少的因子之间有密切的关系,这样因子解的实际意义更容易解释,并为每个潜在因子赋予有实际意义的名字.

5. 计算因子得分

求出各样本的因子得分,有了因子得分值,则可以在许多分析中使用这些因子,例如以因子的得分做聚类分析的变量,做回归分析中的回归因子.

10.6 实　验

实验目的:通过实验学会因子分析.

10.6.1 实验10.6.1 ability.cov数据集的因子分析

ability.cov数据集是R软件自带的数据集,以下对该数据集进行因子分析.

（1）查看 ability.cov 数据集中的信息

```
> ability.cov
$ cov
          general  picture   blocks    maze  reading   vocab
general    24.641    5.991   33.520   6.023   20.755  29.701
picture     5.991    6.700   18.137   1.782    4.936   7.204
blocks     33.520   18.137  149.831  19.424   31.430  50.753
maze        6.023    1.782   19.424  12.711    4.757   9.075
reading    20.755    4.936   31.430   4.757   52.604  66.762
vocab      29.701    7.204   50.753   9.075   66.762 135.292
```

ability.cov 数据集提供了 Ability and Intelligence Tests（能力和智力测试）中，112 个人参加的六个测试指标 general（普通），picture（画图），blocks（积木），maze（迷津），reading（阅读），vocab（词汇）的协方差矩阵.

（2）求相关系数矩阵

以下用“cov2cor()”函数将 ability.cov（协方差矩阵）转化为相关系数矩阵，其代码和结果如下：

```
> options(digits = 2)
> covariances <- ability.cov $ cov
> correlations <- cov2cor(covariances)
> correlations
         general picture blocks maze reading vocab
general     1.00    0.47   0.55 0.34    0.58  0.51
picture     0.47    1.00   0.57 0.19    0.26  0.24
blocks      0.55    0.57   1.00 0.45    0.35  0.36
maze        0.34    0.19   0.45 1.00    0.18  0.22
reading     0.58    0.26   0.35 0.18    1.00  0.79
vocab       0.51    0.24   0.36 0.22    0.79  1.00
```

（3）判断需提取的公共因子数

```
> library(psych)
> fa.parallel(correlations,n.obs = 112,fa = "both",n.iter = 100,
main = "Scree plots with parallel analysis")
```

结果如图 10-1 所示.

以上代码中使用 fa=“both”，可以使图 10-1 展示主成分分析和因子分析的结

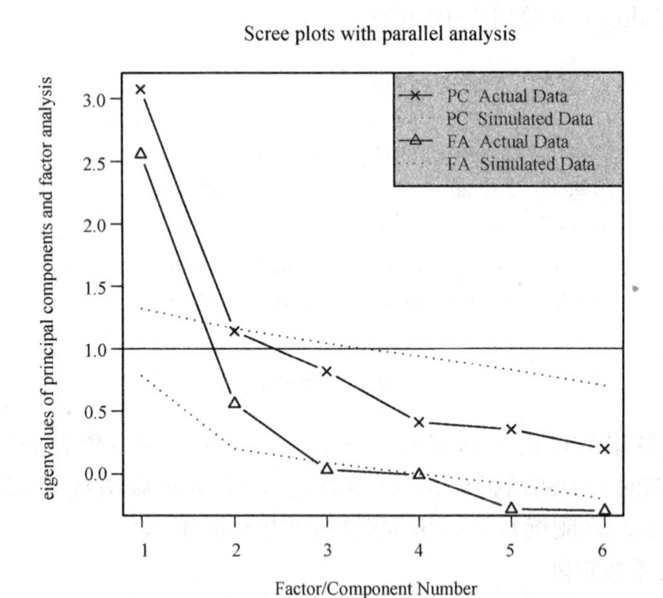

图 10-1 判断提取公共因子数

果,我们可以借助图 10-1 来判断提取公共因子数.

如图 10-1 所示,通过实际数据(Actual Data)和模拟数据(Simulated Data)的可视化结果,提取 2 个公共因子比较合理.

(4) 提取公共因子——未旋转(rotate=none)

用"fa()"函数(其调用格式附后)提取公共因子,其代码和结果如下:

```
> fa<-fa(correlations,nfactors=2,rotate="none",fm="pa")
> fa
Factor Analysis using method = pa
Call: fa(r = correlations, nfactors = 2, rotate = "none", fm = "pa")
Standardized loadings (pattern matrix) based upon correlation matrix
          PA1    PA2    h2    u2    com
general   0.75   0.07  0.57  0.432  1.0
picture   0.52   0.32  0.38  0.623  1.7
blocks    0.75   0.52  0.83  0.166  1.8
maze      0.39   0.22  0.20  0.798  1.6
reading   0.81  -0.51  0.91  0.089  1.7
vocab     0.73  -0.39  0.69  0.313  1.5
```

```
                          PA1   PA2
SS loadings               2.75  0.83
Proportion Var            0.46  0.14
                          PA1   PA2
Cumulative Var            0.46  0.60
Proportion Explained      0.77  0.23
Cumulative Proportion     0.77  1.00
Mean item complexity = 1.5
Test of the hypothesis that 2 factors are sufficient.

The degrees of freedom for the null model are 15 and the objective function was 2.5
The degrees of freedom for the model are 4 and the objective function was 0.07

The root mean square of the residuals (RMSR) is 0.03
The df corrected root mean square of the residuals is 0.06

Fit based upon off diagonal values = 0.99
Measures of factor score adequacy

                                               PA1   PA2
Correlation of (regression) scores with factors 0.96  0.92
Multiple R square of scores with factors        0.93  0.84
Minimum correlation of possible factor scores   0.86  0.68
```

从以上结果可以看到,两个因子解释了六个测试指标 60%的方差.此时因子载荷矩阵的意义不好解释,这时可以考虑使用因子旋转,它将有助于因子的解释.

附:"fa()"函数的调用格式如下:

```
fa(r, nfactors= ,n.obs= ,rotate= ,scores= ,fm= )
```

其中,r 是相关系数矩阵或者原始数据矩阵;nfactors 设定提取的因子数(默认为 1);n.obs 是观测数(输入相关系数矩阵时需要填写);rotate 设定旋转的方法(默认变异系数最小法);scores 设定是否计算因子得分(默认不计算);fm 设定因子化方法(默认极小残差法).

提取公共因子的方法很多,包括极大似然法(ml)、主迭代法(pa)、加权最小二乘法(wls)、广义加权最小二乘法(gls)和极小残差法(minres).在上面的代码中,使用了主迭代法(fm="pa")提取未旋转的公共因子.

(5) 提取公共因子——正交旋转

结合上面(4)的结果,可以看到(未旋转时),2 个因子解释了 6 个测量指标的 60%的变异,解释的效果并不好,且因子载荷矩阵的意义并不太好解释.因此可以考虑进行因子旋转,使因子有一个更好的解释.

正交旋转的代码和结果如下:

```
> fa.varimax<-fa(correlations,nfactors=2,rotate="varimax",fm="pa")
> fa.varimax
Factor Analysis using method  =  pa
Call: fa(r = correlations, nfactors = 2, rotate = "varimax", fm = "pa")
Standardized loadings (pattern matrix) based upon correlation matrix
         PA1   PA2   h2    u2   com
general  0.49  0.57  0.57  0.432  2.0
picture  0.16  0.59  0.38  0.623  1.1
blocks   0.18  0.89  0.83  0.166  1.1
maze     0.13  0.43  0.20  0.798  1.2
reading  0.93  0.20  0.91  0.089  1.1
vocab    0.80  0.23  0.69  0.313  1.2

                       PA1  PA2
SS loadings            1.83 1.75
Proportion Var         0.30 0.29
Cumulative Var         0.30 0.60
Proportion Explained   0.51 0.49
Cumulative Proportion  0.51 1.00

Mean item complexity  =  1.3
Test of the hypothesis that 2 factors are sufficient.

The degrees of freedom for the null model are 15 and the objective function was 2.5
The degrees of freedom for the model are 4 and the objective function was 0.07

The root mean square of the residuals (RMSR) is 0.03
The df corrected root mean square of the residuals is 0.06

Fit based upon off diagonal values  =  0.99
Measures of factor score adequacy
```

	PA1	PA2
Correlation of (regression) scores with factors	0.96	0.92
Multiple R square of scores with factors	0.91	0.85
Minimum correlation of possible factor scores	0.82	0.71

(6) 正交旋转效果图

使用"factor.plot()"或"fa.diagram()"函数,可以绘制正交或斜交结果的图形.画正交旋转效果图,代码和结果如下:

```
> factor.plot(fa.varimax,labels=rownames(fa.varimax$loadings))
> fa.diagram(fa.varimax,simple=TRUE)
```

正交旋转结果如图 10-2 和图 10-3 所示.

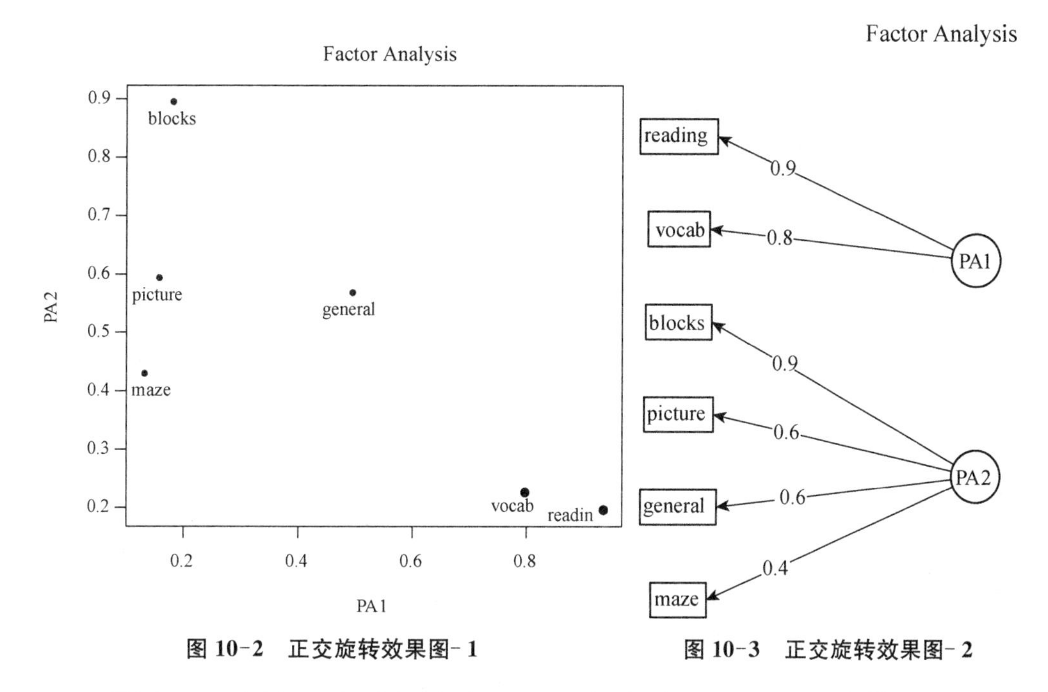

图 10-2 正交旋转效果图-1　　图 10-3 正交旋转效果图-2

从图 10-2 和图 10-3,我们看到:reading(阅读)与 vocab(词汇)在第一因子上载荷较大;picture(画图),blocks(积木),maze(迷津)在第二个因子上载荷较大;general(普通)在两个因子上的载荷比较平均.这表明存在一个"语言"智力因子和一个"非语言"智力因子.

(7) 提取公共因子——斜交旋转

使用正交旋转将人为地强制两个因子不相关.如果想允许两个因子相关该如何呢?这时可用斜交旋转法,代码和结果如下:

```
> fa.promax<-fa(correlations,nfactors=2,rotate="promax",fm="pa")
> fa.promax
Factor Analysis using method = pa
Call: fa(r = correlations, nfactors = 2, rotate = "promax", fm = "pa")

Warning: A Heywood case was detected.
Standardized loadings (pattern matrix) based upon correlation matrix
          PA1    PA2   h2    u2  com
general  0.37   0.48 0.57 0.432  1.9
picture -0.03   0.63 0.38 0.623  1.0
blocks  -0.10   0.97 0.83 0.166  1.0
maze     0.00   0.45 0.20 0.798  1.0
reading  1.00  -0.09 0.91 0.089  1.0
vocab    0.84  -0.01 0.69 0.313  1.0

                       PA1  PA2
SS loadings           1.83 1.75
Proportion Var        0.30 0.29
Cumulative Var        0.30 0.60
Proportion Explained  0.51 0.49
Cumulative Proportion 0.51 1.00

With factor correlations of
     PA1  PA2
PA1 1.00 0.55
PA2 0.55 1.00

Mean item complexity = 1.2
Test of the hypothesis that 2 factors are sufficient.

The degrees of freedom for the null model are 15 and the objective function was 2.5
The degrees of freedom for the model are 4 and the objective function was 0.07

The root mean square of the residuals (RMSR) is 0.03
The df corrected root mean square of the residuals is 0.06

Fit based upon off diagonal values = 0.99
Measures of factor score adequacy
```

```
                                                      PA1   PA2
Correlation of (regression) scores with factors      0.97  0.94
Multiple R square of scores with factors             0.93  0.88
Minimum correlation of possible factor scores        0.86  0.77
```

根据以上结果，我们可以看出正交旋转和斜交旋转的不同之处.对于正交旋转，因子分析的重点在于因子结构矩阵(变量与因子的相关系数)，而对于斜交旋转，因子分析会考虑三个矩阵:因子结构矩阵、因子模式矩阵和因子关联矩阵.

因子模式矩阵即标准化的回归系数矩阵，它列出了因子的预测变量的权重;因子关联矩阵即因子相关系数矩阵;因子结构矩阵(或称因子载荷阵).

在上面的结果中，PA1 和 PA2 栏中的值组成了因子模式矩阵.它们是标准化的回归系数，而不是相关系数.因子关联矩阵显示两个因子的相关系数为 0.55，相关性很大.如果因子间的关联性很低，我们可能需要重新使用正交旋转来简化问题.

因子结构矩阵(或称因子载荷矩阵)没有被列出来，但我们可以使用公式 **F**=**P**·**Phi**得到它，其中 **F** 是因子载荷阵，**P** 是因子模式矩阵，**Phi** 是因子关联矩阵.下面的函数即可进行该乘法运算:

```
> fsm<-function(oblique){
+     if(class(oblique)[2]=="fa" $ is.null(oblique$Phi)){
+        warning("Object doesn't look like oblique EFA")
+     }else{
+        P<-unclass(oblique$loading)
+        F<-P%*%oblique$Phi
+        colnames(F)<-c("PA1","PA2")
+        return (F)
+     }
+ }
> fsm(fa.promax)
          PA1  PA2
general  0.64 0.69
picture  0.32 0.61
blocks   0.43 0.91
maze     0.25 0.45
reading  0.95 0.46
vocab    0.83 0.45
```

现在我们可以看到变量与因子间的相关系数.将它们与正交旋转所得因子载荷阵相比，我们会发现该载荷阵列的噪音比较大，这是因为之前我们允许潜在因子相关.虽然斜交旋转方法更为复杂,但因子的解释更好一些.

(8) 斜交效果图

使用"factor.plot()"或"fa.diagram()"函数,可以绘制正交或斜交结果的图形.画斜交效果,其代码和结果如下:

```
> factor.plot(fa.promax,labels=rownames(fa.promax$loadings))
> fa.diagram(fa.promax,simple=TRUE)
```

斜交效果图如图 10-4 和图 10-5 所示.

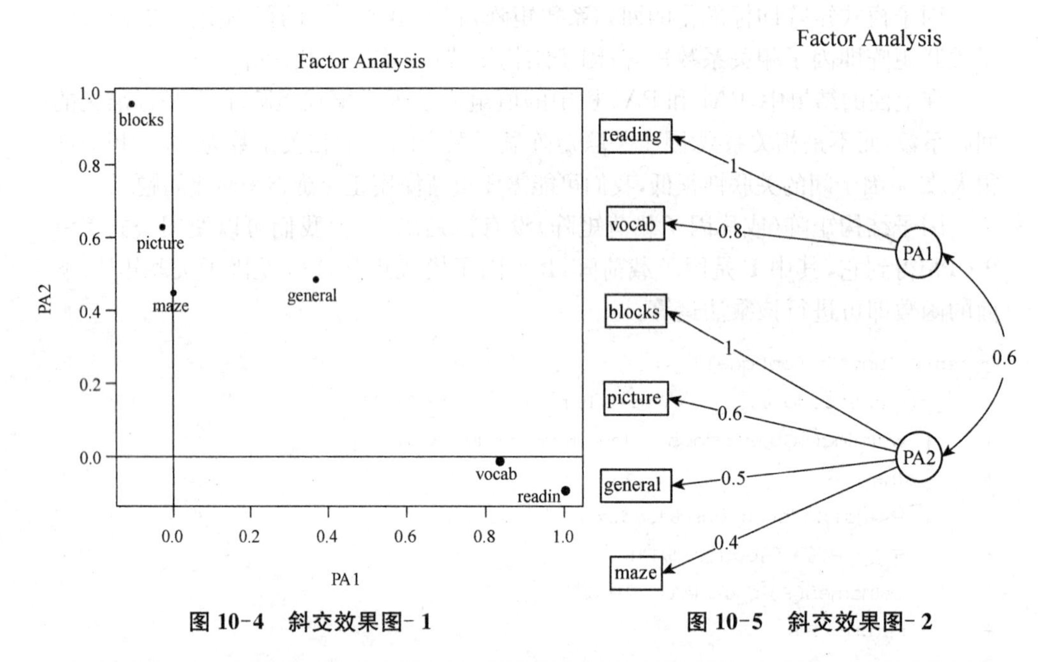

图 10-4 斜交效果图-1　　图 10-5 斜交效果图-2

从图 10-5(或斜交旋转的因子载荷矩阵)我们可以看到:因子 1 支配的指标有 reading(阅读),vocab(词汇),代表的是"语言智力"因子;因子 2 支配的指标有 general(常识),picture(画图),blocks(积木),maze(迷津),代表的是"非语言智力"因子.

(9) 通过两个因子的斜交旋转可获得因子得分的权重

```
> fa.promax$weights
          PA1   PA2
general  0.078 0.211
picture  0.020 0.090
blocks   0.037 0.702
maze     0.027 0.035
reading  0.743 0.030
vocab    0.177 0.036
```

与可精确计算的主成分得分不同,因子得分只是估计得到的.

10.6.2 实验 10.6.2 Harman74 数据集的因子分析

Harman74.cor 数据集是 R 软件自带的数据集,以下对该数据集进行因子分析.

(1) 查看 Harman74 数据集中(前面)部分信息

```
> library(psych)
> correlations <- Harman74.cor$cov
> head(correlations)
                       VisualPerception Cubes  PaperFormBoard Flags
VisualPerception                  1.000 0.318           0.403 0.468
Cubes                             0.318 1.000           0.317 0.230
PaperFormBoard                    0.403 0.317           1.000 0.305
Flags                             0.468 0.230           0.305 1.000
GeneralInformation                0.321 0.285           0.247 0.227
PargraphComprehension             0.335 0.234           0.268 0.327
                       GeneralInformation PargraphComprehension
VisualPerception                    0.321                 0.335
Cubes                               0.285                 0.234
PaperFormBoard                      0.247                 0.268
Flags                               0.227                 0.327
GeneralInformation                  1.000                 0.622
PargraphComprehension               0.622                 1.000
                       SentenceCompletion WordClassification WordMeaning
VisualPerception                    0.304              0.332       0.326
Cubes                               0.157              0.157       0.195
PaperFormBoard                      0.223              0.382       0.184
Flags                               0.335              0.391       0.325
GeneralInformation                  0.656              0.578       0.723
PargraphComprehension               0.722              0.527       0.714
                       Addition Code  CountingDots StraightCurvedCapitals
VisualPerception          0.116 0.308        0.314                  0.489
Cubes                     0.057 0.150        0.145                  0.239
PaperFormBoard           -0.075 0.091        0.140                  0.321
Flags                     0.099 0.110        0.160                  0.327
GeneralInformation        0.311 0.344        0.215                  0.344
PargraphComprehension     0.203 0.353        0.095                  0.309
```

```
                       WordRecognition  NumberRecognition  FigureRecognition
VisualPerception                 0.125              0.238              0.414
Cubes                            0.103              0.131              0.272
PaperFormBoard                   0.177              0.065              0.263
Flags                            0.066              0.127              0.322
GeneralInformation               0.280              0.229              0.187
PargraphComprehension            0.292              0.251              0.291
                       ObjectNumber  NumberFigure  FigureWord  Deduction
VisualPerception              0.176         0.368       0.270      0.365
Cubes                         0.005         0.255       0.112      0.292
PaperFormBoard                0.177         0.211       0.312      0.297
Flags                         0.187         0.251       0.137      0.339
GeneralInformation            0.208         0.263       0.190      0.398
PargraphComprehension         0.273         0.167       0.251      0.435
                       NumericalPuzzles  ProblemReasoning  SeriesCompletion
VisualPerception                  0.369             0.413             0.474
Cubes                             0.306             0.232             0.348
PaperFormBoard                    0.165             0.250             0.383
Flags                             0.349             0.380             0.335
GeneralInformation                0.318             0.441             0.435
PargraphComprehension             0.263             0.386             0.431
                       ArithmeticProblems
VisualPerception                    0.282
Cubes                               0.211
PaperFormBoard                      0.203
Flags                               0.248
GeneralInformation                  0.420
PargraphComprehension               0.433
```

Harman74.cor 数据集,包含了对芝加哥郊区 145 名七年级和八年级儿童进行的 24 项心理测试指标的相关系数矩阵.其中的 24 项心理测试指标包括:VisualPerception, Cubes, PaperFormBoard, Flags, GeneralInformation, PargraphComprehension, SentenceCompletion, WordClassification, WordMeaning, Addition, Code, CountingDots, StraightCurvedCapitals, WordRecognition, NumberRecognition, FigureRecognition, ObjectNumber, NumberFigure, FigureWord, Deduction, NumericalPuzzles, ProblemReasoning, SeriesCom- pletion, ArithmeticProblems.

为了研究如何用一组较少的、潜在的心理学因素(因子)来解释原来的 24 项心理测试指标(达到降维的目的),以下对该数据集进行因子分析.

(2) 利用相关系数矩阵数据画相关系数图

```
> install.packages('corrplot')
> library(corrplot)
> cor_matr<-correlations
> names(cor_matr)<-NULL
> symnum(correlations)
> corrplot(correlations, type="upper", order="hclust", tl.col="black", tl.srt=45)
```

结果如图 10-6 所示.

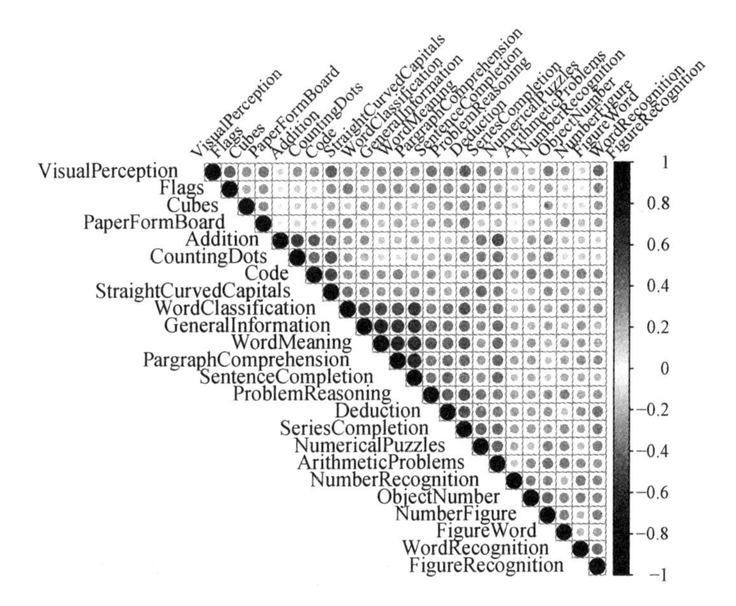

图 10-6 相关系数图

从图 10-6 可以发现大部分变量之间的没有较为明显的相关性甚至几乎没有相关性,个别变量之间存在着较强的相关性.

(3) 因子个数的确定

```
> fa.parallel(correlations, n.obs=112, fa="fa", n.iter=100)
```

结果如图 10-7 所示.

如图 10-7 所示,通过实际数据(Actual Data)和模拟数据(Simulated Data)的分析,可以考虑提取 4 个公共因子.

(4) 取公共因子——未旋转(rotate=none)

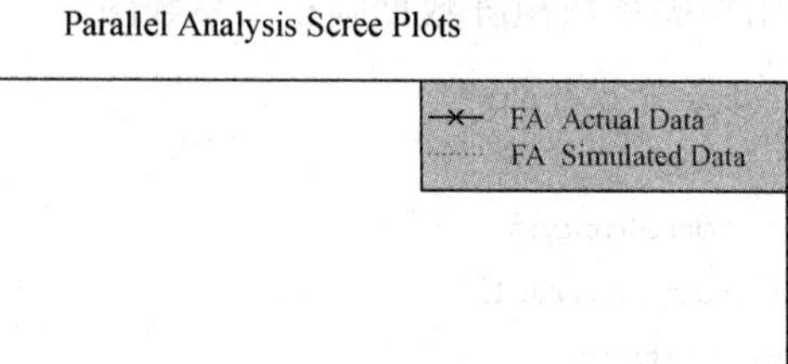
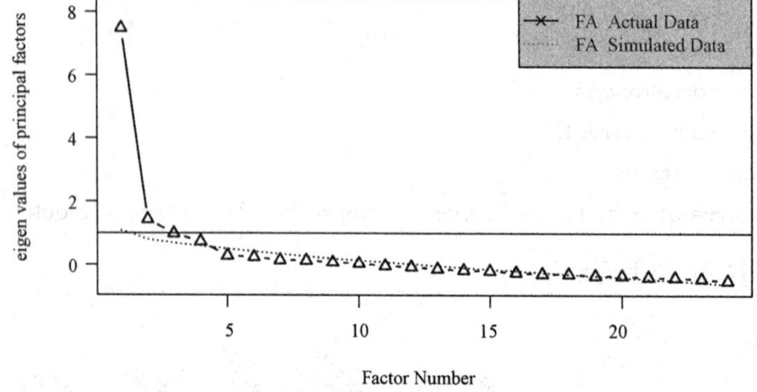

图 10-7 判定因子个数

用“fa()”函数提取公共因子，其代码和结果如下：

```
> fa<-fa(Harman74.cor$cov,nfactors = 4,rotate="none",fm="fa")
> fa
Factor Analysis using method = minres
Call: fa(r = Harman74.cor$cov, nfactors = 4, rotate = "none", fm = "fa")
Standardized loadings (pattern matrix) based upon correlation matrix
                         MR1   MR2   MR3   MR4   h2   u2  com
VisualPerception        0.60  0.03  0.38 -0.22 0.55 0.45  2.0
Cubes                   0.37 -0.03  0.26 -0.15 0.23 0.77  2.2
PaperFormBoard          0.42 -0.12  0.36 -0.13 0.34 0.66  2.3
Flags                   0.48 -0.11  0.26 -0.19 0.35 0.65  2.0
GeneralInformation      0.69 -0.30 -0.27 -0.04 0.64 0.36  1.7
PargraphComprehension   0.69 -0.40 -0.20  0.08 0.68 0.32  1.8
SentenceCompletion      0.68 -0.41 -0.30 -0.08 0.73 0.27  2.1
WordClassification      0.67 -0.19 -0.09 -0.11 0.51 0.49  1.3
WordMeaning             0.70 -0.45 -0.23  0.08 0.74 0.26  2.0
Addition                0.47  0.53 -0.48 -0.10 0.74 0.26  3.1
Code                    0.56  0.36 -0.16  0.09 0.47 0.53  2.0
CountingDots            0.47  0.50 -0.14 -0.24 0.55 0.45  2.6
StraightCurvedCapitals  0.60  0.26  0.01 -0.29 0.51 0.49  1.9
WordRecognition         0.43  0.06  0.01  0.42 0.36 0.64  2.0
```

```
                        MR1    MR2    MR3    MR4    h2    u2   com
NumberRecognition      0.39   0.10   0.09   0.37  0.31  0.69  2.2
FigureRecognition      0.51   0.09   0.35   0.25  0.45  0.55  2.3
ObjectNumber           0.47   0.21  -0.01   0.39  0.41  0.59  2.4
NumberFigure           0.52   0.32   0.16   0.14  0.41  0.59  2.1
FigureWord             0.44   0.10   0.10   0.13  0.23  0.77  1.4
Deduction              0.62  -0.13   0.14   0.04  0.42  0.58  1.2
NumericalPuzzles       0.59   0.21   0.07  -0.14  0.42  0.58  1.4
ProblemReasoning       0.61  -0.10   0.12   0.03  0.40  0.60  1.1
SeriesCompletion       0.69  -0.06   0.15  -0.10  0.51  0.49  1.2
ArithmeticProblems     0.65   0.17  -0.19   0.00  0.49  0.51  1.3

                        MR1   MR2   MR3   MR4
SS loadings            7.65  1.69  1.22  0.92
Proportion Var         0.32  0.07  0.05  0.04
Cumulative Var         0.32  0.39  0.44  0.48
Proportion Explained   0.67  0.15  0.11  0.08
Cumulative Proportion  0.67  0.81  0.92  1.00

Mean item complexity = 1.9
Test of the hypothesis that 4 factors are sufficient.

The degrees of freedom for the null model are 276 and the objective function was 11.44
The degrees of freedom for the model are 186 and the objective function was 1.72

The root mean square of the residuals (RMSR) is 0.04
The df corrected root mean square of the residuals is 0.05

Fit based upon off diagonal values = 0.98
Measures of factor score adequacy
                                                  MR1   MR2   MR3   MR4
Correlation of (regression) scores with factors  0.97  0.91  0.87  0.79
Multiple R square of scores with factors         0.94  0.82  0.75  0.62
Minimum correlation of possible factor scores    0.89  0.65  0.50  0.24
```

结合上述信息,可以看到,4 个因子解释了 24 个测量指标的 48%的变异,解释的效果并不好,且因子载荷矩阵的意义并不太好解释.因此可以考虑进行因子旋转,使因子有一个更好的解释.

(4) 取公共因子——正交旋转

正交旋转的代码和结果如下：

```
> fa.varimax <- fa(correlations, nfactors=4, rotate="varimax", fm="pa")
> fa.varimax
Factor Analysis using method = pa
Call: fa(r = correlations, nfactors = 4, rotate = "varimax", fm = "pa")
Standardized loadings (pattern matrix) based upon correlation matrix
                            PA1   PA3   PA2   PA4   h2   u2  com
VisualPerception            0.15  0.68  0.20  0.15 0.55 0.45 1.4
Cubes                       0.11  0.45  0.08  0.08 0.23 0.77 1.3
PaperFormBoard              0.15  0.55 -0.01  0.11 0.34 0.66 1.2
Flags                       0.23  0.53  0.09  0.07 0.35 0.65 1.5
GeneralInformation          0.73  0.19  0.22  0.14 0.64 0.36 1.4
PargraphComprehension       0.76  0.21  0.07  0.23 0.68 0.32 1.4
SentenceCompletion          0.81  0.19  0.15  0.07 0.73 0.27 1.2
WordClassification          0.57  0.34  0.23  0.14 0.51 0.49 2.2
WordMeaning                 0.81  0.20  0.05  0.22 0.74 0.26 1.3
Addition                    0.17 -0.10  0.82  0.16 0.74 0.26 1.2
Code                        0.18  0.10  0.54  0.37 0.47 0.53 2.1
CountingDots                0.02  0.20  0.71  0.09 0.55 0.45 1.2
StraightCurvedCapitals      0.18  0.42  0.54  0.08 0.51 0.49 2.2
WordRecognition             0.21  0.05  0.08  0.56 0.36 0.64 1.3
NumberRecognition           0.12  0.12  0.08  0.52 0.31 0.69 1.3
FigureRecognition           0.07  0.42  0.06  0.52 0.45 0.55 2.0
ObjectNumber                0.14  0.06  0.22  0.58 0.41 0.59 1.4
NumberFigure                0.02  0.31  0.34  0.45 0.41 0.59 2.7
FigureWord                  0.15  0.25  0.18  0.35 0.23 0.77 2.8
Deduction                   0.38  0.42  0.10  0.29 0.42 0.58 2.9
NumericalPuzzles            0.18  0.40  0.43  0.21 0.42 0.58 2.8
ProblemReasoning            0.37  0.41  0.13  0.29 0.40 0.60 3.0
SeriesCompletion            0.37  0.52  0.23  0.22 0.51 0.49 2.7
ArithmeticProblems          0.36  0.19  0.49  0.29 0.49 0.51 2.9

                       PA1  PA3  PA2  PA4
SS loadings           3.64 2.93 2.67 2.23
Proportion Var        0.15 0.12 0.11 0.09
Cumulative Var        0.15 0.27 0.38 0.48
Proportion Explained  0.32 0.26 0.23 0.19
Cumulative Proportion 0.32 0.57 0.81 1.00
```

```
Mean item complexity = 1.9
Test of the hypothesis that 4 factors are sufficient.

The degrees of freedom for the null model are 276 and the objective function was 11.44
The degrees of freedom for the model are 186 and the objective function was 1.72

The root mean square of the residuals (RMSR) is 0.04
The df corrected root mean square of the residuals is 0.05

Fit based upon off diagonal values = 0.98
Measures of factor score adequacy
                                                  PA1  PA3  PA2  PA4
Correlation of (regression) scores with factors  0.93 0.87 0.91 0.82
Multiple R square of scores with factors         0.87 0.76 0.82 0.68
Minimum correlation of possible factor scores    0.74 0.52 0.65 0.36
```

结果显示因子变得比未旋转之前变得更加好解释了.变量 SentenceCompletion,PargraphComprehension,WordMeaning 在第一因子上载荷较大,但第二因子的解释性仍然不强.使用正交旋转将人为地强制 4 个因子不相关,但也可以允许因子之间相关,因此可以使用斜交转法,即 promax 方法.

(5) 取公共因子——斜交旋转

斜交旋转的代码和结果如下:

```
> install.packages('GPArotation')
> library(GPArotation)
> fa.24tests <- fa(Harman74.cor$cov, nfactors=4, rotate="promax")
> fa.24tests
Factor Analysis using method = minres
Call: fa(r = Harman74.cor$cov, nfactors = 4, rotate = "promax")
Standardized loadings (pattern matrix) based upon correlation matrix
                         MR1    MR3    MR2    MR4   h2   u2  com
VisualPerception       -0.08   0.78   0.06  -0.05 0.55 0.45  1.0
Cubes                  -0.02   0.53  -0.02  -0.05 0.23 0.77  1.0
PaperFormBoard          0.00   0.66  -0.16  -0.01 0.34 0.66  1.1
Flags                   0.10   0.60  -0.03  -0.10 0.35 0.65  1.1
GeneralInformation      0.79  -0.02   0.10  -0.05 0.64 0.36  1.0
PargraphComprehension   0.82   0.00  -0.11   0.09 0.68 0.32  1.1
SentenceCompletion      0.91  -0.02   0.03  -0.14 0.73 0.27  1.0
```

```
WordClassification       0.54  0.22  0.11 -0.06 0.51 0.49 1.4
WordMeaning              0.89 -0.02 -0.13  0.08 0.74 0.26 1.1
Addition                 0.09 -0.39  0.97 -0.01 0.74 0.26 1.3
Code                     0.03 -0.11  0.53  0.29 0.47 0.53 1.7
CountingDots            -0.15  0.09  0.81 -0.11 0.55 0.45 1.1
StraightCurvedCapitals   0.00  0.38  0.55 -0.17 0.51 0.49 2.0
WordRecognition          0.11 -0.15 -0.07  0.65 0.36 0.64 1.2
NumberRecognition       -0.01 -0.03 -0.07  0.61 0.31 0.69 1.0
FigureRecognition       -0.15  0.39 -0.14  0.54 0.45 0.55 2.2
ObjectNumber             0.00 -0.15  0.11  0.66 0.41 0.59 1.2
NumberFigure            -0.21  0.21  0.25  0.42 0.41 0.59 2.8
FigureWord               0.01  0.16  0.07  0.32 0.23 0.77 1.6
Deduction                0.27  0.35 -0.07  0.18 0.42 0.58 2.5
NumericalPuzzles         0.00  0.34  0.38  0.03 0.42 0.58 2.0
ProblemReasoning         0.26  0.33 -0.03  0.17 0.40 0.60 2.5
SeriesCompletion         0.23  0.48  0.09  0.04 0.51 0.49 1.5
ArithmeticProblems       0.27 -0.03  0.45  0.14 0.49 0.51 1.9

                       MR1  MR3  MR2  MR4
SS loadings           3.70 2.95 2.72 2.11
Proportion Var        0.15 0.12 0.11 0.09
Cumulative Var        0.15 0.28 0.39 0.48
Proportion Explained  0.32 0.26 0.24 0.18
Cumulative Proportion 0.32 0.58 0.82 1.00

With factor correlations of
     MR1  MR3  MR2  MR4
MR1 1.00 0.59 0.47 0.53
MR3 0.59 1.00 0.53 0.59
MR2 0.47 0.53 1.00 0.56
MR4 0.53 0.59 0.56 1.00

Mean item complexity = 1.5
Test of the hypothesis that 4 factors are sufficient.

The degrees of freedom for the null model are 276 and the objective function was 11.44
```

The degrees of freedom for the model are 186 and the objective function was 1.72

The root mean square of the residuals (RMSR) is 0.04

The df corrected root mean square of the residuals is 0.05

Fit based upon off diagonal values = 0.98

Measures of factor score adequacy

	MR1	MR3	MR2	MR4
Correlation of (regression) scores with factors	0.96	0.93	0.94	0.90
Multiple R square of scores with factors	0.92	0.86	0.89	0.81
Minimum correlation of possible factor scores	0.85	0.72	0.77	0.61

根据以上结果，可以看出正交与斜交的不同之处.对于正交旋转，因子分析的重点在于因子结构矩阵(变量与因子的相关系数)，而对于斜交旋转，因子分析会考虑三个矩阵：因子结构矩阵、因子模式矩阵和因子关联矩阵.从计算结果可以发现，不同因子之间的相关系数在0.47～0.59.

因子模式矩阵即标准化的回归系数矩阵，它列出了因子的预测变量的权重、因子关联矩阵即因子相关系数矩阵、因子结构矩阵(或称因子载荷阵).

在上面的结果中，PA1和PA2栏中的值组成了因子模式矩阵.它们是标准化的回归系数，而不是相关系数.如果因子间的关联性很低，可能需要重新使用正交旋转来简化问题.因子结构矩阵(或称因子载荷矩阵)没有被列出来，但可以使用公式 **F**=**P**·**Phi** 得到它，其中 **F** 是因子载荷阵，**P** 是因子模式矩阵，**Phi** 是因子关联矩阵.下面的函数即可进行该乘法运算.

因子结构矩阵：

```
> fsm <- function(oblique) {
+     if (class(oblique)[4]=="fa" & is.null(oblique$Phi)) {
+         warning("Object doesn't look like oblique EFA")
+     } else {
+       P <- unclass(oblique$loading)
+       F <- P %*% oblique$Phi
+       colnames(F) <- c("PA1", "PA2","PA3","PA4")
+       return(F)
+     }
+ }
> fsm(fa.24tests)
```

```
                        PA1       PA2       PA3       PA4
VisualPerception        0.3835995 0.7373692 0.4092120 0.4018056
Cubes                   0.2525928 0.4758996 0.2229414 0.2353330
PaperFormBoard          0.3014706 0.5640550 0.1769192 0.2818875
Flags                   0.3818552 0.5818893 0.2716409 0.2816405
GeneralInformation      0.7952638 0.4646687 0.4295971 0.4092193
PargraphComprehension   0.8168589 0.4785358 0.3280404 0.4637707
SentenceCompletion      0.8460170 0.4557440 0.3718885 0.3509821
WordClassification      0.6851995 0.5545050 0.4428934 0.4081032
WordMeaning             0.8552659 0.4750284 0.3148161 0.4579334
Addition                0.3102667 0.1694249 0.8048603 0.3520698
Code                    0.3636379 0.3534478 0.6474523 0.5344435
CountingDots            0.2194503 0.3617352 0.7244780 0.3106806
StraightCurvedCapitals  0.3881250 0.5670408 0.6526306 0.3572921
WordRecognition         0.3357672 0.2609097 0.2699170 0.5869398
NumberRecognition       0.2643117 0.2866487 0.2527273 0.5501113
FigureRecognition       0.2949544 0.5401098 0.2941312 0.6081212
ObjectNumber            0.3080044 0.2908475 0.3940382 0.6308723
NumberFigure            0.2546896 0.4682467 0.5019149 0.5751056
FigureWord              0.3037623 0.3880350 0.3374322 0.4575218
Deduction               0.5413167 0.5813091 0.3448556 0.4915487
NumericalPuzzles        0.3899952 0.5585644 0.5761920 0.4388176
ProblemReasoning        0.5293952 0.5699385 0.3627674 0.4872367
SeriesCompletion        0.5694098 0.6784395 0.4653427 0.4844426
ArithmeticProblems      0.5331406 0.4486512 0.6373491 0.5136821
```

从上述计算结果看到变量与因子间的相关系数.将它们与正交旋转所得因子载荷阵相比,会发现该载荷阵列的噪音比较大,这是因为之前允许潜在因子相关.虽然斜交旋转更为复杂,但因子的解释性更好.

(6) 斜交效果图

使用"factor.plot()"或"fa.diagram()"函数,可以绘制正交或斜交结果的图形.画斜交效果,其代码和结果如下:

```
> factor.plot(fa.24tests, labels = rownames(fa.24tests $ loadings))
> fa.diagram(fa.24tests, simple = FALSE)
```

结果如图 10-8 所示.

根据图 10-8,可以看出:

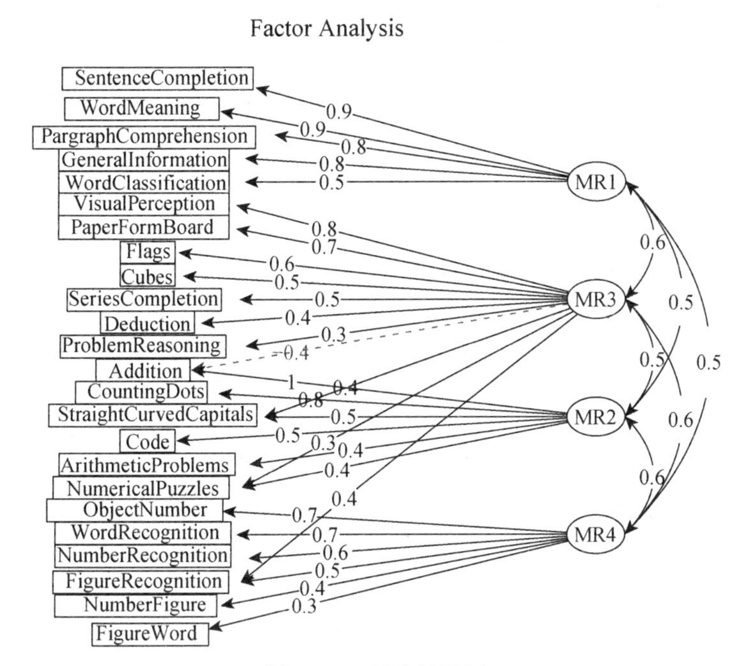

图 10-8 斜交结果图

因子 1 支配的指标有：SentenceCompletion（句子填空），WordMeaning（词义），PargraphComprehension（句式理解），GeneralInformation（一般信息），WordClassification（词类分类），代表的是“词语”因子.

因子 2 支配的指标有：Addition（加法），CountingDots（计算点数），Straight-CurvedCapitals（大写字母），Code（代码），ArithmeticProblems（算术问题），NumericalPuzzles（数字谜题），代表的是“速度”因子.

因子 3 支配的指标有：VisualPerception（视觉感知），PaperFormBoard（纸板），Flags（旗帜），Cubes（立方体），SeriesCompletion（序列完成），Deduction（演绎），ProblemReasoning（问题推理），代表的是“推理”因子.

因子 4 支配的指标有：ObjectNumber（对象数量），WordRecognition（文字认知），NumberReco-gnition（数字识别），FigureRecognition（形象识别），NumberFigure（数字图形），FigureWord（图字），代表的是“记忆”因子.

综合以上结果，可以得到以下结论：

24 个心理指标可以归结为 4 个公共因子，包括词语因子，速度因子，推理因子和记忆因子.

11 对 应 分 析

对应分析(correspondence analysis)是因子分析的进一步推广,该方法已成为多元统计分析中同时对样品和变量进行分析,从而研究多变量内部关系的重要方法,它是在R型和Q型因子分析基础上发展起来的一种多元统计方法.而且我们研究样品之间或指标之间的关系,归根结底是为了研究样品与指标之间的关系,而因子分析没有办法做到这一点,对应分析则是为解决这个问题而出现的统计分析方法.

11.1 对应分析简介

因子分析是用少数几个公共因子去提取研究对象的绝大部分信息,既减少了因子的数目,又把握住了研究对象的相互关系.在因子分析中根据研究对象的不同,分为R型和Q型,如果研究变量的相互关系时则采用R型因子分析;如果研究样品间相互关系时则采用Q型因子分析.但无论是R型或Q型都未能很好地揭示变量和样品间的双重关系,另一方面当样品容量n很大(如$n>1\,000$),进行Q型因子分析时,计算n阶方阵的特征值和特征向量对于普通的计算机而言,其容量和速度都是难以胜任的.还有进行数据处理时,为了将数量级相差很大的变量进行比较,常常先对变量作标准化处理,然而这种标准化处理对样品就不好进行了,换言之,这种标准化处理对于变量和样品是非对等的,这给寻找R型和Q型之间的联系带来一定的困难.

针对上述问题,在20世纪70年代初,由法国统计学家Benzecri提出了对应分析方法,这个方法是在因子分析的基础上发展起来的,它对原始数据采用适当的标度方法.把R型和Q型分析结合起来,同时得到两方面的结果——在同一因子平面上对变量和样品一起进行分类,从而揭示所研究的样品和变量间的内在联系.对应分析由R型因子分析的结果,可以很容易地得到Q型因子分析的结果,这不仅克了服样品量大时作Q型因子分析所带来计算上的困难,且把R型和Q型因子分析统一起来,把样品点和变量点同时反映到相同的因子轴上,这就便于我们对研究的对象进行解释和推断.

基本思想：由于 R 型因子分析和 Q 型因子分析都是反映一个整体的不同侧面，因而它们之间一定存在内在的联系.对应分析就是通过对应变换后的标准化矩阵将两者有机地结合起来.

具体地说，首先给出变量间的协方差矩阵 $\boldsymbol{S}_R=\boldsymbol{B}^{\mathrm{T}}\boldsymbol{B}$ 和样品间的协方差矩阵 $\boldsymbol{S}_Q=\boldsymbol{B}\boldsymbol{B}^{\mathrm{T}}$，由于 $\boldsymbol{B}^{\mathrm{T}}\boldsymbol{B}$ 和 $\boldsymbol{B}\boldsymbol{B}^{\mathrm{T}}$ 有相同的非零特征值，记为 $\lambda_1\geqslant\lambda_2\geqslant\cdots\geqslant\lambda_m>0$，如果 $\boldsymbol{S}_R$ 的特征值 λ_i 对应的标准化特征向量 $\boldsymbol{v}_i$，则 $\boldsymbol{S}_Q$ 对应的特征值 λ_i 的标准化特征向量为

$$\boldsymbol{u}_i=\frac{1}{\sqrt{\lambda_i}}\boldsymbol{B}\boldsymbol{v}_i,$$

由此可以很方便地由 R 型因子分析而得到 Q 型因子分析的结果.

由 $\boldsymbol{S}_R$ 的特征值和特征向量即可写出 R 型因子分析的因子载荷矩阵(记为 $\boldsymbol{A}_R$) 和 Q 型因子分析的因子载荷矩阵(记为 $\boldsymbol{A}_Q$)：

$$\boldsymbol{A}_R=\left(\sqrt{\lambda_1}v_1,\sqrt{\lambda_2}v_2,\cdots,\sqrt{\lambda_m}v_m\right)=\begin{pmatrix} v_{11}\sqrt{\lambda_1} & v_{12}\sqrt{\lambda_2} & \cdots & v_{1m}\sqrt{\lambda_m} \\ v_{21}\sqrt{\lambda_1} & v_{22}\sqrt{\lambda_2} & \cdots & v_{2m}\sqrt{\lambda_m} \\ \vdots & \vdots & & \vdots \\ v_{p1}\sqrt{\lambda_1} & v_{p2}\sqrt{\lambda_2} & \cdots & v_{pm}\sqrt{\lambda_m} \end{pmatrix},$$

$$\boldsymbol{A}_Q=\left(\sqrt{\lambda_1}u_1,\sqrt{\lambda_2}u_2,\cdots,\sqrt{\lambda_m}u_m\right)=\begin{pmatrix} u_{11}\sqrt{\lambda_1} & u_{12}\sqrt{\lambda_2} & \cdots & u_{1m}\sqrt{\lambda_m} \\ u_{21}\sqrt{\lambda_1} & u_{22}\sqrt{\lambda_2} & \cdots & u_{2m}\sqrt{\lambda_m} \\ \vdots & \vdots & & \vdots \\ u_{p1}\sqrt{\lambda_1} & u_{p2}\sqrt{\lambda_2} & \cdots & u_{pm}\sqrt{\lambda_m} \end{pmatrix}.$$

由于 $\boldsymbol{S}_R$ 和 $\boldsymbol{S}_Q$ 具有相同的非零特征值，而这些特征值又正是各个公共因子的方差，因此可以用相同的因子轴同时表示变量点和样品点，即把变量点和样品点同时反映在具有相同坐标轴的因子平面上，以便对变量点和样品点一起考虑进行分类.

11.2 对应分析的原理

11.2.1 对应分析的数据变换方法

设有 n 个样品，每个样品观测 p 个指标，原始数据阵为

$$\boldsymbol{A}=\begin{pmatrix} a_{11} & a_{12} & \cdots & a_{1p} \\ a_{21} & a_{22} & \cdots & a_{2p} \\ \vdots & \vdots & & \vdots \\ a_{n1} & a_{n2} & \cdots & a_{np} \end{pmatrix}.$$

为了消除量纲或数量级的差异，经常对变量进行标准化处理，如标准化变换、极差标准化变换等，这些变换对变量和样品是不对称的.这种不对称性是导致变量和样品之间关系复杂化的主要原因.在对应分析中，采用数据的变换方法即可克服这种不对称性(假设所有数据 $a_{ij}>0$，否则对所有数据同加一适当常数，便会满足以上要求).数据变换方法的具体步骤如下：

(1) 化数据矩阵为规格化的“概率”矩阵 $\boldsymbol{P}$，令

$$\boldsymbol{P}=\frac{1}{T}\boldsymbol{A}=(p_{ij})_{n\times p}, \tag{11.2.1}$$

其中，$T=\sum_{i=1}^{n}\sum_{j=1}^{p}a_{ij}$，$p_{ij}=\frac{1}{T}a_{ij}$，$i=1, 2, \cdots, n$；$j=1, 2, \cdots, p$.

可以看出 $0\leqslant p_{ij}\leqslant 1$，且 $\sum_{i=1}^{n}\sum_{j=1}^{p}p_{ij}=1$. 因而 p_{ij} 可理解为数据 a_{ij} 出现的“概率”，并称 $\boldsymbol{P}$ 为对应矩阵.

记 $p_{\cdot j}=\sum_{i=1}^{n}p_{ij}$ 可理解为第 j 个变量的边缘概率($j=1, 2, \cdots, p$)；$p_{i\cdot}=\sum_{j=1}^{p}p_{ij}$ 可理解为第 i 个样品的边缘概率($i=1, 2, \cdots, n$).

记

$$\boldsymbol{r}=\begin{pmatrix} p_{1\cdot} \\ p_{2\cdot} \\ \vdots \\ p_{n\cdot} \end{pmatrix}, \boldsymbol{c}=\begin{pmatrix} p_{\cdot 1} \\ p_{\cdot 2} \\ \vdots \\ p_{\cdot p} \end{pmatrix},$$

则

$$\boldsymbol{r}=\boldsymbol{P}\boldsymbol{1}_p, \ \boldsymbol{c}=\boldsymbol{P}^{\mathrm{T}}\boldsymbol{1}_n, \tag{11.2.2}$$

其中，$\boldsymbol{1}_p=(1, 1, \cdots, 1)^{\mathrm{T}}$ 为元素全为 1 的 p 维常数向量.

(2) 进行数据的对应变换，令

$$\boldsymbol{B}=(b_{ij})_{n\times p},$$

其中

$$b_{ij}=\frac{p_{ij}-p_{i.}p_{.j}}{\sqrt{p_{i.}p_{.j}}}=\frac{a_{ij}-a_{i.}a_{.j}/T}{\sqrt{a_{i.}a_{.j}}},\ i=1,\ 2,\ \cdots,\ n;\ j=1,\ 2,\ \cdots,\ p,\tag{11.2.3}$$

这里，$a_{i.}=\sum_{j=1}^{p}a_{ij}$，$a_{.j}=\sum_{i=1}^{n}a_{ij}$.

式(11.2.3)就是我们从同时研究 R 型和 Q 型因子分析的角度导出的数据对应变换公式.

(3) 计算有关矩阵，记

$$\boldsymbol{S}_R=\boldsymbol{B}^{\mathrm{T}}\boldsymbol{B},\ \boldsymbol{S}_Q=\boldsymbol{B}\boldsymbol{B}^{\mathrm{T}},$$

考虑 R 型因子分析时应用 $\boldsymbol{S}_R$，考虑 Q 型因子分析时应用 $\boldsymbol{S}_Q$.

如果把所研究的 p 个变量看成一个属性变量的 p 个类目，而把 n 个样品看成另一个属性变量的 n 个类目，这时原始数据阵 $\boldsymbol{A}$ 就可以看成一张由观测得到的频数表或计数表.首先由双向频数表 $\boldsymbol{A}$ 矩阵得到对应矩阵

$$\boldsymbol{P}=(p_{ij}),\ p_{ij}=\frac{1}{T}a_{ij},\ i=1,\ 2,\ \cdots,\ n;\ j=1,\ 2,\ \cdots,\ p.$$

设 $n>p$，且 $\mathrm{rank}(\boldsymbol{P})=p$. 以下从代数学角度由对应矩阵 $\boldsymbol{P}$ 来导出数据对应变换的公式.

引理 11.2.1 数据标准化矩阵

$$\boldsymbol{B}=\boldsymbol{D}_r^{-1/2}(\boldsymbol{P}-\boldsymbol{r}\boldsymbol{c}^{\mathrm{T}})\boldsymbol{D}_c^{-1/2},$$

其中，$\boldsymbol{D}_r=\mathrm{diag}(p_{1.},\ p_{2.},\ \cdots,\ p_{n.})$，$\boldsymbol{D}_c=\mathrm{diag}(p_{.1},p_{.2},\ \cdots,\ p_{.p})$，这里 $\mathrm{diag}(p_{1.},\ p_{2.},\ \cdots,\ p_{n.})$ 表示对角线元素为 $p_{1.},\ p_{2.},\ \cdots,\ p_{n.}$ 的对角矩阵.

因此，经过变换后所得到的新数据矩阵 $\boldsymbol{B}$，可以看成是由对应矩阵 $\boldsymbol{P}$ 经过中心化和标准化后得到的矩阵.

设用于检验行与列是否不相关的 χ^2 统计量为

$$\chi^2=\sum_{i=1}^{n}\sum_{j=1}^{p}\frac{(a_{ij}-m_{ij})^2}{m_{ij}}=\sum_{i=1}^{n}\sum_{j=1}^{p}\chi_{ij}^2,$$

其中，χ_{ij}^2 表示第 $(i,\ j)$ 单元在检验行与列两个属性变量否不相关时对总 χ^2 统计量的贡献，有

$$\chi_{ij}^2 = \frac{(a_{ij} - m_{ij})^2}{m_{ij}} = Tb_{ij}^2,$$

其中，$\chi^2 = T\sum_{i=1}^{n}\sum_{j=1}^{p} b_{ij}^2 = T[\mathrm{tr}(\boldsymbol{B}^{\mathrm{T}}\boldsymbol{B})] = T[\mathrm{tr}(\boldsymbol{S}_R)] = T[\mathrm{tr}(\boldsymbol{S}_Q)]$，$\mathrm{tr}(\boldsymbol{S}_Q)$ 表示方阵 $\boldsymbol{S}_Q$ 的迹.

11.2.2 对应分析的原理和依据

将原始数据矩阵 $\boldsymbol{A}$ 变换为 $\boldsymbol{B}$ 矩阵后，记 $\boldsymbol{S}_R = \boldsymbol{B}^{\mathrm{T}}\boldsymbol{B}$，$\boldsymbol{S}_Q = \boldsymbol{B}\boldsymbol{B}^{\mathrm{T}}$，$\boldsymbol{S}_R$ 和 $\boldsymbol{S}_Q$ 这两个矩阵存在明显的简单的对应关系，而且将原始数据 a_{ij} 变换为 b_{ij} 后，b_{ij} 关于 i，j 是对等的，即 b_{ij} 对变量和样品是对等的.

为了进一步研究 R 型与 Q 型因子分析，我们利用矩阵代数的一些结论.

引理 11.2.2 设 $\boldsymbol{S}_R = \boldsymbol{B}^{\mathrm{T}}\boldsymbol{B}$，$\boldsymbol{S}_Q = \boldsymbol{B}\boldsymbol{B}^{\mathrm{T}}$，则 $\boldsymbol{S}_R$ 和 $\boldsymbol{S}_Q$ 的非零特征值相同.

引理 11.2.3 若 $\boldsymbol{v}$ 是 $\boldsymbol{B}^{\mathrm{T}}\boldsymbol{B}$ 相应于特征值 λ 的特征向量，则 $\boldsymbol{u} = \boldsymbol{B}\boldsymbol{v}$ 是 $\boldsymbol{B}\boldsymbol{B}^{\mathrm{T}}$ 相应于特征值 λ 的特征向量.

定义 11.2.1 （矩阵的奇异值分解）设 $\boldsymbol{B}$ 为 $n \times p$ 矩阵，且

$$\mathrm{rank}(\boldsymbol{B}) = m \leqslant \min(n-1, p-1),$$

$\boldsymbol{B}^{\mathrm{T}}\boldsymbol{B}$ 的非零特征值为 $\lambda_1 \geqslant \lambda_2 \geqslant \cdots \geqslant \lambda_m > 0$，令 $d_i = \sqrt{\lambda_i}\,(i = 1, 2, \cdots, m)$，则称 d_i 为 $\boldsymbol{B}$ 的奇异值.

如果存在分解式

$$\boldsymbol{B} = \boldsymbol{U}\boldsymbol{\Lambda}\boldsymbol{V}^{\mathrm{T}}, \tag{11.2.4}$$

其中，$\boldsymbol{U}$ 为 $n \times n$ 正交矩阵，$\boldsymbol{V}$ 为 $p \times p$ 正交矩阵，$\boldsymbol{\Lambda} = \begin{pmatrix} \boldsymbol{\Lambda}_m & \mathbf{0} \\ \mathbf{0} & \mathbf{0} \end{pmatrix}$，这里 $\boldsymbol{\Lambda}_m = \mathrm{diag}(d_1, d_2, \cdots, d_m)$，则称分解式 $\boldsymbol{B} = \boldsymbol{U}\boldsymbol{\Lambda}\boldsymbol{V}^{\mathrm{T}}$ 为矩阵 $\boldsymbol{B}$ 的奇异值分解.

记 $\boldsymbol{U} = (U_1 \vdots U_2)$，$\boldsymbol{V} = (V_1 \vdots V_2)$，$\boldsymbol{\Lambda}_m = \mathrm{diag}(d_1, d_2, \cdots, d_m)$，其中 $\boldsymbol{U}_1$ 为 $m \times n$ 的列正交矩阵，$\boldsymbol{V}_1$ 为 $p \times m$ 的列正交矩阵，则奇异值分解式(11.2.4)等价于

$$\boldsymbol{B} = \boldsymbol{U}_1\boldsymbol{\Lambda}_m\boldsymbol{V}_1^{\mathrm{T}}. \tag{11.2.5}$$

引理 11.2.4 任意非零矩阵 $\boldsymbol{B}$ 的奇异值分解必存在.

引理 11.2.4 的证明就是具体求出矩阵 $\boldsymbol{B}$ 的奇异值分解式（高惠璇，统计计算(1995)）.从证明过程中可以看出：列正交矩阵 $\boldsymbol{V}_1$ 的 m 个列向量分别是 $\boldsymbol{B}^{\mathrm{T}}\boldsymbol{B}$ 的非零征值为 $\lambda_1, \lambda_2, \cdots, \lambda_m$ 对应的特征向量；而列正交矩阵 $\boldsymbol{U}_1$ 的 m 个列向量分别是 $\boldsymbol{B}\boldsymbol{B}^{\mathrm{T}}$ 的非零征值为 $\lambda_1, \lambda_2, \cdots, \lambda_m$ 对应的特征向量，且 $\boldsymbol{U}_1 = \boldsymbol{B}\boldsymbol{V}_1\boldsymbol{\Lambda}_m^{-1}$.

矩阵代数的这几个结论为我们建立了因子分析中R型与Q型的关系.借助以上引理11.2.2和引理11.2.3,我们从R型因子分析出发可以直接得到Q型因子分析的结果.

由于$\boldsymbol{S}_R$和$\boldsymbol{S}_Q$有相同的非零特征值,而这些非零特征值又表示各个公共因子所提供的方差,因此变量空间$\boldsymbol{R}^p$中的第一公共因子、第二公共因子…,直到第m个公共因子,它们与样本空间$\boldsymbol{R}^p$中对应的各个公共因子在总方差中所占的百分比全部相同.

从几何的意义上看,即$\boldsymbol{R}^p$中诸样品点与$\boldsymbol{R}^p$中各因子轴的距离平方和,以及$\boldsymbol{R}^p$中诸变量点与$\boldsymbol{R}^p$中相对应的各因子轴的距离平方和是完全相同的.因此可以把变量点和样品点同时反映在同一因子轴所确定的平面上(即取同一个坐标系),根据接近程度,可以对变量点和样品点同时考虑进行分类.

11.2.3 对应分析的计算步骤

对应分析的具体计算步骤如下:

(1) 由原始数据矩阵$\boldsymbol{A}$出发计算对应矩阵$\boldsymbol{P}$和对应变换后的新数据矩阵$\boldsymbol{B}$,计算公式见式(11.2.1)和式(11.2.3).

(2) 计算行轮廓分布(或行形象分布),记

$$\boldsymbol{R}=\left(\frac{a_{ij}}{a_{i\cdot}}\right)_{n\times p}=\left(\frac{p_{ij}}{p_{i\cdot}}\right)_{n\times p}=\boldsymbol{D}_r^{-1}\boldsymbol{P}\overset{\text{def}}{=}\begin{pmatrix}\boldsymbol{R}_1^{\mathrm{T}}\\ \vdots\\ \boldsymbol{R}_n^{\mathrm{T}}\end{pmatrix},$$

$\boldsymbol{R}$矩阵由$\boldsymbol{A}$矩阵(或对应矩阵$\boldsymbol{P}$)的每一行除以行和得到,其目的在于消除行点(即样品点)出现"概率"不同的影响.

记$N(\boldsymbol{R})=\{R_i,\ i=1,\ 2,\ \cdots,\ n\}$,$N(\boldsymbol{R})$表示$n$个行形象组成的$p$维空间的点集,则点集$N(\boldsymbol{R})$的重心(每个样品点及$p_{i\cdot}$为权重)为

$$\sum_{i=1}^{n}p_{i\cdot}\boldsymbol{R}_i=\sum_{i=1}^{n}p_{i\cdot}\begin{pmatrix}\dfrac{p_{i1}}{p_{i\cdot}}\\ \vdots\\ \dfrac{p_{ip}}{p_{i\cdot}}\end{pmatrix}=\begin{pmatrix}\sum\limits_{i=1}^{n}p_{i1}\\ \vdots\\ \sum\limits_{i=1}^{n}p_{ip}\end{pmatrix}=\begin{pmatrix}p_{\cdot 1}\\ \vdots\\ p_{\cdot p}\end{pmatrix}=\boldsymbol{c},$$

由式(11.2.2)可知,$\boldsymbol{c}$是p个列向量的边缘分布.

(3) 计算列轮廓分布(或列形象分布),记

$$C=\left(\frac{a_{ij}}{a_{\cdot j}}\right)_{n\times p}=\left(\frac{p_{ij}}{p_{\cdot j}}\right)_{n\times p}=\boldsymbol{P}\boldsymbol{D}_c^{-1}\overset{\text{def}}{=}(C_1, \cdots, C_p),$$

$\boldsymbol{C}$ 矩阵由 $\boldsymbol{A}$ 矩阵(或对应矩阵 $\boldsymbol{P}$) 的每一列除以列和得到,其目的在于消除列点(即变量点)出现"概率"不同的影响.

(4) 计算总惯量和 χ^2 统计量,第 k 个与第 l 个样品间的加权平方距离(或称 χ^2 距离)为

$$D^2(k, l)=\sum_{j=1}^{p}\left(\frac{p_{kj}}{p_{k\cdot}}-\frac{p_{lj}}{p_{l\cdot}}\right)^2/p_{\cdot j}=(\boldsymbol{R}_k-\boldsymbol{R}_l)^{\mathrm{T}}\boldsymbol{D}_c^{-1}(\boldsymbol{R}_k-\boldsymbol{R}_l),$$

我们把 n 个样品点(即行点)到重心 c 的加权平方距离的总和定义为行形象点集 $N(\boldsymbol{R})$ 的总惯量

$$\begin{aligned}Q&=\sum_{i=1}^{n}p_{i\cdot}D^2(i, c)=\sum_{i=1}^{n}p_{i\cdot}\sum_{j=1}^{p}\left(\frac{p_{ij}}{p_{i\cdot}}-p_{\cdot j}\right)^2\\&=\sum_{i=1}^{n}\sum_{j=1}^{p}\frac{p_{i\cdot}}{p_{\cdot j}}\frac{(p_{ij}-p_{i\cdot}p_{\cdot j})^2}{p_{i\cdot}^2}\\&=\sum_{i=1}^{n}\sum_{j=1}^{p}\frac{(p_{ij}-p_{i\cdot}p_{\cdot j})^2}{p_{i\cdot}p_{\cdot j}}\\&=\sum_{i=1}^{n}\sum_{j=1}^{p}b_{ij}^2=\frac{\chi^2}{T},\end{aligned}\tag{11.2.6}$$

其中,χ^2 统计量是检验行点和列点是否互不相关的检验统计量.

(5) 对标准化后的新数据阵 $\boldsymbol{B}$ 作奇异值分解,由式(11.2.5)知

$$\boldsymbol{B}=\boldsymbol{U}_1\boldsymbol{\Lambda}_m\boldsymbol{V}_1^{\mathrm{T}}, m=\operatorname{rank}(\boldsymbol{B})\leqslant\min(n-1, p-1),$$

其中,$\boldsymbol{\Lambda}_m=\operatorname{diag}(d_1, d_2, \cdots, d_m)$, $\boldsymbol{V}_1^{\mathrm{T}}\boldsymbol{V}_1=\mathbf{I}_m$, $\boldsymbol{U}_1^{\mathrm{T}}\boldsymbol{U}_1=\mathbf{I}_m$, 即 $\boldsymbol{V}_1$, $\boldsymbol{U}_1$ 分别为 $p\times m$ 和 $n\times m$ 列正交矩阵,求 $\boldsymbol{B}$ 的奇异值分解式其实是通过求 $\boldsymbol{S}_{\boldsymbol{R}}=\boldsymbol{B}^{\mathrm{T}}\boldsymbol{B}$ 矩阵的特征值和标准化特征向量得到.设特征值为 $\lambda_1\geqslant\lambda_2\geqslant\cdots\geqslant\lambda_m>0$ 相应标准化特征向量为 $\boldsymbol{v}_1, \boldsymbol{v}_2, \cdots, \boldsymbol{v}_m$. 在实际应用中常按累积贡献率

$$\frac{\lambda_1+\lambda_2+\cdots+\lambda_l}{\lambda_1+\lambda_2+\cdots+\lambda_l+\cdots+\lambda_m}\geqslant 0.80(or\ 0.70, 0.85),$$

确定所取公共因子个数 $l(l\leqslant m)$, $\boldsymbol{B}$ 的奇异值 $d_j=\sqrt{\lambda_j}\,(j=1, 2, \cdots, m)$. 以下我们仍用 m 表示选定的因子个数.

(6) 计算行轮廓的坐标 G 和列轮廓的坐标 F.令 $\boldsymbol{\alpha}_i=\boldsymbol{D}_c^{-1/2}\boldsymbol{v}_i(i=1,2,\cdots,m)$，则 $\boldsymbol{\alpha}_i^{\mathrm{T}}\boldsymbol{D}_r\boldsymbol{\alpha}_i=1$. R 型因子分析的“因子载荷矩阵”(或列轮廓坐标)为

$$\boldsymbol{F}=(d_1\boldsymbol{\alpha}_1,d_2\boldsymbol{\alpha}_2,\cdots,d_m\boldsymbol{\alpha}_m)=\boldsymbol{D}_c^{-1/2}\mathbf{V}_1\boldsymbol{\Lambda}_m$$
$$=\begin{pmatrix}\frac{d_1}{\sqrt{p_{\cdot 1}}}v_{11} & \frac{d_2}{\sqrt{p_{\cdot 1}}}v_{12} & \cdots & \frac{d_m}{\sqrt{p_{\cdot 1}}}v_{1m}\\ \frac{d_1}{\sqrt{p_{\cdot 2}}}v_{21} & \frac{d_2}{\sqrt{p_{\cdot 2}}}v_{22} & \cdots & \frac{d_m}{\sqrt{p_{\cdot 2}}}v_{2m}\\ \vdots & \vdots & & \vdots\\ \frac{d_1}{\sqrt{p_{\cdot p}}}v_{p1} & \frac{d_2}{\sqrt{p_{\cdot p}}}v_{p2} & \cdots & \frac{d_m}{\sqrt{p_{\cdot p}}}v_{pm}\end{pmatrix},$$

其中 $\boldsymbol{D}_c^{-1/2}$ 为 p 阶矩阵，$\mathbf{V}_1$ 为 $p\times m$ 矩阵，有

$$\mathbf{V}_1=(\boldsymbol{v}_1,\boldsymbol{v}_2,\cdots,\boldsymbol{v}_m)=\begin{pmatrix}v_{11} & \cdots & v_{1m}\\ \vdots & & \vdots\\ v_{p1} & \cdots & v_{pm}\end{pmatrix}.$$

令 $\boldsymbol{\beta}_i=\boldsymbol{D}_r^{-1/2}u_i$，则 $\boldsymbol{\beta}_i^{\mathrm{T}}\boldsymbol{D}_r\boldsymbol{\beta}_i=1$. Q 型因子分析的“因子载荷矩阵”(或行轮廓坐标)为

$$\boldsymbol{G}=(d_1\boldsymbol{\beta}_1,d_2\boldsymbol{\beta}_2,\cdots,d_m\boldsymbol{\beta}_m)=\boldsymbol{D}_r^{-1/2}\mathbf{U}_1\boldsymbol{\Lambda}_m=\begin{pmatrix}\frac{d_1}{\sqrt{p_{1\cdot}}}u_{11} & \frac{d_2}{\sqrt{p_{1\cdot}}}u_{12} & \cdots & \frac{d_m}{\sqrt{p_{1\cdot}}}u_{1m}\\ \frac{d_1}{\sqrt{p_{2\cdot}}}u_{21} & \frac{d_2}{\sqrt{p_{2\cdot}}}u_{22} & \cdots & \frac{d_m}{\sqrt{p_{2\cdot}}}u_{2m}\\ \vdots & \vdots & & \vdots\\ \frac{d_1}{\sqrt{p_{n\cdot}}}u_{n1} & \frac{d_2}{\sqrt{p_{n\cdot}}}u_{n2} & \cdots & \frac{d_m}{\sqrt{p_{n\cdot}}}u_{nm}\end{pmatrix},$$

其中，$\boldsymbol{D}_r^{-1/2}$ 为 n 阶矩阵，$\boldsymbol{U}_1$ 为 $n\times m$ 矩阵，有

$$\boldsymbol{U}_1=(\boldsymbol{u}_1,\boldsymbol{u}_2,\cdots,\boldsymbol{u}_m)=\begin{pmatrix}u_{11} & \cdots & u_{1m}\\ \vdots & & \vdots\\ u_{p1} & \cdots & u_{pm}\end{pmatrix},$$

常把 $\boldsymbol{\alpha}_i$ 或 $\boldsymbol{\beta}_i(i=1,2,\cdots,m)$ 称为加权意义下有单位长度的特征向量.

注意:行轮廓的坐标 G 和列轮廓的坐标 F 的定义与 Q 型和 R 型因子载荷矩

阵稍有差别.G的前两列包含了数据最优二维表示中的各对行点(样品点)的坐标,而F的前两列则包含了数据最优二维表示中的各对列点(变量点)的坐标.

(7) 在相同二维平面上用行轮廓的坐标G和列轮廓的坐标F(取$m=2$)绘制出点的平面图,也就是把n个行点(样品点)和p个列点(变量点)在同一个平面坐标系中绘制出来,对一组行点或一组列点,二维图中的欧氏距离与原始数据中各行(或列)轮廓之间的加权距离是相对应的.但需要注意,对应行轮廓的点与对应列轮廓的点之间没有直接的距离关系.

(8) 求总惯量Q和χ^2统计量的分解式.由式(11.2.6)可知

$$Q=\sum_{i=1}^{n}\sum_{j=1}^{p}b_{ij}^2=tr(\boldsymbol{B}^{\mathrm{T}}\boldsymbol{B})=\sum_{i=1}^{m}\lambda_i=\sum_{i=1}^{m}d_i^2, \tag{11.2.7}$$

其中,$\lambda_i(i=1, 2, \cdots, m)$是$\boldsymbol{B}^{\mathrm{T}}\boldsymbol{B}$的特征值,称为第$i$个主惯量;$d_i=\sqrt{\lambda_i}(i=1, 2, \cdots, m)$是$\boldsymbol{B}$的奇异值.式(11.2.7)给出$Q$的分解式,第$i$个因子$(i=1, 2, \cdots, m)$轴末端的惯量$Q_i=d_i^2$.相应地,有

$$\chi^2=TQ=T\sum_{i=1}^{m}d_i^2,$$

即给出总χ^2统计量的分解式.

(9) 对样品点和变量点进行分类,并结合专业知识进行成因解释.

11.3 实　　验

实验目的:通过实验学会对应分析.

11.3.1 实验11.3.1 美国授予哲学博士学位的对应分析

原教材中用MATLAB给出了美国授予哲学博士学位的对应分析,现在用R来进行对应分析.

表11-1的数据是美国在1973年到1978年间授予哲学博士学位的数目(美国人口调查局,1979年),试用对应分析方法分析该组数据.

如果把年度和学科作为两个属性变量,年度考虑1973年至1978年这6年的情况(6个类目),学科也考虑6种学科,那么表11-1就是一张两个属性变量的列联表.

本实验采用两种方法，分别对表 11-1 中的数据进行对应分析.

表 11-1　　美国 1973 年—1978 年间授予哲学博士学位的数据

学科＼年	1973	1974	1975	1976	1977	1978
生命科学(L)	4 489	4 303	4 402	4 350	4 266	4 361
物理学(P)	4 101	3 800	3 749	3 572	3 410	3 234
社会学(S)	3 354	3 286	3 344	3 278	3 137	3 008
行为科学(B)	2 444	2 587	2 749	2 878	2 960	3 049
工程学(E)	3 338	3 144	2 959	2 791	2 641	2 432
数学(M)	1 222	1 196	1 149	1 003	959	959

方法 1：

(1) 根据表 11-1 导入数据并进行 χ^2 检验——考察行变量和列变量是否独立

```
> x1 = c(4489, 4101, 3354, 2444, 3338, 1222)
> x2 = c(4303, 3800, 3286, 2587, 3144, 1196)
> x3 = c(4402, 3749, 3344, 2749, 2959, 1149)
> x4 = c(4350, 3572, 3278, 2878, 2791, 1003)
> x5 = c(4266, 3410, 3137, 2960, 2641, 959)
> x6 = c(4361, 3234, 3008, 3049, 2432, 959)
> X = data.frame(x1, x2, x3, x4, x5,x6)
> rownames(X) = c("L","P","S","B","E","M")
> chisq.test(X)
```

结果如下：

```
        Pearson's Chi-squared test
data: X
X - squared = 383.86, df = 25, p - value < 2.2e - 16
```

由于 p 值远小于 0.05，所以行变量和列变量不独立，即 6 个行点(学科)和 6 个列点(年份)有密切关系，可以进一步进行对应分析.

(2) 计算行列得分

```
> library(MASS)
> ca2 = corresp(X,nf = 2)
> rownames(X) = c("L","P","S","B","E","M")
> ca2
```

结果如下：

```
First canonical correlation(s): 0.058450758 0.008607615
Row scores:
         [,1]         [,2]
L  -0.44161119  -0.9406850
P   0.70611037   0.2811495
S  -0.02312518   1.3259163
B  -1.88202045   0.1509552
E   1.20407604   0.4264787
M   1.09394057  -2.6444499
Column scores:
         [,1]         [,2]
x1  1.4375724  -0.37777944
x2  0.8707006  -0.34143862
x3  0.2535958  -0.09209639
x4 -0.4147327   1.50165779
x5 -0.8767878   0.95149997
x6 -1.4783974  -1.65850669
```

(3) 作对应分析图

```
> biplot(ca2); abline(v=0, h=0, lty=3)
```

结果如图 11-1 所示.

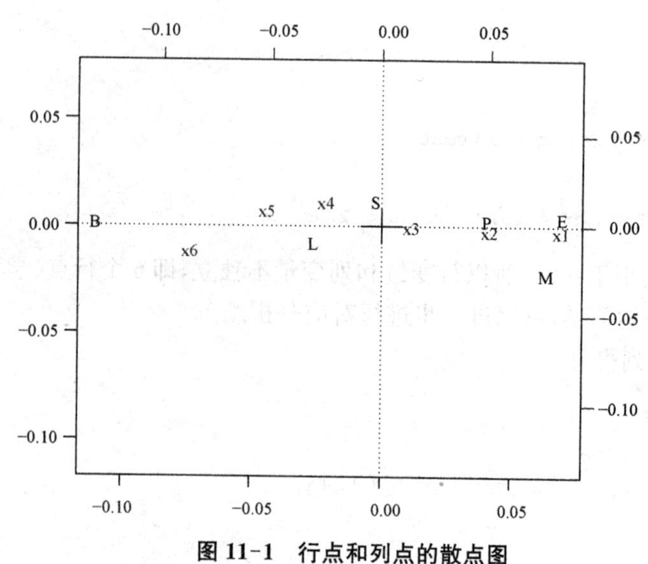

图 11-1　行点和列点的散点图

在图 11-1 中 x_1，x_2，x_3，x_4，x_5,x_6 分别代表 1973，1974，1975，1976，1977,1978 年的数据.

分析行点和列点的散点图时主要看两种散点的横坐标之间的距离(纵坐标的距离对于分析意义不大).

由图 11-1 可看出,6 个行点(学科)和 6 个列点(年份)可以分为三类(其对应关系如下):第一类包括"行为科学(B)",它在 1978 年授予的博士学位数目的比例最大;第二类包括"社会学(S)"和"生命科学(L)",它们在 1975 年至 1977 年授予的博士学位数目的比例都是逐年下降;第三类包括"物理学(P)""工程学(E)"和"数学(M)",它们在 1973 年和 1974 年这两年授予的博士学位数目的比例最大.

以上结果与原教材中用 MATLAB 给出的结果是一致的.

方法 2:

(1)(如果已导入数据)进行对应分析

```
> library(ca)
> a<-ca(X)
> a
```

结果如下:

Principal inertias (eigenvalues):

	1	2	3	4	5
Value	0.003416	7.4e−05	4.8e−05	1.7e−05	1e−06
Percentage	96.06%	2.08%	1.35%	0.48%	0.03%

Rows:

	L	P	S	B	E	M
Mass	0.242540	0.202643	0.179854	0.15446	0.160374	0.060128
ChiDist	0.028057	0.041826	0.014029	0.11018	0.070832	0.070263
Inertia	0.000191	0.000355	0.000035	0.00187	0.000805	0.000297
Dim.1	−0.441611	0.706110	−0.023125	−1.88202	1.204076	1.093941
Dim.2	−0.940685	0.281149	1.325916	0.15096	0.426479	−2.644450

Columns:

	x1	x2	x3	x4	x5	x6
Mass	0.17560	0.169743	0.170077	0.165629	0.161004	0.15795
ChiDist	0.08478	0.052191	0.017941	0.027724	0.052149	0.08763
Inertia	0.00126	0.000462	0.000055	0.000127	0.000438	0.00121
Dim.1	1.43757	0.870701	0.253596	−0.414733	−0.876788	−1.47840
Dim.2	−0.37778	−0.341439	−0.092096	1.501658	0.951500	−1.65851

在以上结果中，Dim.1 和 Dim.2 是提取的两个因子对行、列变量的因子载荷(行列得分).

(2) 使用函数"plot()"提取对应分析的结果——画散点图

```
> plot(a)
```

结果如图 11-2 所示.

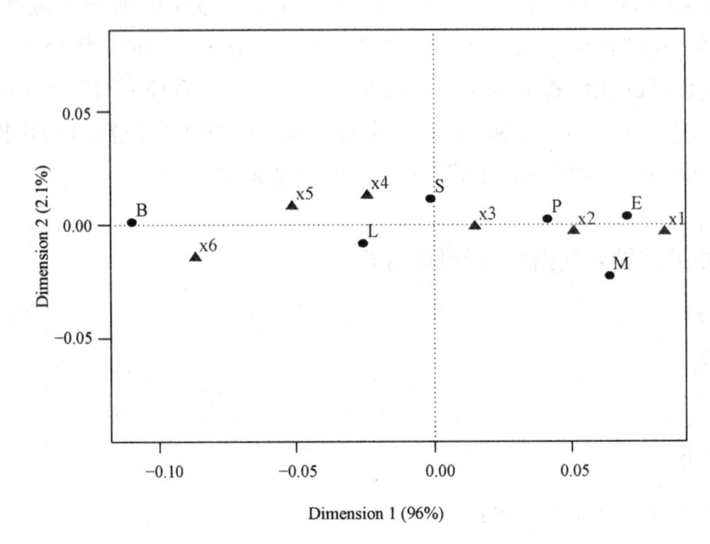

图 11-2 行点和列点的散点图

在图 11-2 中 x1，x2，x3，x4，x5，x6 分别代表 1973，1974，1975，1976，1977，1978 年的数据.

由图 11-2 可看出，6 个行点(学科)和 6 个列点(年份)可以分为三类，其对应关系与方法 1 相同.

以上的方法 1 和方法 2 的结果是一致的(方法 1 中的行列得分与方法 2 中的 Dim.1 和 Dim.2 是一致的，图 11-1 和图 11-2 也是一致的)，并且它们都与原教材中用 MATLAB 给出的结果是一致的.

11.3.2 实验 11.3.2 汉字读写能力与数学成绩的对应分析

在读写汉字能力与数学的关系的研究中，人们取得了 232 个美国亚裔学生的数学成绩和汉字读写能力的数据.关于汉字读写能力的变量有 3 个水平："纯汉字"意味着可以完全自由使用纯汉字读写，"半汉字"意味着读写中只有部分汉字(比如日文)，而"纯英文"意味着只能够读写英文而不会写汉字.而数学成绩有 4 个水平(A，B，C，F).这里只选取亚裔学生是为了消除文化差异所造成的影响.这项研究是为了考察汉字具有的抽象图形符号的特性能否会促进儿童空间和抽象思维能力.汉字读写能力与数学成绩(列联表形式数据)见表 11-2.

表 11-2　　汉字读写能力与数学成绩的关系

y \ x	A	B	C	F	合计
纯汉字	47	31	2	1	81
半汉字	22	32	21	10	85
纯英文	10	11	25	20	66
合计	79	74	48	31	232

说明: y 表示汉字读写能力(分为:纯汉字,半汉字和纯英文), x 表示数学成绩(分为 A, B, C 和 F).

(1) 根据表 11-2 导入数据并进行 χ^2 检验(考察行变量和列变量是否独立)

```
> ch = data.frame(A = c(47,22,10),B = c(31,32,11),C = c(2,21,25),F = c(1,10,20))
> rownames(ch) = c("Pure-Chinese","Semi-Chinese","Pure-English")
> chisq.test(ch)
```

结果如下:

```
        Pearson's Chi-squared test
data: ch
X-squared = 75.312, df = 6, p-value = 3.31e-14
```

由于 p 值远小于 0.05,所以行变量和列变量不独立,即汉字读写能力和数学成绩有密切关系,可以进一步进行对应分析.

(2) 进行对应分析

```
> library(MASS)
> ch.ca = corresp(ch,nf = 2)
> options(digits = 4)
> ch.ca
```

结果如下:

```
First canonical correlation(s): 0.5521 0.1409
```

```
Row scores:
                 [,1]     [,2]
Pure-Chinese    1.2069   0.6383
Semi-Chinese   -0.1368  -1.3079
Pure-English   -1.3051   0.9010
Column scores:
      [,1]     [,2]
A    0.9325   0.9196
B    0.4573  -1.1655
C   -1.2486  -0.5417
F   -1.5346   1.2773
```

分析结果给出了两个因子对应行变量、列变量的载荷系数(也就是行列得分).

(3) 使用函数"biplot()"提取对应分析的散点图

```
> biplot(corresp(ch, nf=2))
```

结果如图 11-3 所示.

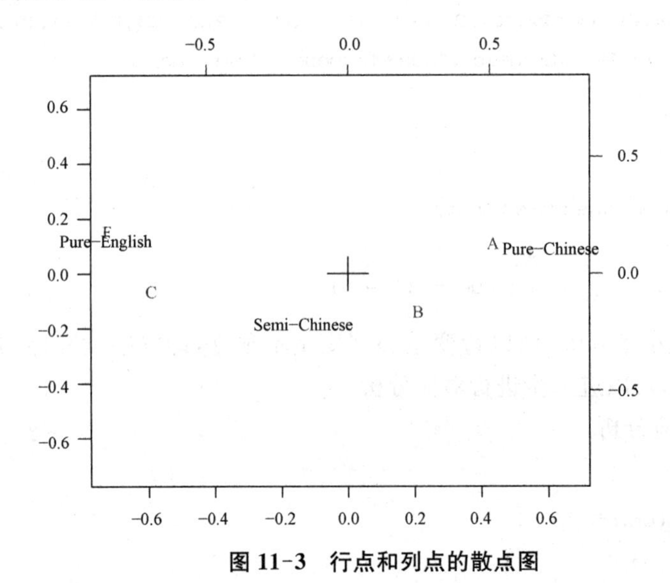

图 11-3 行点和列点的散点图

从图 11-3 可以看出,"Pure-Chinese"(纯汉字)和数学成绩 A 最接近,说明数学好的人可以自如地进行纯汉字读写;"Pure-English"(纯英文)与数学成绩 F 非常接近,说明数学差的人不会汉字只会英文;而"Semi-Chinese"(半汉字)介于数学成绩 B 和 C 之间,说明会部分汉字的学生数学成绩一般.

11.3.3 实验 11.3.3 收入与品牌的对应分析

对应分析广泛地应用于市场研究中，常常结合问卷调查方法，在产品定位、市场细分方面是一项非常重要的统计技术.在企业营销中，经常需要明确产品定位：什么样的消费者在使用本企业生产的产品？在不同类型的消费者心目中，哪一个品牌更受欢迎？当数据量较小时，可以使用列联表来分析不同类型的消费者在选择品牌上的差异.但是列联表存在一个问题：当变量很多且每个变量又有多个类别时，数据量很大，很难直观地发现变量间的内在联系，这时对应分析就是一种有效的解决方案.表 11-3 是收入(低、中和高)与品牌的数据.

表 11-3　　收入与品牌的数据

y \ x	A	B	C	D	E	F
低	2	49	4	4	15	1
中	7	7	5	49	2	7
高	6	3	23	5	5	14

说明：y 表示收入的分类为：低、中和高，x 表示品牌分类为：A, B, C, D, E 和 F.

(1) 根据表 11-3 导入数据并进行 χ^2 检验(考察行变量和列变量是否独立)

```
> brand = data.frame(low = c(2,49,4,4,15,1),medium = c(7,7,5,49,2,7),high = c(16,3,
23,5,5,14))
> rownames(brand) = c("A","B","C","D","E","F")
> chisq.test(brand)
```

结果如下：

```
        Pearson's Chi-squared test
data: brand
X-squared = 190.53, df = 10, p-value < 2.2e-16
```

由于 p 值远小于 0.05，所以行变量和列变量不独立，即收入与品牌有密切关系，可以进一步进行对应分析.

(2) 进行对应分析

```
> library(ca)
> options(digits = 3)
> brand.ca = ca(brand)
```

```
> brand.ca
```

结果如下：

```
Principal inertias (eigenvalues):
               1          2
Value          0.530966   0.343042
Percentage     60.75%     39.25%
Rows:
               A          B         C         D        E         F
Mass           0.1147     0.271     0.147     0.266    0.101     0.1009
ChiDist        0.7704     1.026     0.906     1.029    0.738     0.7939
Inertia        0.0681     0.285     0.120     0.282    0.055     0.0636
Dim.1         -0.7267     1.399    -0.581    -0.850    0.988    -0.8296
Dim.2          0.9553    -0.200     1.368    -1.403    0.281     0.8786
Columns:
               low        medium    high
Mass           0.3440     0.353     0.303
ChiDist        1.0058     0.861     0.934
Inertia        0.3480     0.262     0.264
Dim.1          1.3792    -0.778    -0.659
Dim.2         -0.0663    -1.107     1.367
```

(3) 提取两个因子对应的行的标准坐标

```
> brand.ca$rowcoord
```

结果如下：

```
    Dim1     Dim2
A  -0.727    0.955
B   1.399   -0.200
C  -0.581    1.368
D  -0.850   -1.403
E   0.988    0.281
F  -0.830    0.879
```

(4) 用“plot()”函数绘制对应分析的散点图

```
> plot(brand.ca)
```

结果如图 11-4 所示.

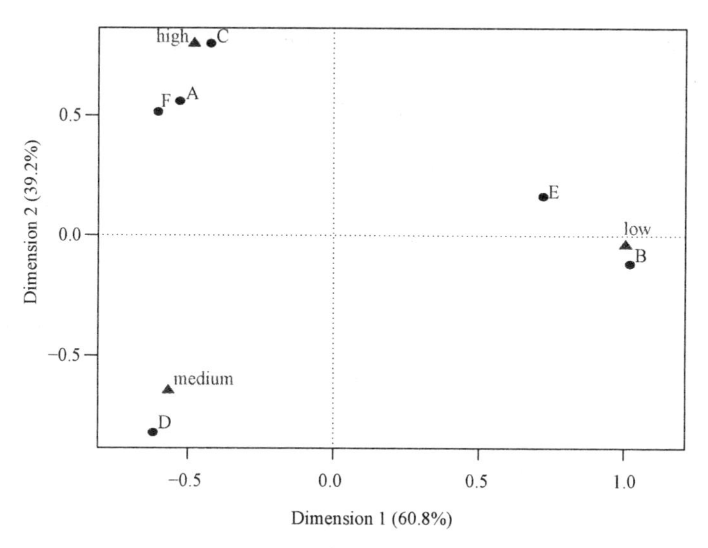

图 11-4 行点和列点的散点图

对应分析散点图是由品牌类别和收入类别的因子坐标值组成.从图 11-4 中可以看出,可以分为三类:第一类为低收入人群倾向于选择品牌 B 和 E;第二类为中等收入水平倾向于选择品牌 D;第三类为高收入水平倾向于品牌 A, C 和 F.这样企业就完成了初步的市场定位.

11.3.4 实验 11.3.4 caith 数据集的对应分析

在 R 软件中,有个 MASS 包,其中有一个 caith 数据集,是关于眼睛颜色和头发颜色的数据.

(1) 查看 caith 数据集的信息

```
> library(MASS)
> caith
```

结果如下:

```
       fair red medium dark black
blue    326  38    241  110     3
light   688 116    584  188     4
medium  343  84    909  412    26
dark     98  48    403  681    85
```

从以上结果可以看出,caith 数据集中眼睛颜色:blue, light, medium 和 dark;头发颜色:fair, red, medium, dark 和 black.

(2) 进行 χ^2 检验——考察行变量和列变量是否独立

```
>chisq.test(caith)
```

结果如下:

```
        Pearson's Chi-squared test
data: caith
X-squared = 1240, df = 12, p-value < 2.2e-16
```

由于 p 值远小于0.05,所以行变量和列变量不独立,即眼睛颜色和头发颜色有密切关系,可以进一步进行对应分析.

(3) 对 caith 数据集进行对应分析

```
> EyeHair<-caith
> corr_<-corresp(EyeHair,nf=2);corr_
```

结果如下:

```
First canonical correlation(s): 0.446 0.173

Row scores:
          [,1]     [,2]
blue    -0.8968   0.954
light   -0.9873   0.510
medium   0.0753  -1.412
dark     1.5743   0.772

Column scores:
          [,1]     [,2]
fair    -1.2187   1.002
red     -0.5226   0.278
medium  -0.0941  -1.201
dark     1.3189   0.599
black    2.4518   1.651
```

(4) 用"biplot()"函数绘制对应分析的散点图

```
> biplot(corr_)
```

结果如图11-5所示.

从图11-5可以看出,可以分为三类:第一类为眼睛颜色为 dark 对应头发颜色为 black 和 dark;第二类为眼睛颜色为 blue 和 light 对应头发颜色为 fair;第三类

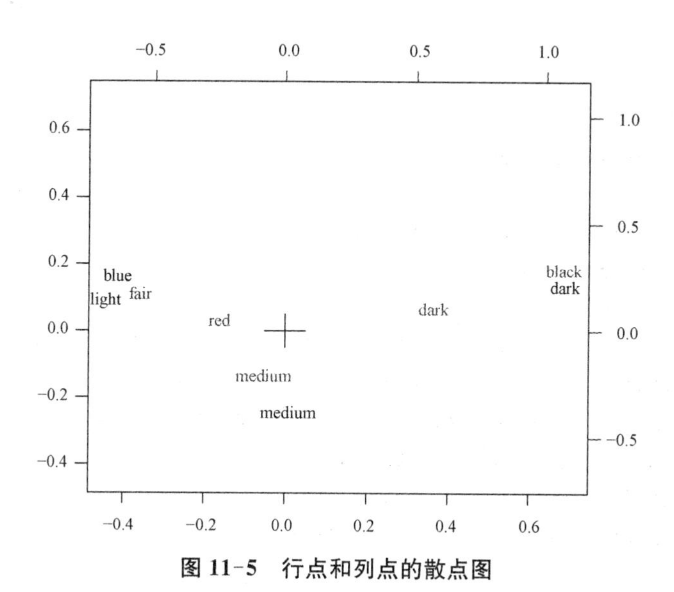

图 11-5　行点和列点的散点图

为眼睛颜色为 medium 对应头发颜色为 red 和 medium.

11.3.5　实验 11.3.5　smoke 数据集的对应分析

以下对 smoke 数据集进行对应分析.

(1) 首先查看 smoke 数据集的信息

```
> library(ca)
> data("smoke")
> smoke
```

结果如下：

	none	light	medium	heavy
SM	4	2	3	2
JM	4	3	7	4
SE	25	10	12	4
JE	18	24	33	13
SC	10	6	7	2

这个数据集来自 Greenacre(1984),被应用于多个统计软件作为对应分析的说明案例数据.它的内容是一个 5 行(阶层:SM, JM, SE, JE 和 SC)4 列(吸烟习惯:none, light, medium 和 heavy)的列联表,给出了一个虚构的公司内各阶层吸烟习惯的频数.

(2) 对数据集 smoke 进行对应分析

```
> ca(smoke)
```

结果如下：

```
Principal inertias (eigenvalues):
                 1           2          3
Value        0.074759    0.010017   0.000414
Percentage    87.76%      11.76%      0.49%
Rows:
                SM          JM          SE        JE         SC
Mass         0.05699      0.0933     0.2642    0.4560    0.12953
ChiDist      0.21656      0.3569     0.3808    0.2400    0.21617
Inertia      0.00267      0.0119     0.0383    0.0263    0.00605
Dim.1       -0.24054      0.9471    -1.3920    0.8520   -0.73546
Dim.2       -1.93571     -2.4310    -0.1065    0.5769    0.78843
Columns:
              none      light    medium     heavy
Mass         0.3161    0.23316   0.3212     0.1295
ChiDist      0.3945    0.17400   0.1981     0.3551
Inertia      0.0492    0.00706   0.0126     0.0163
Dim.1       -1.4385    0.36375   0.7180     1.0744
Dim.2       -0.3047    1.40943   0.0735    -1.9760
```

（3）行的标准坐标

```
> ca(smoke) $ rowcoord
```

结果如下：

```
       Dim1     Dim2     Dim3
SM   -0.241   -1.936    3.490
JM    0.947   -2.431   -1.657
SE   -1.392   -0.107   -0.254
JE    0.852    0.577    0.163
SC   -0.735    0.788   -0.397
```

（4）提取有关计算结果

```
> summary(ca(smoke))
```

结果如下：

```
Principal inertias (eigenvalues):
```

```
dim     value     %    cum%   scree plot
1    0.074759  87.8    87.8   **********************
2    0.010017  11.8    99.5   ***
3    0.000414   0.5   100.0
        -------- -----
Total: 0.085190 100.0
Rows:
     name     mass   qlt   inr      k=1   cor  ctr      k=2   cor  ctr
1  |   SM  |    57   893    31  |   -66    92    3  |  -194   800  214  |
2  |   JM  |    93   991   139  |   259   526   84  |  -243   465  551  |
3  |   SE  |   264  1000   450  |  -381   999  512  |   -11     1    3  |
4  |   JE  |   456  1000   308  |   233   942  331  |    58    58  152  |
5  |   SC  |   130   999    71  |  -201   865   70  |    79   133   81  |
Columns:
     name     mass   qlt   inr      k=1   cor  ctr      k=2   cor  ctr
1  | none  |   316  1000   577  |  -393   994  654  |   -30     6   29  |
2  | lght  |   233   984    83  |    99   327   31  |   141   657  463  |
3  | medm  |   321   983   148  |   196   982  166  |     7     1    2  |
4  | hevy  |   130   995   192  |   294   684  150  |  -198   310  506  |
```

(5) 绘制对应分析的散点图

```
> plot(ca(smoke))
```

结果如图 11-6 所示.

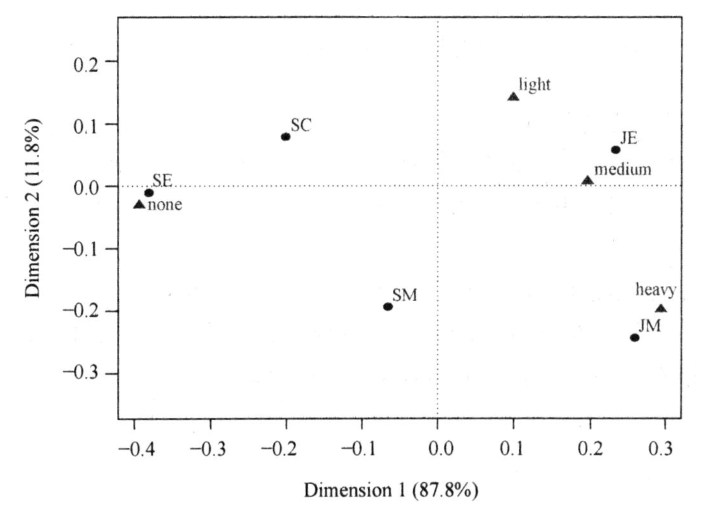

图 11-6 行点和列点的散点图

从图 11-6(在纵向零点线)的左右两边可以看出,左边是 SE, SC 和 SM 三个阶层与吸烟习惯 none 对应;右边是 JE 和 JM 两个阶层与吸烟习惯 light, medium 和 heavy 对应.

从图 11-6 还可以看出,SE 阶层的吸烟习惯更接近于 none, JE 阶层的吸烟习惯更接近于 medium, JM 阶层的吸烟习惯是更接近于 heavy.

(6) 行作为主坐标,列作为标准坐标的情形

```
> plot(ca(smoke), mass = TRUE, contrib = "absolute", map = "rowgreen", arrows
= c(FALSE, TRUE))
```

结果如图 11-7 所示.

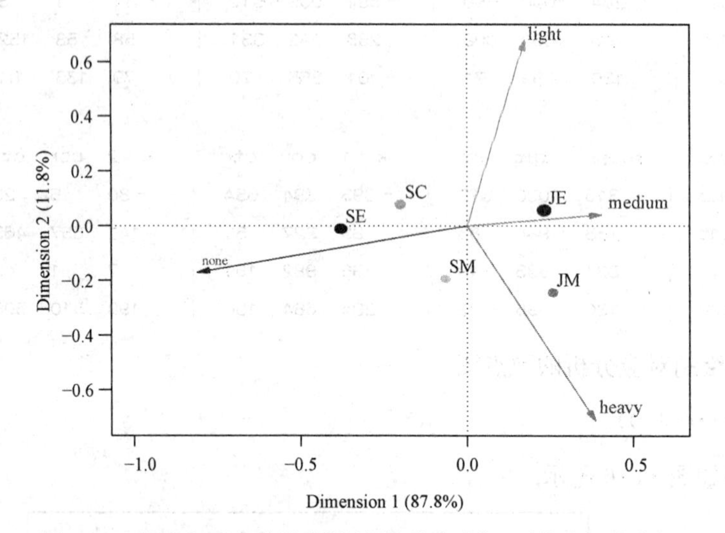

图 11-7 行点和列点的散点图(行作为主坐标,列作为标准坐标)

当我们从中心向任意两个点(相同类别)做向量的时候,它们的夹角越小越相似.从图 11-7 可以看出,JE 和 JM 两个阶层的吸烟习惯相似(或接近),SE 和 SC 两个阶层的吸烟习惯相似(或接近),SM 和 JM 两个阶层的吸烟习惯相似(或接近).

从图 11-6 和图 11-7(或前面的计算)看到,第一维度(Dimension1)解释了列联表的 87.8%,第二维度(Dimension2)解释了列联表的 11.8%解,说明在两个维度上已经能够说明数据的 99.6%,效果是比较理想的.

12 典型相关分析

在统计分析中，我们用简单相关系数反映两个变量之间的线性相关关系.1936年 Hotelling 将线性相关性推广到两组变量的讨论中，提出了典型相关分析(canonical correlation analysis)方法.

现在的问题是为每一组变量选取一个综合变量作为代表，而一组变量最简单的综合形式就是该组变量的线性组合.由于一组变量可以有无数种线性组合(线性组合由相应的系数确定)，因此必须找到既有意义又可以确定的线性组合.典型相关分析就是要找到这两组变量线性组合的系数使得这两个由线性组合生成的变量(和其他线性组合相比)之间的相关系数最大.

在本章中我们将介绍:典型相关分析的基本思想、典型相关的数学描述、原始变量与典型变量之间的相关性、典型相关系数的检验.

12.1 典型相关分析的基本思想

典型相关分析是仿照主成分分析法中把多变量与多变量之间的相关化为两个变量之间相关的做法，首先在每组变量内部找出具有最大相关性的一对线性组合，然后再在每组变量内找出第二对线性组合，使其本身具有最大的相关性，并分别与第一对线性组合不相关.如此下去，直到两组变量内各变量之间的相关性被提取完毕为止.有了这些最大相关的线性组合，则讨论两组变量之间的相关，就转化为研究这些线性组合的最大相关，从而减少了研究变量的个数.

通常情况下，为了研究两组变量

$$(x_1, x_2, \cdots, x_p), (y_1, y_2, \cdots, y_q)$$

的相关关系，可以用最原始的方法，分别计算两组变量之间的全部相关系数，一共有 pq 个简单相关系数，这样又繁琐又不能抓住问题的本质.如果能够采用类似于主成分分析的思想，分别找出两组变量的各自的某个线性组合，讨论线性组合之间的相关关系，则更简捷.

首先分别在每组变量中找出第一对线性组合，使其具有最大相关性，即

$$\begin{cases} u_1 = \alpha_{11}x_1 + \alpha_{21}x_2 + \cdots + \alpha_{p1}x_p, \\ v_1 = \beta_{11}y_1 + \beta_{21}y_2 + \cdots + \beta_{q1}y_q. \end{cases}$$

然后再在每组变量中找出第二对线性组合，使其分别与本组内的第一对线性组合不相关，第二对本身具有次大的相关性，有

$$\begin{cases} u_2 = \alpha_{12}x_1 + \alpha_{22}x_2 + \cdots + \alpha_{p2}x_p, \\ v_2 = \beta_{12}y_1 + \beta_{22}y_2 + \cdots + \beta_{q2}y_q. \end{cases}$$

u_2 与 u_1，v_2 与 v_1 不相关，但 u_2 和 v_2 相关.如此继续下去，直至进行到 r 步，两组变量的相关性被提取完为止，可以得到 r 组变量，这里 $r \leqslant \min(p, q)$.

12.2 典型相关的数学描述

实际问题中，需要考虑两组变量之间的相关关系的问题很多，例如，考虑几种主要产品的价格（作为第一组变量）和相应这些产品的销售量（作为第二组变量）之间的相关关系；考虑投资性变量（如劳动者人数、货物周转量、生产建设投资等）与国民收入变量（如工农业国民收入、运输业国民收入、建筑业国民收入等）之间的相关关系；等等.

复相关系数描述两组随机变量 $\boldsymbol{X} = (x_1, x_2, \cdots, x_p)^{\mathrm{T}}$，$\boldsymbol{Y} = (y_1, y_2, \cdots, y_q)^{\mathrm{T}}$ 之间的相关程度.其思想是先将每一组随机变量作线性组合，成为两个随机变量：

$$\boldsymbol{u} = \boldsymbol{\rho}^{\mathrm{T}}\boldsymbol{X} = \sum_{i=1}^{p} \rho_i x_i, \quad v = \boldsymbol{\gamma}^{\mathrm{T}}\boldsymbol{Y} = \sum_{j=1}^{q} \gamma_j y_j.$$

再研究 $\boldsymbol{u}$ 与 $\boldsymbol{v}$ 的相关系数.由于 $\boldsymbol{v}$，$\boldsymbol{u}$ 与投影向量 $\boldsymbol{\rho}$，$\boldsymbol{\gamma}$ 有关，所以 $r_{uv} = r_{uv}(\rho, \gamma)$. 取在 $\boldsymbol{\rho}^{\mathrm{T}}\boldsymbol{\Sigma}_{XX}\boldsymbol{\rho} = 1$ 和 $\boldsymbol{\gamma}^{\mathrm{T}}\boldsymbol{\Sigma}_{YY}\boldsymbol{\gamma} = 1$ 的条件下使 r_{uv} 达到最大的 $\boldsymbol{\rho}$，$\boldsymbol{\gamma}$ 作为投影向量，这样得到的相关系数为复相关系数

$$r_{uv} = \max r_{uv}(\boldsymbol{\rho}, \boldsymbol{\gamma}).$$

将两组变量的协方差矩阵分块得

$$\operatorname{Cov}\begin{pmatrix} \boldsymbol{X} \\ \boldsymbol{Y} \end{pmatrix} = \begin{pmatrix} \operatorname{Var}(\boldsymbol{X}) & \operatorname{Cov}(\boldsymbol{X}, \boldsymbol{Y}) \\ \operatorname{Cov}(\boldsymbol{Y}, \boldsymbol{X}) & \operatorname{Var}(\boldsymbol{Y}) \end{pmatrix} = \begin{pmatrix} \boldsymbol{\Sigma}_{XX} & \boldsymbol{\Sigma}_{XY} \\ \boldsymbol{\Sigma}_{YX} & \boldsymbol{\Sigma}_{YY} \end{pmatrix},$$

此时

$$r_{uv}=\frac{\mathrm{Cov}(\boldsymbol{\rho}^{\mathrm{T}}\boldsymbol{X},\ \boldsymbol{\gamma}^{\mathrm{T}}\boldsymbol{Y})}{\sqrt{\mathrm{Var}(\boldsymbol{\rho}^{\mathrm{T}}\boldsymbol{X})}\ \sqrt{\mathrm{Var}(\boldsymbol{\gamma}^{\mathrm{T}}\boldsymbol{Y})}}=\frac{\boldsymbol{\rho}^{\mathrm{T}}\boldsymbol{\Sigma}_{XY}\boldsymbol{\gamma}}{\sqrt{\boldsymbol{\rho}^{\mathrm{T}}\boldsymbol{\Sigma}_{XX}\boldsymbol{\rho}}\ \sqrt{\boldsymbol{\gamma}^{\mathrm{T}}\boldsymbol{\Sigma}_{YY}\boldsymbol{\gamma}}}=\boldsymbol{\rho}^{\mathrm{T}}\boldsymbol{\Sigma}_{XY}\boldsymbol{\gamma}.$$

因此,问题转化为在 $\boldsymbol{\rho}^{\mathrm{T}}\boldsymbol{\Sigma}_{XX}\boldsymbol{\rho}=1$ 和 $\boldsymbol{\gamma}^{\mathrm{T}}\boldsymbol{\Sigma}_{YY}\boldsymbol{\gamma}=1$ 的条件下求 $\boldsymbol{\rho}^{\mathrm{T}}\boldsymbol{\Sigma}_{XY}\boldsymbol{\gamma}$ 的极大值.

根据条件极值法引入 Lagrange 乘数,可将问题转化为求

$$S(\boldsymbol{\rho},\ \boldsymbol{\gamma})=\boldsymbol{\rho}^{\mathrm{T}}\boldsymbol{\Sigma}_{XY}\boldsymbol{\gamma}-\frac{\lambda}{2}(\boldsymbol{\rho}^{\mathrm{T}}\boldsymbol{\Sigma}_{XX}\boldsymbol{\rho}-1)-\frac{\omega}{2}(\boldsymbol{\gamma}^{\mathrm{T}}\boldsymbol{\Sigma}_{YY}\boldsymbol{\gamma}-1)$$

的极大值,其中 λ, ω 是 Lagrange 乘数.

由极值的必要条件得方程组

$$\begin{cases}\dfrac{\partial S}{\partial \boldsymbol{\rho}}=\boldsymbol{\Sigma}_{XY}\boldsymbol{\gamma}-\lambda\boldsymbol{\Sigma}_{XX}\boldsymbol{\rho}=0,\\ \dfrac{\partial S}{\partial \boldsymbol{\gamma}}=\boldsymbol{\Sigma}_{YX}\boldsymbol{\rho}-\omega\boldsymbol{\Sigma}_{YY}\boldsymbol{\gamma}=0.\end{cases}\tag{12.2.1}$$

将上两式分别左乘 $\boldsymbol{\rho}^{\mathrm{T}}$ 与 $\boldsymbol{\gamma}^{\mathrm{T}}$, 则得

$$\begin{cases}\boldsymbol{\rho}^{\mathrm{T}}\boldsymbol{\Sigma}_{XY}\boldsymbol{\gamma}=\lambda\boldsymbol{\rho}^{\mathrm{T}}\boldsymbol{\Sigma}_{XX}\boldsymbol{\rho}=\lambda,\\ \boldsymbol{\gamma}^{\mathrm{T}}\boldsymbol{\Sigma}_{YX}\boldsymbol{\rho}=\omega\boldsymbol{\gamma}^{\mathrm{T}}\boldsymbol{\Sigma}_{YY}\boldsymbol{\gamma}=\omega.\end{cases}$$

注意 $\boldsymbol{\Sigma}_{XY}=\boldsymbol{\Sigma}_{YX}^{\mathrm{T}}$, 所以 $\lambda=\omega=\boldsymbol{\rho}^{\mathrm{T}}\boldsymbol{\Sigma}_{XY}\boldsymbol{\gamma}$.

代入方程组(12.2.1)得到

$$\begin{cases}\boldsymbol{\Sigma}_{XY}\boldsymbol{\gamma}-\boldsymbol{\lambda}\boldsymbol{\Sigma}_{XX}\boldsymbol{\rho}=0,\\ \boldsymbol{\Sigma}_{YX}\boldsymbol{\rho}-\boldsymbol{\lambda}\boldsymbol{\Sigma}_{YY}\boldsymbol{\gamma}=0.\end{cases}\tag{12.2.2}$$

用 $\boldsymbol{\Sigma}_{YY}^{-1}$ 左乘方程组(12.2.2)的第二式,得 $\lambda\boldsymbol{\gamma}=\boldsymbol{\Sigma}_{YY}^{-1}\boldsymbol{\Sigma}_{YX}\boldsymbol{\rho}$, 所以

$$\boldsymbol{\gamma}=\frac{1}{\lambda}\boldsymbol{\Sigma}_{YY}^{-1}\boldsymbol{\Sigma}_{YX}\boldsymbol{\rho},$$

代入方程组(12.2.2)的第一式,得

$$(\boldsymbol{\Sigma}_{XY}\boldsymbol{\Sigma}_{YY}^{-1}\boldsymbol{\Sigma}_{YX}-\lambda^{2}\boldsymbol{\Sigma}_{XX})\boldsymbol{\rho}=0.$$

同理可得

$$(\boldsymbol{\Sigma}_{YX}\boldsymbol{\Sigma}_{XX}^{-1}\boldsymbol{\Sigma}_{XY}-\lambda^{2}\boldsymbol{\Sigma}_{YY})\boldsymbol{\gamma}=0,$$

记

$$\boldsymbol{M}_1=\boldsymbol{\Sigma}_{XX}^{-1}\boldsymbol{\Sigma}_{XY}\boldsymbol{\Sigma}_{YY}^{-1}\boldsymbol{\Sigma}_{YX},\ \boldsymbol{M}_2=\boldsymbol{\Sigma}_{YY}^{-1}\boldsymbol{\Sigma}_{YX}\boldsymbol{\Sigma}_{XX}^{-1}\boldsymbol{\Sigma}_{XY}, \tag{12.2.3}$$

则有

$$\boldsymbol{M}_1\boldsymbol{\rho}=\lambda^2\boldsymbol{\rho},\ \boldsymbol{M}_2\boldsymbol{\gamma}=\lambda^2\boldsymbol{\gamma}. \tag{12.2.4}$$

式(12.2.4)说明 λ^2 既是 $\boldsymbol{M}_1$ 又是 $\boldsymbol{M}_2$ 的特征根，$\boldsymbol{\rho}$，$\boldsymbol{\gamma}$ 就是其相应于 $\boldsymbol{M}_1$ 和 $\boldsymbol{M}_2$ 的特征向量. $\boldsymbol{M}_1$ 和 $\boldsymbol{M}_2$ 的特征根非负，均在[0, 1]上，非零特征根的个数等于 $\min(p, q)$，不妨设为 q.

设 $\boldsymbol{M}_1\boldsymbol{\rho}=\lambda^2\boldsymbol{\rho}$ 的特征根排序为 $\lambda_1^2\geqslant\lambda_2^2\geqslant\cdots\geqslant\lambda_q^2$，其余 $p-q$ 个特征根为 0，称 $\lambda_1, \lambda_2, \cdots, \lambda_q$ 为典型相关系数.相应地，从 $\boldsymbol{M}_1\boldsymbol{\rho}=\lambda^2\boldsymbol{\rho}$ 解出的特征向量为 $\boldsymbol{\rho}^{(1)}$，$\boldsymbol{\rho}^{(2)}, \cdots, \boldsymbol{\rho}^{(q)}$，从 $\boldsymbol{M}_2\boldsymbol{\gamma}=\lambda^2\boldsymbol{\gamma}$ 解出的特征向量为 $\boldsymbol{\gamma}^{(1)}, \boldsymbol{\gamma}^{(2)}, \cdots, \boldsymbol{\gamma}^{(q)}$，从而可得 q 对线性组合

$$\boldsymbol{u}_i=\boldsymbol{\rho}^{(i)\mathrm{T}}\boldsymbol{X},\quad \boldsymbol{v}_i=\boldsymbol{\gamma}^{(i)\mathrm{T}}\boldsymbol{Y},\ i=1, 2, \cdots, q,$$

称每一对变量为典型变量.求典型相关系数和典型变量归结为求 $\boldsymbol{M}_1$ 和 $\boldsymbol{M}_2$ 的特征根和特征向量.

还可以证明，当 $i\neq j$ 时，有

$$\begin{aligned}\mathrm{Cov}(\boldsymbol{u}_i, \boldsymbol{u}_j)&=\mathrm{Cov}(\boldsymbol{\rho}^{(i)\mathrm{T}}\boldsymbol{X}, \boldsymbol{\rho}^{(j)\mathrm{T}}\boldsymbol{X})=\boldsymbol{\rho}^{(i)\mathrm{T}}\boldsymbol{\Sigma}_{XX}\boldsymbol{\rho}^{(j)}=0,\\ \mathrm{Cov}(\boldsymbol{v}_i, \boldsymbol{v}_j)&=\mathrm{Cov}(\boldsymbol{\gamma}^{(i)\mathrm{T}}\boldsymbol{Y}, \boldsymbol{\gamma}^{(j)\mathrm{T}}\boldsymbol{Y})=\boldsymbol{\gamma}^{(i)\mathrm{T}}\boldsymbol{\Sigma}_{YY}\boldsymbol{\gamma}^{(j)}=0,\end{aligned}$$

表示一切典型变量都是不相关的，并且其方差为 1，即

$$\begin{aligned}\mathrm{Cov}(\boldsymbol{u}_i, \boldsymbol{u}_j)&=\delta_{ij},\\ \mathrm{Cov}(\boldsymbol{v}_i, \boldsymbol{v}_j)&=\delta_{ij},\end{aligned}$$

其中

$$\delta_{ij}=\begin{cases}1, & i=j,\\ 0, & i\neq j.\end{cases}$$

$\boldsymbol{X}$ 与 $\boldsymbol{Y}$ 的同一对典型变量 $\boldsymbol{u}_i$ 和 $\boldsymbol{v}_i$ 之间的相关系数为 λ_i，不同对的典型变量 $\boldsymbol{u}_i$ 和 $\boldsymbol{v}_j(i\neq j)$ 之间不相关，也就是说协方差为 0，即

$$\mathrm{Cov}(\boldsymbol{u}_i, \boldsymbol{v}_j)=\begin{cases}\lambda_i, & i=j,\\ 0, & i\neq j.\end{cases}$$

当总体的均值向量 $\boldsymbol{\mu}$ 和协差矩阵 $\boldsymbol{\Sigma}$ 未知时，无法求总体的典型相关系数和典型变量，因而需要给出样本的典型相关系数和典型变量.

设 $X_{(1)}, X_{(2)}, \cdots, X_{(n)}, Y_{(1)}, Y_{(2)}, \cdots, Y_{(n)}$ 为来自总体容量为 n 的样本,这时协方差矩阵的无偏估计为

$$\hat{\boldsymbol{\Sigma}}_{XX}=\frac{1}{n-1}\sum_{i=1}^{n}(\boldsymbol{X}_{(i)}-\bar{\boldsymbol{X}})(\boldsymbol{X}_{(i)}-\bar{\boldsymbol{X}})^{\mathrm{T}},$$

$$\hat{\boldsymbol{\Sigma}}_{YY}=\frac{1}{n-1}\sum_{i=1}^{n}(\boldsymbol{Y}_{(i)}-\bar{\boldsymbol{Y}})(\boldsymbol{Y}_{(i)}-\bar{\boldsymbol{Y}})^{\mathrm{T}},$$

$$\hat{\boldsymbol{\Sigma}}_{XY}=\hat{\boldsymbol{\Sigma}}_{XY}^{\mathrm{T}}=\frac{1}{n-1}\sum_{i=1}^{n}(\boldsymbol{X}_{(i)}-\bar{\boldsymbol{X}})(\boldsymbol{Y}_{(i)}-\bar{\boldsymbol{Y}})^{\mathrm{T}},$$

其中 $\bar{\boldsymbol{X}}=\frac{1}{n}\sum_{i=1}^{n}X_{(i)}$, $\bar{\boldsymbol{Y}}=\frac{1}{n}\sum_{i=1}^{n}Y_{(i)}$,用 $\hat{\boldsymbol{\Sigma}}$ 代替 $\boldsymbol{\Sigma}$ 并按式(12.2.3)和式(12.2.4)求出 $\hat{\lambda}_i$ 和 $\hat{\rho}$, $\hat{\gamma}$,称 $\hat{\lambda}_i$ 为样本的典型相关系数,称 $\hat{\boldsymbol{u}}_i=\hat{\boldsymbol{\rho}}^{(i)\mathrm{T}}\boldsymbol{X}$, $\hat{\boldsymbol{v}}_i=\hat{\boldsymbol{\gamma}}^{(i)\mathrm{T}}\boldsymbol{Y}(i=1, 2, \cdots, q)$ 为样本的典型变量.

计算时也可从样本的相关系数矩阵出发求样本的典型相关系数和典型变量,将相关系数矩阵取代协方差阵,计算过程是一样的.

如果复相关系数中的一个变量是一维的,那么也可以称为偏相关系数.偏相关系数是描述一个随机变量 $\boldsymbol{y}$ 与多个随机变量(一组随机变量) $\boldsymbol{X}=(x_1, x_2, \cdots, x_p)^{\mathrm{T}}$ 之间的关系.其思想是先将那一组随机变量作线性组合,成为一个随机变量

$$\boldsymbol{u}=\boldsymbol{c}^{\mathrm{T}}\boldsymbol{X}=\sum_{i=1}^{p}c_i x_i.$$

再研究 $\boldsymbol{y}$ 与 $\boldsymbol{u}$ 的相关系数.由于 $\boldsymbol{u}$ 与投影向量 $\boldsymbol{c}$ 有关,所以 $r_{yu}=r_{yu}(\boldsymbol{c})$ 与 $\boldsymbol{c}$ 有关.我们取在 $\boldsymbol{c}^{\mathrm{T}}\boldsymbol{\Sigma}_{XX}\boldsymbol{c}=1$ 的条件下使 r_{yu} 达到最大的 $\boldsymbol{c}$ 作为投影向量得到的相关系数为偏相关系数

$$r_{yu}=\max r_{yu}(\boldsymbol{c}).$$

其余推导、计算过程与复相关系数类似.

12.3 原始变量与典型变量之间的相关性

(1) 原始变量与典型变量之间的相关系数

设原始变量相关系数矩阵

$$\boldsymbol{R}=\begin{pmatrix}R_{11} & R_{12}\\ R_{21} & R_{22}\end{pmatrix},$$

X 典型变量系数矩阵

$$\boldsymbol{\Lambda}=(\rho^{(1)}, \rho^{(2)}, \cdots, \rho^{(s)})_{p\times s}=\begin{pmatrix}\alpha_{11} & \alpha_{12} & \cdots & \alpha_{1s}\\ \alpha_{21} & \alpha_{22} & \cdots & \alpha_{2s}\\ \vdots & \vdots & & \vdots\\ \alpha_{p1} & \alpha_{p2} & \cdots & \alpha_{ps}\end{pmatrix},$$

Y 典型变量系数矩阵

$$\boldsymbol{\Gamma}=(\gamma^{(1)}, \gamma^{(2)}, \cdots, \gamma^{(s)})_{q\times s}=\begin{pmatrix}\beta_{11} & \beta_{12} & \cdots & \beta_{1s}\\ \beta_{21} & \beta_{22} & \cdots & \beta_{2s}\\ \vdots & \vdots & & \vdots\\ \beta_{s1} & \beta_{q2} & \cdots & \beta_{qs}\end{pmatrix},$$

则有

$$\mathrm{Cov}(x_i, u_j)=\mathrm{Cov}(x_i, \sum_{k=1}^{p}\alpha_{kj}x_k)=\sum_{k=1}^{p}\alpha_{kj}\mathrm{Cov}(x_i, x_k), j=1, 2, \cdots, s,$$

x_i 与 u_j 的相关系数

$$r(x_i, u_j)=\sum_{k=1}^{p}\alpha_{kj}\frac{\mathrm{Cov}(x_i, x_k)}{\sqrt{\mathrm{Var}(x_i)}}, j=1, 2, \cdots, s,$$

同理可计算得

$$r(x_i, v_j)=\sum_{k=1}^{q}\beta_{kj}\frac{\mathrm{Cov}(x_i, y_k)}{\sqrt{\mathrm{Var}(x_i)}}, j=1, 2, \cdots, s,$$

$$r(y_i, u_j)=\sum_{k=1}^{p}\alpha_{kj}\frac{\mathrm{Cov}(y_i, x_k)}{\sqrt{\mathrm{Var}(y_i)}}, j=1, 2, \cdots, s,$$

$$r(y_i, v_j)=\sum_{k=1}^{q}\beta_{kj}\frac{\mathrm{Cov}(y_i, y_k)}{\sqrt{\mathrm{Var}(y_i)}}, j=1, 2, \cdots, s.$$

(2) 各组原始变量被典型变量所解释的方差

X 组原始变量被 u_i 解释的方差比例

$$m_{u_i}=\sum_{k=1}^{p}r^2(u_i, x_k)/p.$$

X 组原始变量被 v_i 解释的方差比例

$$m_{v_i}=\sum_{k=1}^{p}r^2(v_i,\ x_k)/p.$$

Y 组原始变量被 u_i 解释的方差比例

$$n_{u_i}=\sum_{k=1}^{q}r^2(u_i,\ y_k)/q.$$

Y 组原始变量被 v_i 解释的方差比例

$$n_{v_i}=\sum_{k=1}^{q}r^2(v_i,\ y_k)/q.$$

12.4 典型相关系数的检验

在实际应用中,总体的协方差矩阵常常是未知的,需要从总体中抽出一个样本,根据样本对总体的协方差或相关系数矩阵进行估计,然后利用估计得到的协方差或相关系数矩阵进行分析.由于估计中抽样误差的存在,所以估计以后还需要进行有关的假设检验.

(1) 计算样本的协方差矩阵

假设有 X 组和 Y 组变量,样本容量为 n,观测值矩阵为

$$\begin{pmatrix} a_{11} & \cdots & a_{1p} & b_{11} & \cdots & b_{1q} \\ a_{21} & \cdots & a_{2p} & b_{21} & \cdots & b_{2q} \\ \vdots & & \vdots & \vdots & & \vdots \\ a_{n1} & \cdots & a_{np} & b_{n1} & \cdots & b_{nq} \end{pmatrix}_{n\times(p+q)}.$$

对应的标准化数据矩阵为

$$\boldsymbol{C}=\begin{pmatrix} \dfrac{a_{11}-\bar{x}_1}{\sigma_x^1} & \cdots & \dfrac{a_{1p}-\bar{x}_p}{\sigma_x^p} & \dfrac{b_{11}-\bar{y}_1}{\sigma_y^1} & \cdots & \dfrac{b_{1q}-\bar{y}_q}{\sigma_y^q} \\ \dfrac{a_{21}-\bar{x}_1}{\sigma_x^1} & \cdots & \dfrac{a_{2p}-\bar{x}_p}{\sigma_x^p} & \dfrac{b_{21}-\bar{y}_1}{\sigma_y^1} & \cdots & \dfrac{b_{2q}-\bar{y}_q}{\sigma_y^q} \\ \vdots & & \vdots & \vdots & & \vdots \\ \dfrac{a_{n1}-\bar{x}_1}{\sigma_x^1} & \cdots & \dfrac{a_{np}-\bar{x}_p}{\sigma_x^p} & \dfrac{b_{n1}-\bar{y}_1}{\sigma_y^1} & \cdots & \dfrac{b_{nq}-\bar{y}_q}{\sigma_y^q} \end{pmatrix}_{n\times(p+q)}.$$

样本的协方差矩阵

$$\hat{\boldsymbol{\Sigma}}=\frac{1}{n-1}\boldsymbol{C}^{\mathrm{T}}\boldsymbol{C}=\begin{pmatrix}\hat{\boldsymbol{\Sigma}}_{XX} & \hat{\boldsymbol{\Sigma}}_{XY}\\ \hat{\boldsymbol{\Sigma}}_{YX} & \hat{\boldsymbol{\Sigma}}_{YY}\end{pmatrix}.$$

(2) 整体检验（H_0：$\boldsymbol{\Sigma}_{XY}=\mathbf{0}$，$H_1$：$\boldsymbol{\Sigma}_{XY}\neq\mathbf{0}$）

H_0：$\lambda_1=\lambda_2=\cdots=\lambda_s=0$，$s=\min(p, q)$，$H_0$:$\lambda_i(i=1, 2, \cdots, s)$至少有一个非零.

记

$$\Lambda_1=\frac{\left|\hat{\boldsymbol{\Sigma}}\right|}{\left|\hat{\boldsymbol{\Sigma}}_{XX}\right|\left|\hat{\boldsymbol{\Sigma}}_{YY}\right|},$$

经计算得

$$\Lambda_1=\left|\boldsymbol{I}_p-\hat{\boldsymbol{\Sigma}}_{XX}^{-1}\hat{\boldsymbol{\Sigma}}_{XY}\hat{\boldsymbol{\Sigma}}_{YY}^{-1}\hat{\boldsymbol{\Sigma}}_{YX}\right|=\prod_{i=1}^{s}(1-\lambda_i)^2.$$

在原假设为真的情况下，检验的统计量

$$Q_1=-\left[n-1-\frac{1}{2}(p+q+1)\right]\ln\Lambda_1,$$

近似服从自由度为pq的χ^2分布.在给定的显著水平α下，如果$Q_1\geqslant\chi_\alpha^2(pq)$，则拒绝原假设，认为至少第一对典型变量之间的相关性显著.

(3) 部分总体典型相关系数为零的检验

H_0：$\lambda_2=\lambda_3=\cdots=\lambda_s=0$，　H_1：$\lambda_i(i=2, 3, \cdots, s)$至少有一个非零.

若原假设H_0被接受，则认为只有第一对典型变量是有用的；若原假设H_0被拒绝，则认为第二对典型变量也是有用的，并进一步检验假设

H_0：$\lambda_3=\lambda_4=\cdots=\lambda_s=0$，　H_1：$\lambda_i(i=3, 4, \cdots, s)$至少有一个非零.

如此进行下去，直至对某个k

H_0：$\lambda_k=\lambda_{k+1}=\cdots=\lambda_s=0$，　H_1：$\lambda_i(i=k, k+1, \cdots, s)$至少有一个非零.

记

$$\Lambda_k=\prod_{i=k}^{s}(1-\lambda_i)^2.$$

在原假设为真的情况下，检验的统计量

$$Q=-\left[n-k-\frac{1}{2}(p+q+1)\right]\ln\Lambda_k,$$

近似服从自由度为 $(p-k+1)(q-k+1)$ 的 χ^2 分布.在给定的显著水平 α 下,如果 $Q\geqslant\chi_\alpha^2[(p-k+1)(q-k+1)]$,则拒绝原假设,认为至少第 k 对典型变量之间的相关性显著.

12.5 实 验

实验目的:通过实验学会典型相关分析.

12.5.1 实验 12.5.1 投资性变量与国民经济变量的典型相关分析

研究投资性变量与反映国民经济变量之间的相关关系.投资性变量选 6 个,分别为 x_1, x_2, x_3, x_4, x_5, x_6, 反映国民经济的变量选 5 个,分别为 y_1, y_2, y_3, y_4, y_5. 抽取从 1989—2002 年共计 14 年的统计数据,见表 12-1,采用典型相关分析的方法来分析投资性变量与反映国民经济的变量的相关性.

表 12-1 1989—2002 年的投资性变量与反映国民经济的变量

序号	x_1	x_2	x_3	x_4	x_5	x_6	y_1	y_2	y_3	y_4	y_5
1989	171.83	92.79	56.85	85.35	38.58	27.03	78.7	112.4	72.9	61.4	4 067
1990	171.36	92.53	58.39	87.09	38.23	27.04	73.9	118.4	73.0	62.3	4 421
1991	171.24	92.61	57.69	83.98	39.04	27.07	75.7	116.3	74.2	51.8	4 284
1992	170.49	92.03	57.56	87.18	38.54	27.57	72.5	114.8	71.0	55.1	4 289
1993	169.43	91.67	57.22	83.87	38.41	26.60	76.7	117.5	72.7	51.6	4 097
1994	168.57	91.40	55.96	83.02	38.74	26.97	77.0	117.9	71.6	52.4	4 063
1995	170.43	92.38	57.87	84.87	38.78	27.37	76.0	116.8	72.3	58.0	4 334
1996	169.88	91.89	56.87	86.34	38.37	27.19	74.2	115.4	73.1	60.4	4 301
1997	167.94	90.91	55.97	86.77	38.17	27.16	76.2	110.9	68.5	56.8	4 141
1998	168.82	91.30	56.07	85.87	37.61	26.67	77.2	113.8	71.0	57.5	3 905
1999	168.02	91.26	55.28	85.63	39.66	28.07	74.5	117.2	74.0	63.8	3 943
2000	167.87	90.96	55.79	84.92	38.20	26.53	74.3	112.3	69.3	50.2	4 195
2001	168.15	91.50	54.56	84.81	38.44	27.38	77.5	117.4	75.3	63.6	4 039
2002	168.99	91.52	55.11	86.23	38.30	27.14	77.7	113.3	72.1	52.8	4 238

根据表 12-1 导入数据并进行典型相关分析,其代码如下:

```
> x1=c(171.83, 171.36, 171.24, 170.49,169.43, 168.57, 170.43, 169.88, 167.94, 168.82,
168.02, 167.87, 168.15, 168.99)
> x2=c(92.79, 92.53, 92.61, 92.03,91.67, 91.40, 92.38, 91.89, 90.91, 91.30, 91.26, 90.96,
91.50, 91.52)
> x3=c(56.85, 58.39, 57.69, 57.56, 57.22, 55.96, 57.87, 56.87, 55.97, 56.07, 55.28,
55.79, 54.56, 55.11)
> x4=c(85.35, 87.09, 83.98, 87.18, 83.87, 83.02, 84.87, 86.34, 86.77, 85.87, 85.63,
84.92, 84.81, 86.23)
> x5=c(38.58, 38.23, 39.04, 38.54, 38.41, 38.74, 38.78, 38.37, 38.17, 37.61, 39.66,
38.20, 38.44, 38.30)
> x6=c(27.03, 27.04, 27.07, 27.57, 26.60, 26.97, 27.37, 27.19, 27.16, 26.67, 28.07,
26.53, 27.38, 27.14)
> y1=c(78.7, 73.9, 75.7, 72.5, 76.7, 77.0, 76.0, 74.2, 76.2, 77.2, 74.5, 74.3, 77.5, 77.7)
> y2=c(112.4, 118.4, 116.3, 114.8, 117.5, 117.9, 116.8, 115.4, 110.9, 113.8, 117.2,
112.3, 117.4, 113.3)
> y3=c(72.9, 73.0, 74.2, 71.0, 72.7, 71.6, 72.3, 73.1, 68.5, 71.0, 74.0, 69.3, 75.3, 72.1)
> y4=c(61.4, 62.3, 51.8, 55.1,51.6, 52.4, 58.0, 60.4, 56.8, 57.5, 63.8, 50.2, 63.6, 52.8)
> y5=c(4067, 4421, 4284, 4289,4097, 4063, 4334, 4301, 4141, 3905, 3943,4195, 4039,
4238)
> invest=data.frame(x1, x2,x3,x4,x5,x6,y1,y2,y3,y4,y5)
> names(invest)=c("x1", "x2", "x3", "x4", "x5", "x6","y1", "y2", "y3", "y4", "y5")
> ca<-cancor(invest[, 1:6], invest[, 7:11])
> ca
```

注：利用R语言的“cancor( )”函数可完成典型相关分析，其基本调用格式如下：

```
cancor(x, y, xcenter = TRUE, ycenter = TRUE)
```

其中，x, y是两组变量的数据矩阵，“xcenter”和“ycenter”是逻辑变量，“TRUE”表示将数据中心化(默认选项).

结果如下：

```
$cor
[1] 0.9618325 0.9124805 0.7821878 0.5986030 0.5123412

$xcoef
```

```
          [,1]        [,2]       [,3]         [,4]        [,5]        [,6]
x1 -0.70513375  0.18816929 -0.5645692 -0.007245531 -0.31215998 -1.32233117
x2  1.84850303  0.11153463  0.9603699  0.204009094  0.58525970  2.53065228
x3 -0.02407962 -0.29638054  0.3351241 -0.005397728  0.07024492  0.05720455
x4  0.24339573 -0.15674696 -0.1549007  0.106312567 -0.16292179  0.40706335
x5  0.17409913 -0.14048207 -0.3040079  0.092441746 -1.17273320  0.93684006
x6 -0.36190073  0.02819711  0.3069331 -0.781884297  0.96407895 -1.70761652

$ycoef
           [,1]          [,2]          [,3]         [,4]          [,5]
y1  0.013898755  0.0961838175  0.0518997849  0.100066059  0.1411344515
y2 -0.043468523 -0.0275253867  0.1414084429 -0.024448836  0.0884284149
y3  0.080174777  0.1199513739 -0.0711618702 -0.040877943 -0.2000972017
y4  0.036345198 -0.0230722612 -0.0083349077 -0.014195180  0.0539479202
y5  0.001250642 -0.0002413652  0.0006350609  0.001603569  0.0002903627

$xcenter
x1              x2       x3       x4       x5       x6
169.50143 91.76786 56.51357 85.42357 38.50500 27.12786

$ycenter
    y1        y2       y3       y4         y5
75.86429 115.31429 72.21429 56.97857 4165.50000
```

以上结果说明：

(1) cor 给出了典型相关系数；xcoef 是对应于数据 x 的典型载荷；ycoef 为关于数据 y 的典型载荷；xcenter 与 ycenter 是数据 x 与 y 的中心(样本均值).

(2) 对于该问题，第一对典型变量的表达式为

$$
\begin{cases}
u_1 = -0.705\,133\,75x_1 + 1.848\,503\,03x_2 - 0.024\,079\,62x_3 + \\
\qquad 0.036\,345\,198x_4 + 0.174\,099\,13x_5 - 0.361\,900\,73x_6, \\
v_1 = 0.013\,898\,755y_1 - 0.043\,468\,523y_2 + 0.080\,174\,777y_3 + \\
\qquad 0.036\,345\,198y_4 + 0.001\,250\,642y_5.
\end{cases}
$$

(3) 第一对典型变量的相关系数为 0.961 832 5

调用函数“corcoef.test”(附后)进行典型相关系数的显著性检验，其代码和结果如下：

```
> corcoef.test(r=ca$cor, n=14, p=6, q=5)
```

```
[1] 1
```

以上结果说明,经检验也只有第一组典型变量.

以下计算得分并画得分平面图,其代码如下:

```
ca=cancor(invest[, 1:6], invest[, 7:11])
u<-as.matrix(invest[, 1:6]) %*%ca$xcoef
v<-as.matrix(invest[, 7:11]) %*%ca$ycoef
plot(u[,1],v[,1],xlab="u1", ylab="v1")
```

计算得分结果如下:

```
> u
         [,1]      [,2]       [,3]     [,4]      [,5]     [,6]
 [1,] 66.69893 7.797210  -5.498415 8.883991 -28.42915 35.58441
 [2,] 66.87160 7.000057  -5.126727 8.970852 -28.18981 35.99935
 [3,] 66.49416 7.568404  -4.972033 8.712610 -28.56900 35.76209
 [4,] 66.46487 6.983866  -5.339399 8.503458 -28.13641 35.25899
 [5,] 66.07781 7.354767  -4.946113 8.834046 -28.28353 35.91740
 [6,] 65.93214 7.633575  -4.997232 8.442838 -28.15341 35.63059
 [7,] 66.69861 7.242465  -4.642035 8.506603 -27.98899 35.86784
 [8,] 66.55630 7.202805  -5.295536 8.675139 -28.10653 35.81955
 [9,] 66.21510 6.955044  -5.458059 8.544807 -28.00215 35.89225
[10,] 66.17387 7.340419  -5.387566 8.853129 -27.71061 35.66702
[11,] 66.47489 7.208670  -5.395407 7.924382 -28.55508 36.01063
[12,] 66.14416 7.268801  -5.346765 8.855168 -28.30482 36.45188
[13,] 66.68192 7.753759  -5.193477 8.315834 -27.60666 36.10641
[14,] 66.52144 7.541362  -5.715251 8.636533 -28.11707 35.93443
> v
        [,1]     [,2]     [,3]     [,4]     [,5]
[1,] 9.370665 10.82200 16.86215 7.797278 10.95286
[2,] 9.526596 10.10095 17.67168 7.721067 10.93731
[3,] 9.186144 10.75115 17.38326 7.832836 10.15931
[4,] 9.076504 10.02346 17.20845 7.641281 10.39482
[5,] 8.786480 10.68413 17.59450 7.667852 10.64161
[6,] 8.671624 10.55978 17.71665 7.667180 10.97272
[7,] 9.304120 10.38322 17.58482 7.920468 10.97504
[8,] 9.450055 10.29718 17.19553 7.654888 10.55701
[9,] 8.973712 10.18331 16.91874 7.947610 11.12113
```

```
[10,] 8.792279 10.54036 17.04711 7.486201 10.98770
[11,] 9.123983 10.39241 17.14590 6.981769 10.65791
[12,] 8.778244 10.19723 17.05047 7.870835 10.47632
[13,] 9.374005 10.81283 17.30001 7.380718 10.85596
[14,] 9.154796 10.76223 17.17472 8.104199 10.63709
```

得分平面图如图 12-1 所示.

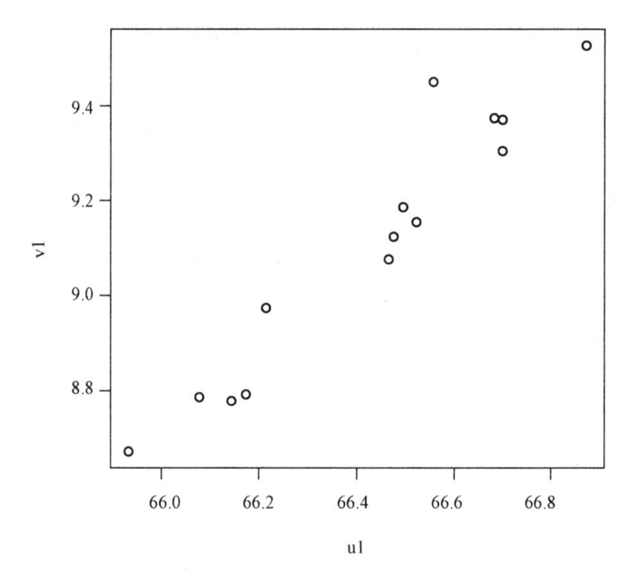

图 12-1 得分平面图

从图 12-1 可以看出,第一对典型变量的得分散点大体上在一条直线(附近)上分布,虽有偏离情况发生,但总体上还是呈现出了线性相关关系.

附:R 函数 corcoef.test

```
corcoef.test<-function(r, n, p, q, alpha=0.1){
m<-length(r); Q<-rep(0, m); lambda <- 1
for (k in m:1){
lambda<-lambda*(1-r[k]^2);
Q[k]<- -log(lambda)
}
s<-0; i<-m
for (k in 1:m){
Q[k]<- (n-k+1-1/2*(p+q+3)+s)*Q[k]
chi<-1-pchisq(Q[k], (p-k+1)*(q-k+1))
```

```
if (chi>alpha){
i<-k-1; break
}
s<-s+1/r[k]^2
}
i
}
```

12.5.2 实验 12.5.2 科学研究、开发投入与产出的典型相关分析

近些年来，我国科学技术创新取得了重大进展，从研发投入、研发人员、论文、专利数量以及重大科技成果产出来看，我国科技实力得到巨大提升.无论是科学研究还是技术创新，都表现出很强的跟进和创新能力，追赶的步伐不断加快，在一些重要科研领域正在从“量变”走向“质变”，在一些新的科技竞争制高点上也占有一席之地.但是，我国与发达国家的科技实力还存在一定的差距，产生这种差距的原因何在？我们以下从科技投入与产出方面来具体了解我国科研与开发机构的科技活动情况，以期找到原因所在.

表 12-2 给出了我国科研与开发机构科技投入与产出的部分代表指标(费宇，2014).其中，科技投入指标为：R&D 人员全时当量 x_1(单位：万人年)，R&D 经费支出 x_2(单位：亿元)，政府资金 x_3(单位：亿元)，企业资金 x_4(单位：亿元)；科技产出指标为：发表科研论文 y_1(单位：篇)，专利申请受理 y_2(单位：件)，发明专利 y_3(单位：件).应用这些数据进行典型相关分析来研究我国科研与开发机构科技投入与产出的关系.

表 12-2 我国科学研究与开发机构科技投入与产出情况表

年份	2003	2004	2005	2006	2007	2008	2009	2010	2011	2012
x_1	20.4	20.3	21.5	23.1	25.5	26.0	27.7	29.3	31.6	34.4
x_2	399.0	431.7	513.1	567.3	687.9	811.3	996.0	1 186.4	1 306.7	1 548.9
x_3	320.3	344.3	424.7	481.2	592.9	699.7	849.5	1 036.5	1 106.1	1 292.7
x_4	20.8	22.4	17.6	17.3	26.2	28.2	29.8	34.2	39.9	47.4
y_1	97 500	104 699	109 995	118 211	126 527	132 072	138 119	140 818	148 039	158 647
y_2	4 836	5 464	6 814	8 026	9 802	12 536	15 773	19 192	24 059	30 418
y_3	1 393	1 972	2 088	2191	2 467	3 102	4 077	5 249	7 862	10 935

(1) 根据表 12-2 导入数据

```
> x1=c(20.4,20.3,21.5,23.1,25.5,26.0,27.7,29.3,31.6,34.4)
> x2=c(399.0,431.7,513.1,567.3,687.9,811.3,996.0,1186.4,1306.7,1548.9)
```

```
> x3 = c(320.3,344.3,424.7,481.2,592.9,699.7,849.5,1036.5,1106.1,1292.7)
> x4 = c(20.8,22.4,17.6,17.3,26.2,28.2,29.8,34.2,39.9,47.4)
> y1 = c(97500,104699,109995,118211,126527,132072,138119,140818,148039,158647)
> y2 = c(4836,5464,6814,8026,9802,12536,15773,19192,24059,30418)
> y3 = c(1393,1972,2088,2191,2467,3102,4077,5249,7862,10935)
> X = data.frame(x1,x2,x3,x4,y1,y2,y3)
```

(2) 求相关系数矩阵

```
> R = cor(X);R
          x1        x2        x3        x4        y1        y2        y3
x1 1.0000000 0.9908577 0.9911238 0.9505148 0.9843831 0.9840599 0.9364292
x2 0.9908577 1.0000000 0.9988833 0.9584427 0.9692086 0.9931717 0.9510008
x3 0.9911238 0.9988833 1.0000000 0.9503264 0.9739012 0.9869920 0.9362998
x4 0.9505148 0.9584427 0.9503264 1.0000000 0.9037212 0.9679480 0.9547135
y1 0.9843831 0.9692086 0.9739012 0.9037212 1.0000000 0.9516937 0.8849569
y2 0.9840599 0.9931717 0.9869920 0.9679480 0.9516937 1.0000000 0.9796435
y3 0.9364292 0.9510008 0.9362998 0.9547135 0.8849569 0.9796435 1.0000000
```

(3) 把数据标准化后求典型相关系数

```
> xy = scale(X)
> ca = cancor(xy[,1:4],xy[,5:7])
> ca$cor
[1] 0.9996747 0.9248488 0.6972691
```

(4) x 的典型载荷

```
> ca$xcoef
          [,1]        [,2]       [,3]      [,4]
x1 -0.08757217  0.32692826  2.4864928  0.524618
x2 -0.59606053 -6.83479718  1.9962794 -5.520643
x3  0.34044881  6.58971261 -4.0022759  3.761405
x4  0.01026854 -0.06369698 -0.4955637  1.295746
```

(5) y 的典型载荷

```
> ca$ycoef
          [,1]       [,2]      [,3]
y1 -0.02214505  0.2468566  1.678157
y2 -0.41100108  1.0591554 -3.767517
y3  0.10183423 -1.3475464  2.214958
```

(6) 相关系数的检验

```
> corcoef.test<-function(r, n, p, q, alpha=0.05){
+ m<-length(r); Q<-rep(0, m); lambda <- 1
+ for (k in m:1){
+ lambda<-lambda * (1-r[k]^2);
+ Q[k]<- -log(lambda)
+ }
+ s<-0; i<-m
+ for (k in 1:m){
+ Q[k]<- (n-k+1-1/2*(p+q+3)+s)*Q[k]
+ chi<-1-pchisq(Q[k], (p-k+1)*(q-k+1))
+ if (chi>alpha){
+ i<-k-1; break
+ }
+ s<-s+1/r[k]^2
+ }
+ i
+ }
> corcoef.test(r=ca$cor, n=10, p=4, q=3)
[1] 2
```

以上结果说明,前两对典型相关变量通过了相关系数的检验.

根据 x 的典型载荷和 y 的典型载荷的结果,前两对典型相关变量的表达式为

$$\begin{cases}u_1=-0.087\,572\,17x_1-0.596\,060\,53x_2+0.340\,448\,81x_3+0.010\,268\,54x_4,\\ v_1=-0.022\,145\,05y_1-0.411\,001\,08y_2+0.101\,834\,23y_3.\end{cases}$$

$$\begin{cases}u_2=0.326\,928\,26x_1-6.834\,797\,18x_2+6.589\,712\,61x_3-0.063\,696\,98x_4,\\ v_2=0.246\,856\,6y_1+1.059\,155\,4y_2-1.347\,546\,4y_3.\end{cases}$$

经过典型相关系数的显著性检验,可知需要前两对典型变量,即在显著性水平为 0.05 时,前两个典型相关是显著的.我们利用前两对典型变量分析问题,达到了降维的目的,第一对典型变量的相关系数为 0.999 674 7,第二对典型变量的相关系数为 0.924 848 8,说明 u_1 和 v_1 以及 u_2 和 v_2 之间具有高度的线性相关关系.

在第一对典型变量 u_1 和 v_1 中,u_1 为我国科研与开发机构科技投入指标的线性组合,其中 x_2(R&D经费支出)和 x_3(政府资金)相对其他变量有较大的载荷,说明科技经费和政府资金在科技投入中占主导地位;x_3(政府资金)相对 x_4(企业资金)有较大的载荷,说明我国科研与开发机构的科技活动中,政府资金所做的贡

献大于企业资金，政府资金的激励作用更大；同时 x_2（R&D 经费支出）相对 x_1（R&D 人员全时当量）有较大的载荷，说明科技投入过程中，经费所起的作用大于人员的作用. v_1 为我国科研与开发机构科技产出指标的线性组合，其中 y_2（专利申请受理）和 y_3（发明专利）相对其他变量有较大的载荷，说明专利申请受理和发明专利对科研与开发机构科技产出贡献很大.

在第二对典型变量 u_2 和 v_2 中，u_2 为我国科研与开发机构科技投入指标的线性组合，其中仍然是 x_2（R&D 经费支出）和 x_3（政府资金）有较大的载荷，v_2 为我国科研与开发机构科技产出指标的线性组合，其中 y_2（专利申请受理）和 y_3（发明专利）有较大的载荷.

第二对典型变量与第一对典型变量载荷比重情况相似，但符号有较大差异.

（7）画得分等值平面图

```
> u<-as.matrix(xy[,1:4])%*%ca$xcoef
> v<-as.matrix(xy[,5:7])%*%ca$ycoef
> par(mfrow=c(1,2))
> plot(u[,1],v[,1],xlab="u1", ylab="v1")
> abline(0,1)
> plot(u[,2],v[,2],xlab="u2", ylab="v2")
> abline(0,1)
```

运行的结果如图 12-2 所示.

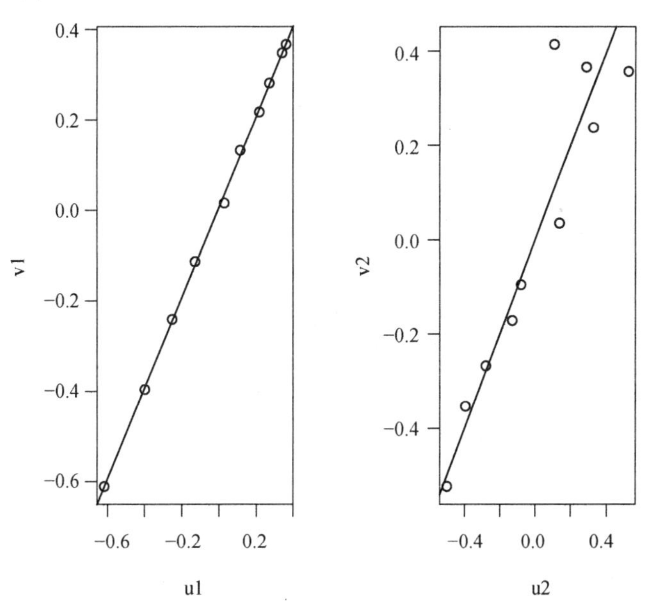

图 12-2　得分等值平面图

从图 12-2 可以看出，第一对典型变量的得分散点近似在一条直线上分布，两者之间呈高度线性相关关系，散点图上没有离开群体的差异点.第二对典型变量的得分散点也近似在一条直线上分布，虽有偏离情况发生，但总体上还是呈现出了线性相关关系.

综合第一对典型变量和第二对典型变量来看，我国科研与开发机构的科技投入与产出之间的关系很稳定，整体平稳.

参 考 文 献

[1] Afifi A A, Clark V A, May S. Computer-Aided Multivariate Analysis [M]. 4th ed. British: Chapman and Hall, 2004.

[2] Anderson T W. An Introduction to Multivariate Statistical Analysis [M]. 3rd ed. John Wiley & Sons, 2003(中译本:安德森.多元统计分析导论[M].张润楚,程秩,译.北京:人民邮电出版社,2010).

[3] Clark J S. Models for Ecological Data: An Introduction; Statistical Computation for Environmental Sciences in R: Lab Manual for Models for Ecological Data [M]. Princeton University Press, 2007(中译本:克拉克.面向生态学数据的贝叶斯统计——层次模型、算法和R编程[M].沈泽昊,译.北京:科学出版社,2013).

[4] Everitt B S, Dunn G. Applied Multivariate Data Analysis [M]. 2nd ed. London: Arnold, 2001.

[5] Freedman D A. Statistical Models: Theory and Practice [M]. 2nd ed. Cambridge University Press.2009(中译本:弗里曼.统计模型——理论和实践[M].吴喜之,译.北京:机械工业出版社,2010).

[6] Greenacre M J. Theory and Applications of Correspondence Analysis [M]. London: Academic Press. 1984.

[7] James G, Witten D, Hastie T, et al. An Introduction to Statistical Learning: with Applications in R [M]. New York: Springer-Verlag, 2013(中译本:詹姆斯,威滕,哈斯帖.统计学习导论——基于R应用[M].王星,译.北京:机械工业出版社,2015).

[8] Johnson R A, Wichern D W. Applied Multivariate Statistical Analysis [M]. 6th ed. Pearson Education, Prentice Hall, 2007(中译本:约翰逊,威克恩.实用多元统计分析[M].陆璇,叶俊,译.北京:清华大学出版社,2008).

[9] Mardia K V, Kent J T, Bibby J M. Multivariate Analysis [M]. London: Academic Press. 1979.

[10] Kabacoff R I. R语言实战[M].高涛,肖楠,陈钢,译.北京:人民邮电出版社,2013.

[11] Tsay R S.金融数据分析导论:基于R语言[M].李洪成,尚秀芬,郝瑞丽,译.北京:机械工业出版社,2013.

[12] 陈景祥.R软件:应用统计方法[M].大连:东北财经大学出版社,2014.

[13] 费宇.多元统计分析——基于R[M].北京:中国人民大学出版社,2014.

[14] 范金城,梅长林.数据分析[M].2版.北京:科学出版社,2010.

[15] 韩明.数据挖掘及其对统计学的挑战[J].统计研究,2001,18(8):55-57.
[16] 韩明.应用多元统计分析[M].2版.上海:同济大学出版社,2017.
[17] 韩明.贝叶斯统计——基于R和BUGS的应用[M].上海:同济大学出版社,2017.
[18] 汤银才.R语言与统计分析[M].北京:高等教育出版社,2008.
[19] 吴喜之.复杂数据统计方法——基于R的应用[M].2版.北京:中国人民大学出版社,2013.
[20] 薛毅,陈立萍.统计建模与R软件[M].北京:清华大学出版社,2007.
[21] 薛薇.基于R的统计分析与数据挖掘[M].北京:中国人民大学出版社,2014.